新・数学の学び方

新・数学の
学び方

小平邦彦 編

深谷賢治　斎藤　毅　河東泰之
宮岡洋一　小林俊行　小松彦三郎
飯高　茂　岩堀長慶　田村一郎
服部晶夫　河田敬義　藤田　宏

岩波書店

新版刊行にあたって

本書の旧版にあたる『数学の学び方』は1987年，岩波講座「基礎数学」第3次刊行第6回配本に添付された講座の編集委員8名によるエッセイ集です．同時に単行本としても刊行されました．個々の数学者の体験にもとづいて，それぞれにとっての「数学のわかり方」を率直につづった同書は，数学の勉強というものに対して一般にいだきがちなイメージを大きく変える内容を含んでおり，30年近くにわたって愛読されてきました．

数学者はどのように数学に向き合うのか．その理解の仕方はどういうものなのか．どのようにしたら自分もそのような理解に到達できるのか．こういったことは，数学を志す人にとって常に大いに関心のあるところでしょう．現在一線で活躍する数学者に同じテーマを投げかけたら，どんな答えが返ってくるでしょうか．そのような好奇心が，この新版の出発点です．

新版には，1987年刊行の旧版所収の8篇のエッセイに加え，あらたに5篇のエッセイを収めました．旧版からの執筆者は，小平邦彦，小松彦三郎，飯高茂，岩堀長慶，田村一郎，服部晶夫，河田敬義，藤田宏の各氏，新版で加わった執筆者は，深谷賢治，斎藤毅，河東泰之，宮岡洋一，小林俊行の各氏です．

今回あらたに加わった執筆者の方には「数学を真剣に勉強したいと考えている18歳の読者に向けて書いてください」とお願いしました．「真剣に」というのは，「数学をたのしむ」にとどまらず，簡単には理解できない抽象的な概念にも粘り強く向き合うという意味です．旧版のエッセイには，高校生にも理解できるような例を用い

たものから，大学数学科のかなり進んだ内容にふれたものもありますが，どのエッセイにも共通するのが数学に対する「真剣さ」であると思われたからです．

　本書の編者である小平邦彦氏は，よく知られているとおり，日本人として初めてフィールズ賞を受賞した数学者です．1915年3月16日生まれの氏の生誕100年にあたる年に刊行されるこの新版が，これから数学を勉強しようという意欲ある読者にとって大切な1冊となることを願っています．

　2015年1月

岩波書店編集部

はしがき

　この小冊子は岩波講座「基礎数学」の編集に携わった8名の執筆者がめいめいの経験に基づいて'数学の学び方'を述べたものである．

　'学ぶ'は'まねぶ'であって，その第一義は'まねをすること'である．幼児は大人の真似をして繰返し片言でしゃべることによって言葉を憶えるのであって，幼児が言葉を学ぶのは正に'まねぶ'のである．

　数学を学ぶのも'まねぶ'ことからはじめるのであろうが，数学は学んだことを理解しなければならない．ここに数学の難かしさがある．'数学の学び方'はもちろん'数学を学んで理解する仕方'という意味である．

　それでは学んだ数学を理解するというのはどういうことか．数学がわかったというのはどういう心理的状況を指すのか．これをはっきり規定するのは極めて難かしい．それは数学者でも，数学を理解するのがどういうことなのか，が人により，また同じ人でも状況により，少しずつ違うからであろう．この辺の事情はこの小冊子の8通りの数学の学び方を通読されればおわかり戴けると思う．

　これから数学を学ばれる方は学ぶにしたがってめいめい固有の理解力を養って行かれる訳であるが，その際にこの小冊子が少しでも参考になれば幸である．

　1987年5月24日

小 平 邦 彦

目　　次

　　新版刊行にあたって
　　はしがき……………………………………小平邦彦……vii

数学に王道なし………………………………小平邦彦……　1
論理の歌が聞こえますか……………………深谷賢治……22
はじまりはコンパクト………………………斎藤　毅……34
時間をかけて，深く…………………………河東泰之……51
どこにだって，数学がある…………………宮岡洋一……66
疑問をおこして，考え，
　　そして考え抜く…………………………小林俊行……91
暗記のすすめ…………………………………小松彦三郎…116
数学しながら学ぶ……………………………飯高　茂……143
"いいかえ流"勉強法…………………………岩堀長慶……166
論理を追う前にイメージを持て……………田村一郎……191
数学事始………………………………………服部晶夫……217
数学の帰納的な発展
　　——ガウスの楕円関数論…………………河田敬義……244
数学および諸科学での応用に向けて………藤田　宏……281

　執　筆　者

幾何学に王道なし

ユークリッド

数学に王道なし

小平邦彦

　テーマは数学の学び方であるが，はじめに筆者がどんな風にして数学を学んだかを述べ，それを省みて数学の学び方について考えてみることにする．

　まず小学生のとき私が学んだのは現在の「算数」ではなく，「算術」であった．算術は計算術という意味であろう．学んだのは計算の技術が主で，図形的なものは少なかった．どんな風にして計算の技術を学んだか，殆ど忘れてしまったが，2年生のとき毎時間掛算の九九をお経でも読むように暗唱させられたのはよく憶えている．もう一つ憶えているのは距離の計算である．当時の尺貫法では6尺が1間，60間が1町，36町が1里であったから，その計算は，先年，現代化に際して流行した2進法や5進法の計算よりもずっと難しかった．

```
      里    町    間    尺
      3    27    35    4
  +   5    19    47    5
  ─────────────────────────
      里    町    間    尺
      9    11    23    3
```

というような計算を繰り返し練習させられたのである．

　現在の算数では計算の意味を教える．たとえば分数の割算

$$\frac{2}{3} \div \frac{4}{5} = \frac{2}{3} \times \frac{5}{4}$$

について，なぜ $\frac{4}{5}$ で割るには分子と分母を入れ換えた $\frac{5}{4}$ を掛ければよいのか，そのわけを説明しようとする．私が習った算術ではこういう説明はなく，分数で割るときには分子と分母を入れ換えて

掛ければよい，という規則だけを習い，あとは計算練習を繰り返しているうちにその意味は何となくわかってきたと記憶している．意味がわかった，というのはなぜ分数で割るときには分子と分母を入れ換えて掛ければよいかという理由を説明できるようになったということではなく，分数の計算とその応用が自由自在にできるようになったという意味である．

中学校の1年では算術，2年から4年までは代数と幾何を学んだ．1年の算術については全く記憶がない．代数は2次方程式の解法，連立1次方程式，因数分解，などで，因数分解もせいぜい4次式までであった．代数ではまた対数計算と開平法を習った．開平法とは，たとえば，$\sqrt{190969}$ をつぎのようにして求める計算法をいう：

```
              4 3 7
         ┌─────────
       4 │ 19 09 69
       4 │ 16
      ──   ───
      83    3 09
       3    2 49
      ──   ─────
     867    60 69
       7    60 69
              ───
                0
```

$$\therefore \sqrt{190969} = 437.$$

当時の中学校では有理数は有限小数または循環小数となる．しかし，たとえば，$\sqrt{2}$ は開平法により小数で表わすと

$$\sqrt{2} = 1.414213\cdots$$

となって，いつまで開いても開き切れず，循環しないきわめて不規則な無限小数となる．ゆえに $\sqrt{2}$ は無理数である，という風に習った．[1] 筆者は開平法により $\sqrt{2}, \sqrt{3}, \sqrt{5}$ などを計算して循環小数と

---

1) 秋山武太郎：『わかる代数学』11版，昭和57年，94ページ．この本を見れば当時の中学校の代数がおよそどんなものであったか，わかる．

数学に王道なし　3

ならないことを見て $\sqrt{2}, \sqrt{3}, \sqrt{5}$ などが確かに無理数であることを理解した．

　しかし開平法によって求めたのはせいぜい小数点以下 10 桁ぐらいまでであったと思う．実際 $\sqrt{2}$ を計算して見ると，その計算は下に掲げたようになって，よほどの根気がない限り，計算を 15 桁あるいは 20 桁まで進めるのは難しい．いうまでもなく

$$\sqrt{2} = 1.4142135623\cdots$$

が小数点以下 10 桁まで循環しないからといって $\sqrt{2}$ が循環小数でないということにはならない．それにも拘わらず $\sqrt{2}$ は循環しない無限小数で無理数であることを確信した．なぜもっと先まで計算を

```
                        1. 4 1 4 2 1 3 5 6 2 3 …
                      ┌─────────────────────────
    1                 │ 2.00000000000000000000…
    1                   1
   ───                 ───
   24                  1 00
    4                    96
  ───                  ─────
  281                    400
    1                    281
  ─────                ─────
  2824                  11900
     4                  11296
  ─────                ──────
  28282                 60400
      2                 56564
  ──────               ──────
  282841                383600
       1                282841
  ───────              ───────
  2828423              10075900
        3               8485269
  ────────             ────────
  28284265             159063100
         5             141421325
  ─────────           ──────────
  282842706            1764177500
          6            1697056236
  ──────────          ───────────
  2828427122           6712126400
           2           5656854244
  ───────────        ────────────
  28284271243         105527215600
            3          84852813729
  ………………              ………………
```

進めれば循環するかも知れない，という疑問を起さなかったか，思い出せないが，おそらく $\sqrt{2}$ の開平法の計算が桁が進むにつれて急速に複雑になって行く様子を見て，これは循環する筈はないと悟ったのであろう．あるいは教科書に書いてある通り $\sqrt{2}$ は循環しない無限小数であると信じてしまったのかも知れない．ともかく対数計算や開平法のような計算の練習の繰り返しが実数に対する感覚を養うのに極めて有効であったと思う．

誰でも π が無理数であることは知っているが，無理数であることの証明まで知っているというわけではない．数学者でも π が無理数であることの証明を知らない人は稀ではないようである．筆者もつい最近までその一人であった．高木先生の『解析概論』にも自然対数の底 e が無理数であることの証明は載っているが π が無理数であることの証明は載っていない．それにも拘わらず π は無理数であると信じて疑わなかったのは，結局，中学生の頃から π は無理数であると繰返し聞かされてきたからであろう．

岩波講座「基礎数学」にも π が無理数であることの証明は載っていない．π が超越数であることの証明は専門書に譲るにしても，π が無理数であることの証明は記しておくことが望ましいと思うので，ここに I. ニーヴンによる初等的証明を述べる．[2]

証明は背理法による．π が有理数であると仮定すれば矛盾が生じることを示すために，p と n を任意の自然数として

(1) $$f(x) = \frac{1}{n!} p^n x^n (\pi - x)^n$$

とおき，積分

---

[2] I. Niven: A simple proof that π is irrational, *Bull. Amer. Math. Soc.*, **53** (1947), p. 509. この証明は高校の微積分の範囲で理解できるという意味で初等的である．

$$\int_0^\pi \sin x\, f(x)\, dx$$

を考える．$0<x<\pi$ のとき $0<x(\pi-x)<\pi^2$，したがって

$$0 < \sin x\, p^n x^n (\pi-x)^n < p^n \pi^{2n}$$

であるから

$$0 < \int_0^\pi \sin x\, f(x)\, dx < \frac{1}{n!}(p\pi^2)^n \pi$$

となるが，よく知られているように，任意の正の実数 a に対して

$$\lim_{n\to\infty}\frac{a^n}{n!} = 0$$

である．[3] ゆえに p に対して n を十分大きくとれば

(2) $$0 < \int_0^\pi \sin x\, f(x)\, dx < 1.$$

つぎに，部分積分により

$$\int_0^\pi \sin x\, f(x)\, dx = \Big[-\cos x\, f(x)\Big]_0^\pi + \int_0^\pi \cos x\, f'(x)\, dx$$
$$= f(\pi)+f(0)+\int_0^\pi \cos x\, f'(x)\, dx,$$
$$\int_0^\pi \cos x\, f'(x)\, dx = \Big[\sin x\, f'(x)\Big]_0^\pi - \int_0^\pi \sin x\, f''(x)\, dx$$
$$= -\int_0^\pi \sin x\, f''(x)\, dx,$$

したがって

$$\int_0^\pi \sin x\, f(x)\, dx = f(\pi)+f(0)-\int_0^\pi \sin x\, f''(x)\, dx.$$

この部分積分を繰り返せば，$f^{(2n+2)}(x)=0$ であるから

---

[3] 自然数 $m, m>2a$, を一つ定めて考えれば

$$\frac{a^n}{n!} = \frac{a^m}{m!}\cdot\frac{a}{m+1}\cdot\frac{a}{m+2}\cdots\frac{a}{n} < \frac{a^m}{m!}\left(\frac{1}{2}\right)^{n-m} \to 0 \quad (n\to\infty).$$

$$\int_0^\pi \sin x\, f(x)\, dx = \sum_{k=0}^{n}(-1)^k(f^{(2k)}(\pi)+f^{(2k)}(0))$$

を得るが，$f(\pi-x)=f(x)$ であるから
$$f^{(k)}(\pi) = (-1)^k f^{(k)}(0),$$

ゆえに

(3) $$\int_0^\pi \sin x\, f(x)\, dx = 2\sum_{k=0}^{n}(-1)^k f^{(2k)}(0).$$

(1)の右辺の $(\pi-x)^n$ を二項定理を用いて展開すれば
$$f(x) = \frac{1}{n!}\sum_{k=0}^{n}(-1)^k\binom{n}{k}p^n \pi^{n-k} x^{n+k},$$

したがって

(4) $$\begin{cases} f(0) = f'(0) = f''(0) = \cdots = f^{(n-1)}(0) = 0, \\ f^{(n+k)}(0) = (-1)^k\binom{n}{k}\frac{(n+k)!}{n!}p^n \pi^{n-k}. \end{cases}$$

ここまでは π が無理数でも有理数でも成り立つ．ここで π が有理数：
$$\pi = \frac{q}{p}, \quad p, q \text{ は自然数}$$

であったと仮定して見る．(1)の p は任意であったから π の分母の p と同じであるとしてよい．そうすれば
$$p^n \pi^{n-k} = p^k q^{n-k}$$

は整数となるから，(4)により $f^{(k)}(0)$ はすべて整数，したがって，(3)により，$\int_0^\pi \sin x\, f(x)\, dx$ は整数となって(2)に矛盾する（証明終）．

中学の2年から4年まで3年間に亙って学んだ幾何は古典的なユークリッド平面幾何であった．近年，数学教育の現代化に伴ってユークリッド平面幾何は数学の中等教育から消えてしまった．その

理由の一つがユークリッド幾何が論理的に厳密でなかったことにあったと聞く．しかし当時の筆者にはユークリッド平面幾何は厳密極まる学問の体系に見えた．そしてユークリッド平面幾何によって論理を学んだ．平面幾何は厳密でなかったかも知れないが，そこで学んだ論理は厳密な論理であった．おかげで，その後，高校でも大学でも論理について新しく学ぶことは何もなかった．

当時の中学のユークリッド平面幾何には紙の上に描かれた図形に見られる現象を説明する自然科学という性格が強かった．紙上に図を描くことを一つの実験，証明をその実験の結果を説明する理論と考えれば，平面幾何は自然科学であったと思うのである．この点を説明するために，一例として，つぎのシムソンの逆定理を考察する．

定理 一点 P から $\triangle ABC$ の三辺またはその延長上へ下した垂線の足 D, E, F が一直線上にあれば，P は $\triangle ABC$ の外接円の上にある．

証明 まず図を一つ描く．直線 l を引き，l 外に点 P，l 上に三点 D, E, F をとり，直線 d, e, f をそれぞれ D, E, F を通って直線 PD, PE, PF に垂直となるように引く．そして e と f の交点を A，f と d の交点を B，d と e の交点を C とすれば，点 P から $\triangle ABC$ の三辺またはその延長へ下した垂線の足 D, E, F が一直線上にある図1が得られる．この図1について $\triangle ABC$ の外接円を描いて見ると確かに P はその外接円上にある．

つぎに P が $\triangle ABC$ の外接円

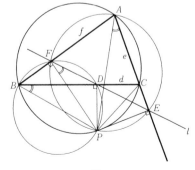

図1

上にあることを証明する．仮設により $\angle BFP=\angle BDP=\angle R$ であるから，四辺形 $PBFD$ は線分 PB を直径とする円に内接する．ゆえに円周角不変の定理により

(1) $$\angle PBD = \angle PFD.$$

同様に四辺形 $PFAE$ は線分 PA を直径とする円に内接するから，円周角不変の定理により

(2) $$\angle PFE = \angle PAE.$$

図を見れば(1)と(2)により

$$\angle PBC = \angle PAC$$

であることがわかる．ゆえに円周角不変の定理の逆定理により，四点 P, A, B, C は同一円周上にある，すなわち P は $\triangle ABC$ の外接円上にある(証明終)．

図1を描いて P が $\triangle ABC$ の外接円の上にあることを確かめる所までが実験で，その実験結果を説明する理論が証明である．図1について P が $\triangle ABC$ の外接円上にあることを説明する理論として上記の証明は十分に厳密であると思う．

しかしシムソンの逆定理を公理的に構成された平面幾何の形式的体系における定理と見たとき，上記の証明は厳密でない．なぜなら，図1はシムソンの逆定理の一つの場合を表わしているのであって，図2のような場合もある．したがって図1についてシムソンの逆定理を証明してもすべ

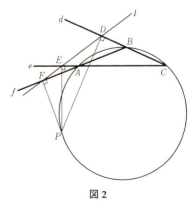

図2

ての場合にシムソンの逆定理が成り立つことにはならないからである．シムソンの逆定理がすべての場合に成立することを証明するにはすべての場合を調べてどんな形の図形が現われるかを明らかにし，どの形の図形に対してもシムソンの逆定理が成り立つことを証明しなければならない．これにはユークリッド平面幾何の公理は不十分であって，順序の公理を補わなければならない．[4]

このように旧制中学のユークリッド平面幾何は公理的に構成された数学の体系としては厳密性に欠けていたが，それにも拘わらずユークリッド平面幾何が厳密極まる体系に見えたのは図形の自然科学として十分に厳密であったからであろう．平面幾何を勉強するには図を正確に描くことが大切であると教わったが，それは物理で実験は精密に行わなければならないのと同じことであったと思う．

ユークリッド平面幾何に順序の公理がないために，間違えた図を描いて議論を進めていくと，たとえば，任意の三角形が二等辺三角形であることが証明できる．このことがユークリッド平面幾何の重大な欠陥とされているが，筆者は，これはおかしいと思うのである．物理でも実験を間違えれば変な結果がでてくるのであって，間違えた図から変な結果がでてくるのは当然であるとも考えられる．どんな間違えた図を描いてもいつも正しい結果がでてくるとしたら，かえって困ると思う．

平面幾何の問題を巧く補助線を引いて解くのが楽しかったのはよく覚えているが，具体的にどういう問題をどう解いたかは全然思い出せない．

当時の中学の代数と幾何の教科書は2年から4年まで通してそ

---

[4] 小平邦彦：『幾何のおもしろさ』(数学入門シリーズ7)岩波書店，158-164 ページ．

れぞれ 1 冊であった．3 年生の頃，同級の西谷真一さんと 2 人で教科書の問題を端から解いていったらたちまち 4 年の終りまで済んでしまった．そこで藤原松三郎著『代数学』を読みはじめた．『代数学』は第一巻がおよそ 600 頁，第二巻が 700 頁もある専門書である．中学校の図書室に竹内端三著『高等微分学』があったが，高等な難かしい数学であろうと思って敬遠した．『高等微分学』が高等学校のための微分学で『代数学』が専門書であると知っていたら，もちろん『高等微分学』の方を先に読んだと思う．

『代数学』のどこをどう読んだか殆ど憶えていないが，最初の整数系の公理的構成，つぎに二次剰余の反転法則を苦心して勉強した，連分数は割合に易しかった，ガロアの理論がどうしてもわからなかった，などという微かな記憶がある．さいわいにして『代数学』は昔の本が片仮名で旧漢字のまま現在も出版されている．[5] それを眺めながらどこをどういう風に勉強したか，できるだけ思い出して見ることにする．

『代数学』の第一章第一節では，まず，自然数系(N)をペアノ(Peano)の公理によってつぎのように定義している：

N_1　(N) ハ 1 ヲ含ム．

N_2　(N) ニ属スル数 a ノ後者ハ常ニ唯一ツ存在スル．之ヲ a^* トスル．

N_3　1 ニハ前者ナシ．1 以外ノ (N) ノ数 a ノ前者ハ常ニ唯一ツ存在スル．之ヲ $^*a$ トスル．

N_4　(N) ハ 1 ト其順次ノ後者 $1^*, 1^{**}, 1^{***}, \ldots$ ヨリ成ル．

カク自然数系 (N) ヲ定義シタ上，1 ノ後者 1^* ヲ 2，2 ノ後者 2^* ヲ 3，3 ノ後者 3^* ヲ 4 ト呼ビ，順次 $5, 6, \ldots$ ヲ定義スル．

---

5) 藤原松三郎：『代数学』1–2 巻，内田老鶴圃新社．

つぎに (N) の公理から数学的帰納法の原理が導かれている．

第二節では (N) を整数全体の系 (N′) に拡張し，数学的帰納法により，整数の加法と乗法について交換法則，結合法則，分配法則が成り立つことを証明している．筆者はこの証明を理解するのに苦心した．現在の算数と違って当時の算術では交換法則や結合法則ははじめから明らかであるから特に演算の法則として習わなかったと思う．その証拠に掛算の九九は $m\times n$ の $m\leq n$ の場合だけを暗記し，$m>n$ の場合には $m\times n$ を $n\times m$ で置き換えて計算をするように習った．筆者は今でも

$$
\begin{array}{r}
573 \\
\times\ 214 \\
\hline
2292
\end{array}
$$

のような掛算を実行するとき，無意識のうちに

$$
\begin{array}{r}
3\times 4 = 12 \\
4\times 7 = 28 \\
+\ 4\times 5 = 20 \\
\hline
2292
\end{array}
$$

と計算する．

それまで当り前のこととして知っていた交換法則などを改めて数学的帰納法によって証明するというのであるから，その証明を理解するのは容易でなかった．わざと交換法則を知らないことにして証明をノートに写したりして苦心した．

第二章は有理数体の数論である．ここでは第六節の二次剰余に関する反転法則の高木先生の証明が難しかったのを憶えている．よく知られているように，自然数 p と整数 D に対して

$$x^2 \equiv D \pmod{p}$$

となる整数 x が存在するとき D を p の二次剰余といい，p が奇素

数の場合，ルジャンドルの記号 $\left(\dfrac{D}{p}\right)$ を D が二次剰余ならば $+1$，二次非剰余ならば -1 と定義する．そうすれば反転法則

$$\left(\frac{q}{p}\right)\left(\frac{p}{q}\right) = (-1)^{\frac{p-1}{2} \cdot \frac{q-1}{2}}$$

が成り立つ．この反転法則の高木先生の証明は簡明で，いま読めばよくわかるが，中学生の筆者には難解であった．証明を理解するためにノートに写したりして苦心し，結局，証明を暗記してしまった．そうしたら何となくわかったような気がしたと記憶している．

第三章は無理数で，第二節が有理数列の極限として無理数を導入するカントルの無理数論，第四節が切断によるデデキントの無理数論である．カントルの無理数論については微かな記憶があるが，デデキントの切断については全く記憶がない．多分わからなかったので飛ばしたのであろう．

第四章の連分数はよくわかって面白かったと記憶している．特に実数が二次無理数であるための必要にして十分な条件はその連分数展開が循環連分数となることである，という定理が印象に残っている．

つぎに記憶に残っているのは第七章の行列式の定義

$$\begin{vmatrix} a_{11} & a_{12} & a_{13} & \cdots & a_{1n} \\ a_{21} & a_{22} & a_{23} & \cdots & a_{2n} \\ \multicolumn{5}{c}{\cdots\cdots\cdots\cdots\cdots\cdots\cdots} \\ \multicolumn{5}{c}{\cdots\cdots\cdots\cdots\cdots\cdots} \\ a_{n1} & a_{n2} & a_{n3} & \cdots & a_{nn} \end{vmatrix} = \sum \varepsilon(p_1 p_2 \cdots p_n) a_{1p_1} a_{2p_2} \cdots a_{np_n}$$

における置換 $\begin{pmatrix} 1 & 2 & 3 & \cdots & n \\ p_1 & p_2 & p_3 & \cdots & p_n \end{pmatrix}$ の符号 $\varepsilon(p_1 p_2 p_3 \cdots p_n)$ の意味がな

かなかわからなかったことである．結局わかったのであるが，どういう風にしてわかったかは全く憶えていない．

それから第十一章のガロアの理論がどうしてもわからなかったという記憶がある．章末の諸定理にローウィ(Loewy)のガロア理論が載っている．高校(旧制)の１年のときにこのローウィのガロア理論を詳しく勉強したノートが残っているから，ガロアの理論を読んだのは高校に入ってからであろう．

『代数学』で苦心惨憺したお陰でその後高校でも大学でも数学では苦労しないで済むようになった．講義でも本でも克明にノートに書き写せばそれでわかるようになったのである．

大学の１年生のとき高木貞治先生の解析概論の講義を聴いた．練習問題に，区域 $x>0$ において x が無理数ならば $f(x)=0$, $x=\frac{p}{q}$ が有理数 ($\frac{p}{q}$ は既約分数で $q>0$) ならば $f(x)=\frac{1}{q}$ と定義した関数 $f(x)$ の連続性はどうであるか？　というのがあった．よく知られているように，$f(x)$ は a が有理数ならば $x=a$ で不連続，a が無理数ならば $x=a$ で連続である．これについて $f(x)$ の定義を少し変えて，x が無理数ならば $f(x)=0$, $x=\frac{p}{q}$ が有理数ならば $f(x)=\frac{1}{q^3}$ とすると，$f(x)$ は a が有理数ならば $x=a$ で不連続，a が無理数ならば $x=a$ で連続，さらに a が二次無理数ならば $x=a$ で微分可能であることに気付いたという記憶がある．この頃から定理の別証を考えたり問題を変えて見たりするようになった．

以上，筆者がどんな風にして数学を学んだか，を述べたが，それを振り返ってみると，まず数学の理解の仕方がまちまちであったことに気付く．一般に数学はただ暗記したのではだめで，そのわけを理解しなければならないとされ，文部省の算数の指導要領にも，た

とえば，"分数について乗法および除法の意味を理解させ，それらを用いる能力を伸ばす"という項があって，'理解'が'暗記'の対極のように考えられているが，実際はそう単純ではないようである．

筆者は中学のときからπが無理数であることをよく'理解'していたが，最近までその証明を知らなかった．証明を知らなかったのであるから'理解'していたのではなく'暗記'していたに過ぎないと言われるかも知れないが，不思議なことに，最近，上掲のI.ニーヴンによる証明をはじめて読んだとき，それによってπが無理数であるという事実に対する理解が一段と深くなったとは感じなかった．証明はただπが無理数であるという明白な事実を確かめたに過ぎないと感じた．証明を知らないのになぜπが無理数であることは明らかであると信じていたかというと，その理由はまず中学生の頃から繰り返しπは無理数であると教えられてきたこと，つぎに小数展開：

$$\pi = 3.14159265358979323846264338327950\ldots{}^{6)}$$

を見てこれは循環しそうもないと思ったこと，大学生になってからはリンデマン(Lindemann)が1882年にπが超越数であることを証明したという話を聞いたこと，の三つであろう．

数学の定理を理解するには，普通，その証明の論証を一歩一歩辿って行く．しかし，証明の論証を辿って行くのは定理が述べる数学的現象のメカニズムを見るためで，証明が正しいことを確かめるためではないと思う．なぜなら有名な定理の証明が正しいことは各自が確かめるまでもなく明らかであるからである．『代数学』を勉強

---

6) 当時，πの展開は1874年にW.シャンクス(Shanks)が計算した707桁までしか知られていなかった．その後1946年になってシャンクスの結果は528桁目から先が間違えていたことが明らかになった．現在ではπはコンピュータを用いて1億桁以上まで計算されている．

したときの経験によると、はじめはわからない証明も繰り返しノートに写して暗記してしまうと何となくわかる、少なくともわかったような気になる。わからない証明を暗記するまで繰り返しノートに写す、というのが数学の一つの学び方であると思う。初等幾何学の大家、秋山武太郎先生の名著『わかる幾何学』の緒言にも「殊に幾何学は数学中の暗記物であるから、問題までも記憶すべきである」という句がある。[7] ちなみに古屋茂さんも筆者の弟も武蔵高校（旧制）で秋山先生に平面幾何を習ったが、どんな難問を携えて質問に行っても先生は直ぐにその場で解いて見せたという。

それならば証明は暗記さえすればわかるか、というと、必ずしもそうは行かないようである。繰り返しノートに写しているうちに大脳の中で何かが起ってわかった！　ということになるらしい。何も起らなければ暗記はしたけれどもやはりわからないということになるようである。π が無理数であることの I. ニーヴンのもとの証明は簡単明瞭であるが、これをはじめて読んだとき、巧妙な手品を見たような感じで、わかったような気がしなかった。本稿に載せるために何度もノートに写し証明を書き直しているうちにわかったと思うようになったのである。

筆者が繰り返しノートに写してもどうしてもわからなかった、という経験をしたのは、十数年前に、それまで全く触れたことがなかった数学基礎論というのはどんな学問か知りたいと思って、Kleene: Introduction to Metamathematics, Schoenfield: Mathematical Logic などを読んだときである。数学基礎論というのは最も厳密な数学であるから、克明にその論証を辿って行けば明晰判明にわかるであろう、と思って読みはじめたら、明晰判明どころか

---

[7] 秋山武太郎:『わかる幾何学』5 ページ.

曖昧模糊としていてさっぱりわからなかった．丁寧にノートに写して一生懸命勉強したが，霧の中を歩いているような感じで，ゲーデルの不完全性定理はどうやらわかったような気がしたが，コーエン(Cohen)のforcingは遂にわからなかった．クリーネの本もシェーンフィールドの本も大学院の1年生のための教科書であるから若い学生が読めば簡単にわかる筈である．それが少し年を取っていたためにどうしてもわからなかったのは不思議な現象であった．

広く応用される基本的な定理の場合，はじめは証明の論証を一歩一歩辿ってよくわかっていても，定理はしばしば使うからよく憶えているが，証明の方はそのうちに忘れてしまうことがよくある．しかし証明を忘れたために定理がわからなくなるということはなく，むしろ繰り返し応用しているうちに定理そのものはますますよくわかってくるようである．πは無理数である，という定理は証明を知らないのによくわかっていた．証明を知らないのによくわかっている定理は例外であろうといわれるかも知れないが，実際には必ずしも例外ではないと思う．1953年にF.ヒルツェブルフ(Hirzebruch)がリーマン-ロッホの定理を代数多様体の場合に証明した．この定理は複素多様体の場合にもそのまま成り立つであろうと予想されていたが，1963年になってアティヤ(Atiyah)とシンガー(Singer)が複素多様体のリーマン-ロッホの定理を証明したというニュースが入った．リーマン-ロッホの定理を使えば複素解析曲面の分類ができることはわかっていたので，筆者は直ぐに複素解析曲面の分類の研究をはじめた．そのとき，筆者にとって，複素多様体のリーマン-ロッホの定理は証明は知らないけれどもよくわかっている定理であった．また，1952年にW. L.チョウ(Chow)と筆者が共著の論文で二つの代数的に独立な有理型関数をもつケーラー曲面は非特異代数曲面であることを証明したとき，証明に用いた代数曲面の特異

点解消定理は筆者にとって証明は知らないけれどもよくわかっている定理であった．特異点解消定理のような最も基本的で証明が非常に長い定理は，実際には証明は知らないけれどもよくわかっている定理として応用される場合が少なくないと思う．近頃証明にコンピューターを使う新型の定理が現われた．こういう定理がわかったというのはどういうことか，'わかる'ということの意味がますます拡散してきたと思う．

さて数学の学び方であるが，数学の本を開いて見ると，いくつかの定義と公理があって，定理とその証明が書いてある．定理を理解するにはまず証明を読んでその論証を辿って見る．それで証明がわかればよいが，わからないときは繰り返しノートに書き写して見ると大抵の場合わかるようになる．わからない証明を繰り返しノートに写す，というのが数学の一つの学び方であると思う．繰り返しノートに写してもわからないときにはどうすればよいか，よくわからないが，筆者がシェーンフィールドの本を勉強したときには繰り返しノートに写しても forcing がわからなかったので遂に諦めてしまった．そのとき筆者は既に定年に近く，また数学基礎論が必修という訳でもなかったからそれでよかったが，大学の数学科の学生が，たとえば，微積分の ε-δ 論法を繰り返しノートに写してもわからないときどうすればよいか？　筆者は，自ら望んで数学科に入学した程の学生ならば，読書百遍意自ら通ずで，ε-δ 論法も百遍ノートに写せば必ずわかると思うのである．

このようにして一旦わかった定理の理解を深めるには別証を考えて見るのが有効である．別証は定理が述べる数学的現象のメカニズムの別な見方を示すからである．

たとえば，実数全体の集合が非可算であることを普通はカントル

の対角線論法によりつぎのように証明する．0 と 1 の間にある実数全体の集合 $(0,1)$ が非可算であることを背理法によって証明すればよいから，$(0,1)$ が可算である，すなわち

$$(0,1) = \{\rho_1, \rho_2, \rho_3, \cdots, \rho_n, \cdots\}$$

と仮定して矛盾を導く．このために $\rho_1, \rho_2, \cdots, \rho_n, \cdots$ の 10 進小数表示を

$$\rho_1 = 0.k_{11}k_{12}k_{13}\cdots k_{1m}\cdots$$
$$\rho_2 = 0.k_{21}k_{22}k_{23}\cdots k_{2m}\cdots$$
$$\rho_3 = 0.k_{31}k_{32}k_{33}\cdots k_{3m}\cdots$$
$$\cdots\cdots$$
$$\cdots\cdots$$
$$\rho_n = 0.k_{n1}k_{n2}k_{n3}\cdots k_{nm}\cdots$$
$$\cdots\cdots$$
$$\cdots\cdots$$

とする．ここで k_{nm} は数字 $0,1,2,3,\cdots,9$ のいずれかを表わす．数字 $k_1, k_2, \cdots, k_n, \cdots$ を条件

(1) $\quad\quad k_n \neq k_{nn}, \quad 1 \leqq k_n \leqq 8, \quad n = 1,2,3\cdots$

を満たすように選んで

$$\rho = 0.k_1k_2k_3\cdots k_n\cdots$$

とおく．ρ は 0 と 1 の間にある実数であるから ρ_n のいずれかと一致する筈であるが，$\rho=\rho_n$ とすれば $k_n=k_{nn}$ となって(1)に矛盾する．ゆえに $(0,1)$ は可算でない(証明終)．

この証明は簡単明瞭であるが，何かうまく言いくるめられたという感じがしないでもない．そこで別証を考えて見る．実数全体の集合 $\mathbb{R}$ が可算，すなわち

(2) $\quad\quad \mathbb{R} = \{\rho_1, \rho_2, \rho_3, \cdots, \rho_n, \cdots\}$

であると仮定して矛盾を導く．各 n について ρ_n を含む開区間

$$U_n = (a_n, b_n), \quad a_n < \rho_n < b_n$$

を一つ定める．そうすれば(2)により

$$\mathbb{R} = U_1 \cup U_2 \cup U_3 \cup \cdots \cup U_n \cup \cdots$$

となるから，数直線 $\mathbb{R}$ 上に閉区間 $[a,b]$ を任意にとったとき

(3) $\qquad [a,b] \subset U_1 \cup U_2 \cup U_3 \cup \cdots \cup U_n \cup \cdots.$

区間の幅について考えると，(3)から $[a,b]$ の幅 $b-a$ は区間 $U_1, U_2, \cdots, U_n, \cdots$ の幅の総和より小さいことが従うであろうと想像される：

(4) $\qquad b - a < \sum_{n=1}^{\infty}(b_n - a_n).$

実際(4)が成り立つことはつぎのようにして容易に確められる．閉区間 $[a,b]$ が開区間 $U_1, U_2, \cdots, U_n, \cdots$ で覆われているから，ハイネ-ボレルの被覆定理[8]により，$[a,b]$ は $U_1, U_2, \cdots, U_n, \cdots$ の有限個で覆われる：

$$[a,b] \subset U_1 \cup U_2 \cup U_3 \cup \cdots \cup U_m.$$

このとき

$$b - a < \sum_{n=1}^{m}(b_n - a_n)$$

であることは明らかであろう．[9] ゆえに(4)が成り立つ．

実数 ε，$0 < \varepsilon < b-a$，を一つ定めて U_n として ρ_n を中心とする幅 $\dfrac{\varepsilon}{2^n}$ の開区間

$$U_n = (a_n, b_n), \quad a_n = \rho_n - \frac{\varepsilon}{2^{n+1}}, \quad b_n = \rho_n + \frac{\varepsilon}{2^{n+1}}$$

をとれば

---

[8] 岩波講座「基礎数学」『解析入門』63 ページ．(同書は小平邦彦著『軽装版 解析入門』岩波書店，として再刊されている——新版にて追記)

[9] 岩波講座「基礎数学」『解析入門』51-52 ページ．

$$\sum_{n=1}^{\infty}(b_n-a_n) = \sum_{n=1}^{\infty}\frac{\varepsilon}{2^n} = \varepsilon < b-a$$

となるが，これは(4)に矛盾する．ゆえに $\mathbb{R}$ は可算でない（証明終）．

これで実数全体の集合 $\mathbb{R}$ が非可算であることの別証が得られたのである．別証は対角線論法による証明よりも面倒であるが，うまくいいくるめられたという感じはない．別証により $\mathbb{R}$ は非可算であるだけでなく，$\mathbb{R}$ の可算部分集合は $\mathbb{R}$ の極めて小さい部を占めるに過ぎないことがわかる．なぜなら，S を $\mathbb{R}$ の可算部分集合とすれば，任意の ε, $\varepsilon>0$, に対して，S は幅の総和が ε 以下の開区間 $U_1, U_2, \cdots, U_n, \cdots$ で覆われるからである．

定理の理解を深めるには，また，定理をいろいろな問題に応用して見ることが有効である．定理を自由自在に応用できるようになればその定理は完全にわかった訳で，いろいろ定理を応用しているうちに証明を忘れてしまうことがあるが，証明を忘れても定理がわかっていることには変わりがない．

このようにして証明は忘れたけれどもよくわかっている定理は枚挙に暇ないと思うが，こういう定理について現に知っていることはかつて自分が証明の論証を辿ったことがある，ということだけである．これに対して，かつて誰かが証明の論証を辿ったことがあることを知っていてしばしば応用する定理が，証明は知らないがよくわかっている定理である．証明を知っていたけれども忘れたというのと，証明は全然知らないというのは非常に違うように見えるが，自分が証明の論証を辿ったことを知っているというのと，誰かが証明の論証を辿ったことを知っているというのは大差ないとも考えられる．こう考えれば証明は知らないがよくわかっている定理は，証明は忘れたけれどもよくわかっている定理と大差ないことになる．だから確信をもって定理を応用できるのであろう．

数学の学び方として挙げることができたのは，結局，わからない証明は繰り返しノートに写してみること，別証を考えること，定理をいろいろな問題に応用してみること，という誠に平凡なことばかりである．幾何に王道なし(ユークリッド)というが，数学に王道なしということであろう．

　最後に一つ断わっておきたいのは，筆者は早教育に疑問をもっていることである．昔の教育に比べると現在の教育では随分早くからいろいろなことを教える(筆者が子供の頃は幼稚園に通う子供は稀であった)．それにもかかわらず東大でも(天才的な学生は別として)一般の学生の学力は昔より落ちていると聞く．筆者はたまたま中学生のときに藤原松三郎『代数学』を読みはじめたが，専攻は多様体の解析的理論で，早くからはじめた代数はあまり役に立たなかったと思う．

論理の歌が聞こえますか

深谷賢治

　数学を学ぶにもいろいろな目的があり，それによって，学び方も変わってくるでしょう．この本を書いている著者達は数学者です．数学者は数学を研究することには慣れていますが，数学を勉強した経験は多分平均的な人とは違っているでしょう．「普通の人」が数学者になった人と同じように数学の勉強をしても，うまくいかないことが多いでしょう．（健康を維持するために運動する人と，プロのスポーツ選手のスポーツの練習の仕方が違うように．）私は数学をずっと教えてきましたが，大部分は，数学科の学生が相手で，数学が得意で好きな人を相手にしてきました．数学が得意でなく好きでもない人に教えるのは，あまり経験がないし，上手でもないでしょう．それでも，スポーツ選手のスポーツの練習の仕方を聞くことが，健康を維持するために運動する人にも役に立つように，数学者が考える数学の勉強の仕方が，数学者になる気が全くない人の数学の勉強にも役立つことはあるでしょう．

　数学の本はひたすら論理的に書いてあります．定義があって，定理があり，証明が厳密に書いてある．数学を読むとは，とりあえずは，書いてある論理を追っていくことです．原理的には，一歩一歩論理を追っていくことができ，それによって定理が正しいことが順に確認できます．鋭い感性とか天才的なひらめきとかがなくても，地道に勤勉に一歩一歩追っていけば「数学は理解できる」というときには，このこと，つまり一歩一歩論理を追っていけば，原理的に

は定理が正しいことが順に確認できるということを指すのでしょう．

しかし，実は，地道に勤勉に一歩一歩追っていけば数学は理解できるというのは，正しいとは言えません．難しい数学の本を理解するのは，おそらく誰にでもできることではなく，研究者に向けて書かれているような本が，努力すればだれもが理解できるというのは，嘘でしょう[1]．

その理由の一つは，正しいことが確認できる，というのと，理解する，というのが同じことではないからです．数ページあるいは数十ページにわたる証明を何度も読み，そのステップステップを確認し，どうしても間違いは見つからない，しかし，結局何が書いてあるか分からず，証明が分かった気もしないし，正しい気もしない，という経験はよくあることです．

書かれている論理的な証明からイメージを読み取らなければならない，というような言い方がされることがあります．しかし，イメージとは何なのでしょうか．

昔，ワーグナーの総譜を読むのが趣味だという人と話したことがあります．大規模なオーケストラの楽譜は何段にもなっていて，音符がいっぱいあります．私などにはそんなものを見ていてもちんぷんかんぷんなのですが，その道の才能のある人だと，眺めただけで頭の中で音が鳴るそうです．さらに，音楽の展開が見えてきて，次はこう来るのではないか，と思ったりする．ところが，優れた作品だと，「次のページをあけたとたん，思いもよらない独創的な展開があって感動する」そうです．

そんな経験をしてみたいものですが，残念ながら，私にはそんな

---

[1] いくらがんばっても練習しても，私には，100メートルを11秒で走ることは不可能なように．

才能はありません．ただ，数学の証明なら似た経験があります．論理の連鎖の中から，数学のつらなりが見えてくる．そりゃーそうだろうと思える部分と，えっと感じられる部分のメリハリについて，多くの部分は次はこう来るだろうと予想がつくが，要点で，意外な感動を誘う展開があって，そうかと納得する．そうなってくると，大規模で長大な証明も頭に収まり，なにか全体が一望のもとに捉えられるように感じる．そんなときに分かったというのだと思います[2]．

ただの音符のつらなりから「歌」が聞こえなければ，よい演奏はできないように，論理のつらなりから，「歌」を読み取って感動すること，これが理解することなのだと思います．

ですから，演奏が創造的な行為であるのと同じように，理解することも，創造を伴います．同じ音符のつらなりから聞き取る歌が演奏者ごとに異なり，それぞれの演奏者が自分なりの「歌」を聞き取ってこそ，演奏が成立するのと同様に，数学を読んだときに，理解すること，つまりそこから読み取る「歌」は，一人一人違っているはずなのです．そして，書いた人が考えてすらいなかったことを読み取ることも，全く可能であり，それが本当の深い読みなのだと思います．

そこまでいけば，理解することと，新しいことを生み出すことの差は，限りなく小さくなります．

一方では，できあがった体系としての数学が，ひたすら論理をもとに，冷たく客観的にできているということ，他方では，数学を生

---

[2] だから，私にとって，丁寧で完全に書いてある証明が分かり易いとは感じないことがしばしばあります．難しかったり新しかったりする，アイデアがあるところは詳しく書いてあるが，ルーチンワークですむところはサボってある方が読みやすく感じることがあります．ルーチンワークのところまで，事細かに繰り返してあると，肝心な部分が埋もれてしまって，なぜこの証明が成立するのかにわかには分からないのです．

み出すことも，理解することも，そこから美しい「歌」を読み取るという，冷たくも客観的でもない，人間個人の個性と感性にもとづく行為であること．この二つの矛盾が，数学を学ぶこと，作り出すことを，魅力的にしている大きな要因だと思っています．

　実際，同じ数学の内容のどこが要点と思うかは，人それぞれで大きく変わり，さらに，同じ人でもその人が成長したり変化したりするにつれて，変わっていきます．

　例をお話ししましょう．大学2年生ぐらいで習うことがらで，「多様体」の基礎になる部分と関わるところから，逆写像定理を例に取ってみましょう．逆写像定理というのは，

　写像 $F:U\to\mathbb{R}^n$ があったとき（U は $\mathbb{R}^n$ の開集合），一点 $p\in U$ でヤコビ行列の行列式が 0 でないならば，U を小さく取り直すことで，$F:U\to F(U)$ には，逆写像 $F^{-1}:F(U)\to U$ が存在するようにできる．

というものです．この定理の大体の発想は，ヤコビ行列というのは，元の写像 F の（線形）近似であるということと，行列が表す線形写像に逆があるのはその行列式が 0 でないことと同値である，という 2 点でしょう．そして，線形近似に逆があれば，もとの写像 F そのものにも逆がある，というのが証明を書くべきことで，それは大体，線形近似の逆を使って，F の逆写像に近いものをだんだん作っていくということになります．この要点が分かれば，この定理の証明は「分かった」といえるのかもしれません．

　証明を実行するときに，一番問題になるのは，「U を小さく取り直す」というところです．逆写像定理は昔（東大の）教養部で何回も講義したのですが，当時はここをいちいちまじめに事細かに証明し

ていました[3]．その講義がどうなったかというと，逆写像定理の説明の多くの部分が，「Uを小さく取り直す」の説明に費やされることになりました．

まず説明しなければならないのは，Uを小さく取り直さないと定理が成立しないということです．これは$F: \mathbb{C} \to \mathbb{C}$として，$F(z)=e^z$などという例を出してやるわけです[4]．

そこまでは，当然説明すべきことですが，証明を始めて，逐次近似で逆を作ることを始めると，その議論が成立する（逐次近似のプロセスが収束する）ためには，Uがどのくらい小さくなければならないか，を説明することになります．これは面倒です．

私の説明のしかただと，何回もUを小さく取り直したりして，延々とやらないといけません[5]．

20年以上も前のこと，そういう講義をして帰ってくると，「これは理解されなかっただろうな」と悩んだことがしばしばありました．それで「Uを小さく取り直す」というのは，技術的な細部だから，あまりこだわってもしょうがないだろう．$F(z)=e^z$の例などは，しっかり説明した方がいいだろうけれど，そのあとは，省略して，さらっとやった方が分かり易いし理解されるだろう，と考えるようになりました．

---

3) 1980年代だったと思います．当時の教養課程の微積分では，多分いまより難しいことを（学生のレベルを顧みずに）平然とやっていた人が，筆者など多くいたのだと思います．

4) 複素変数で考えると指数関数の逆函数であるlogは一価でないので，局所的に制限して，値が一価になるようにする必要があります．

5) ひょっとしたら，もっと上手に証明を書く人は，その辺うまく整理して，あまり複雑にならずに，ここを切り抜けるかもしれません．私はどうもその辺が苦手で，小さく取り直せばできるはずだ，というイメージというか感覚で突っ走って，強引にひたすら証明をつけてしまうので，合っているけどとても読めない証明になる傾向があります．ただし，「理解する」目的の性格によっては，うまく整理した上手な証明がついているより，綺麗に短くまとめるための技巧を拒否して，強引に進めてある証明の方が，実はよく分かったりします．

大学2年生に講義する立場としては，それでいいのだと思います．しかし，「U を小さく取り直すというのが，技術的な細部である」というのは，本当は当たっていません．逆写像定理などの多変数微積分を「本当に分かる」ための肝心な点の一つは，この，小さく取り直す，というテクニックを身につけて，必要になれば自分でそういう証明を書けるようになることだと思います．（多変数微積分には，積分の変数変換公式の証明とか，境界が必ずしも単純でない領域上の積分の定義とか，いろいろなところで似たテクニックが現れてきます．）

　逆写像定理を勉強して使うだけだと，そこまでは必要ないのですが，多変数の微積分や多様体のいろいろな定理を理解していったり，あるいはその証明を書けるようになるためには，既製品の定理を当てはめるだけではすまない状況がしばしば現れてきて，結局，成り立つ場所を小さく取り直していくようなテクニックが自分でできるようにならないと困るようになります．

　ここには二段階いや三段階の異なった理解のレベルがあります．最初はとにかく，線形写像が逆をもつのは，行列式が 0 でない，を理解して，それは非線形でも大体よろしい．つまり，ヤコビ行列の行列式が 0 でなければ，大体逆がある，と理解する段階です．次に，しかし非線形の場合には，逆があるというのは大域的には正しくなく，小さい U を取りそこに制限しないと正しくならない，ということを，具体例などで理解する段階です．最後に，小さい U をどう取れば，逆を作る証明がうまくできるかが分かり，そういう証明が自分でも書けるようになる段階まで行きます．

　この三つの段階はすぐには全部はできません．多分，大学2年生では，第一段階かせいぜい第二段階というのが普通で，第三段階がきちんとできるのは，もう数学科の大学院生のレベルでしょう．

たとえば,第二段階を考えましょう.最初に $F(z)=e^z$ の例を聞いて,そうか,と思っても,必ずしもそれで終わりではありません.この事実の重みが次第に分かってきて,最後には,多様体論の要石の一つとなっていることを納得するまで,分かるにもいろいろなレベルがあります.私がこの事実の重みを感じた一つの機会は,代数幾何のマンフォードの教科書『代数幾何学講義』(The Red Book of Varieties and Schemes)の次の文章を読んだときです[6].

前節では微分幾何学や複素幾何学における微分形式に関するおなじみの概念が代数幾何学にも移植できることを見てきた.しかし代数幾何学では成立しない重要な定理がある.それは陰関数定理である.(前田博信訳,シュプリンガー社より)

これはエタール射の説明のところででてきます.普通の代数幾何学の本はこういう書き方はしていないのですが,マンフォードは,代数幾何には陰関数定理(や逆写像定理)がないから(しかたなく)こうするんだよ,と正直に書いています.

たとえば,$z \mapsto z^2+z=w$ を $z=0$ のところで考えると,これには逆写像定理が使えるわけですが,逆写像は,
$$w \mapsto w-w^2-2w^3-5w^4+\cdots = z$$
となって,z は w の多項式になりません.逆写像の定義域 $V=F(U)$ は冪級数 $w-w^2-2w^3-5w^4+\cdots$ が収束するところに制限しないといけないのです.たとえば,$V=\{w\,|\,|w|<0.00001\}$ のように.ところが,この $|w|<0.00001$ は,代数の式つまり等式ではなくて,不等式

---

[6] この事実だけならあちこちに書いてあると思いますが,それを初めに明言し,なぜ代数幾何のこの部分の理論をこう組み立てるのかの根本に据えてみせたのが,マンフォードの教科書が優れている点でしょう.

です．この V は代数の世界からはずれて，解析の世界に住んでいます．そこで，代数の世界に強引に持ち込むために，$w-w^2-2w^3-5w^4+\cdots$ のような冪級数を，半径 0 の円からの写像と強引に考えるというのが，マンフォードがそこで説明していることなのです．その苦労を眺めていると，素直に定義域を小さくするだけで，逆写像定理が成り立つことのありがたみが分かってきます．それが分かってしまうと，V をうまく取るというのが，技術的な細部である，と言ってしまえなくなってきます．

単に定義域を小さくするだけで逆写像定理が成り立つことのメリットは，局所と大域の切り分けが，明瞭にできることです．これは，微分幾何や位相幾何，といった多様体が関わる，いい換えると，実数(代数構造だけでなく，大小関係やそれに基づく位相構造をもつ)に基づいて作られている幾何学や解析学全般のあり方に関わります．さらには，線形現象と非線形現象のとらえ方の典型だとも言うこともできます(だから話は数学内部にすら収まらないのです)．

多くの場合，線形の方程式は解くことができ，また理解可能な範囲に入ります．逆写像定理は，非線形方程式 $F(x)=y$ が，ある $y_0=F(x_0)$ に近い y について解けるかどうかが，F の(x_0 での)ヤコビ行列が決める線形の問題に帰着できるといっているわけです．これがこの定理のとても強力な点です．しかし，これは勿論「y_0 に近い y」についてしか成立しません．

遠いところの y に対しては，ではどうしたらいいか．これは，難しい問題になって，線形化すればよい，というような一般的な処方箋はありません．位相幾何学という分野全体がそれと関わっています．たとえば，F のヤコビ行列が決して消えないとき，$F(x)=y$

が(ある y について解けたら)いつでも解ける[7]というのは，被覆空間と関わり，さらに，解の数がいくつになるか，というのは基本群に関わります．

理解するには，そこから美しい「歌」を読み取る必要がある，と書きました．それはこの逆写像定理の例ではどうなるのでしょうか．

まず，第一には，$F(x)=y$ という，非線形の普通には解きようがない難しい問題が，ヤコビ行列を計算するというルーチンワークで解けてしまう(解があるかどうか分かってしまう)というところが，最初に美しさを理解して欲しい点です．

第二番目には，局所と大域の切り分けという基本的な考え方の深みから，美しさを感じ取って欲しいのです．

これらの美しさは，たぶん，「意外な感動を誘う展開」と前に書いたのとは少し違っています．それと近い線形写像が逆をもてば，もとのものも逆をもつ，なんて当たり前でしょ，と思いませんか．数学の美しさとしてよく聞く，とても正しいとは思えない神秘的な式の成立，とはだいぶ違っていると思いませんか．

美しさにもいろいろな種類があるのです．華麗でとても思いつきそうにないアイデアの果てに生まれる，想像もつかなかった事実の素晴らしさもあれば，当たり前のようなことが当たり前のように成り立つことの深さとすごさもあります．当たり前のようなことが当たり前のように成り立つのがどうしてすごいの？ と聞かれても，なかなか私には答えられません．感性とあるいは生き方そのものの問題だと答えるのでしょうか．もっとも正統的と思われる本道を素

---

[7] x, y の動く範囲が次元の一致する境界のないコンパクトで連結な多様体でないといけませんが．

直に追求してそれで通してしまうことの値打ちといえばいいのでしょうか.

第三段階と書いたこと, 小さい U をどう取れば, 逆を作る証明がうまくできるかのテクニック, にいたっては, これを美しいと感じるのは, もっと難しいかもしれません. このテクニック一つ一つは, 細かいルーチンワーク的な議論の積み重ねで, そのような議論を組み立てること, あるいは理解することには, 忍耐が必要です. 必要ならばやるけれど, できたらしたくない「お仕事」というのが最初の印象でしょう. それはまったく外れているわけではありません.

逆写像定理に限らず, このような証明を成立させるための微調整が, ながい忍耐のいる作業になることは数学では多く, 避けて通れない場合がしばしばです. それを単に「お仕事」と思ってしまっては, そういう部分は理解できない場合が多いのです. 数学者のなかには, マニアックとしか言いようがない, 面倒で技巧的な議論の積み重ねで, 元来のアイデアを通す[8]のが好きな人が多くいて, それができないと, ひらめきは優れているが指が動かないからろくに曲が弾けないピアニスト, のような存在になってしまいます.

こういう細かい議論の美しさを喩えるのなら, 次のようなことでしょうか. マラソンというのはなかなかテレビ映えのしないスポーツです. しばしば30分以上も同じランナーの集団が延々と走っていて, お互いの駆け引きはあるのでしょうが, 容易には仕掛けません. 勝負の決まる仕掛けは一瞬で, へたをすると見逃します. その30分以上延々と同じように走っているのを見るのが楽しいかというと, あまり好きでない人はいっぱいいるでしょう. ただ, 最後の

---

[8] 細部をうめて厳密な議論にする.

仕掛けの瞬間のダイジェストだけ見るのではなく，そこにいたる 30 分を見てこそ一瞬の仕掛けに感動するという人も多いでしょう．

　細かい議論を長々とするには，実は忍耐だけでは不十分です．一番大切なそして難しいことの一つは，このルーチンワークのような議論の積み重ねをすれば，必要なことができると見抜くことです．さらに，単に見抜いただけでは不十分で，その「見抜いた」ことが正しいことを確証するために，実際に長いルーチンワークに耐え，最後まで手を抜かずやり抜かなければなりません．議論が面倒であればあるほど，自分の見抜いたことに対する確信とそれを貫く意志が必要になります．忍耐を支えるのは，自分のこうやればできるはずだという感性に対して築きあげた自信なのです．

　競技場に入るまで，ここで我慢すれば最後には相手を抜き去り 1 番でゴールできるという信念のもとで，長い道を走る．それを支えるのが，繰り返された練習で得た，自分に対する信頼でしょう．だからこそ，延々と続く同じようなシーンを見続けた人が，最後のスプリントを見てカタルシスを感じ感動する．そして，そこから振り返れば，単調なシーンも含めた全体が，すばらしいドラマになるわけです．

　繰り返しになりますが，数学を理解するというのは，非人間的なくらいに客観的で曖昧さがないものと，偶然に満ちた一人一人違う人間が，ぶつかり合って生まれる行為です．ここで書いたのは，単に私の記憶から取りだした一つの例に過ぎません．他の人は必ず違ったやり方で理解を作っていくはずです．理解するとは一回ごとに違ったことが起こる創造的な行為で，どうやればうまくいくかは分からないし，こうやれば必ずうまくいくというやり方はないのです．

理解してもらうために，数学を説明するときには，もちろん自分の理解を説明するしかないのですが，それは，聞き手に同じように理解してもらうためでは必ずしもありません．聞き手が，その人なりの理解を作るための手助けをすることしかできないのです．「教授法」を鍛えれば，上手に講義ができるようになり，そうすると講義がよく分かるようになる，などと安易に言われると，違和感がわきます．処方箋のある定型作業を教えるのではなくて，一回ごとに違ったことが起こる創造的な行為を教えるには，「教授法」を習うというのとは，どこか違った努力が必要でしょう．習う立場からしても，どうすれば一番能率よく最小限の努力で分かるようになるかというのとは，違った態度が相応しいのだと思います．

はじまりはコンパクト

斎 藤　毅

「ねえ，コンパクトってなに？」

「コンパクトはねえ … コンパクトは有限みたいなもんだよ．」

教室からでるとキャンパスの並木道はもうすっかり暗くなっていた．4月から数学科に進む2年生は必修の「集合と位相」の授業で，ぼくたちはコンパクト空間の定義を教わったところだった．

「うん，有限な部分被覆ってあったもんね．でも，それが存在してどうなるの？」

「どうって … コンパクトの話すると長くなるからさ．晩ごはん食べてそれからってのはどう？」

「コンパクトなのに短くまとめられないって，なんかおかしいね．えーと，9時には帰らないといけないんだけど，それまでならいいよ．」

「え，そんなに早くは終わらないよ．まあいっか，きょうは1回めってことで．」(そうか，こんなふうに自然に誘えばよかったのか．)

「何ぶつぶつ言ってんの？　早くいこうよ．」

第1話　最大値の定理

「$f'(x)>0$ なら $f(x)$ は単調増加って定理あるでしょ．あれの証明って覚えてる？」

「覚えてるよ．でも，コンパクトの話を教えてくれるんじゃなかったっけ．」

「そうだよ．それがコンパクトの話になるんだよ．」

「そうなの？ だって平均値の定理を使えばすぐじゃない？」

「うん，そうだけどさ．じゃその平均値の定理の証明は？」

「なんか試験みたいだね．最大値の定理 ⇒ ロルの定理 ⇒ 平均値の定理だったよね．」

「ふつうそうやるよねってのを確かめといたほうがいいかなって思ったんだ．でもね，平均値の定理を使わないでやってるおもしろい本をこないだみつけたんだ．」

「あれ，微積分は小平邦彦先生の『解析入門』で勉強したって言ってなかったっけ．それって，新しい本？」

「うん．斎藤毅って人の『微積分』って本なんだ．」

「なにここで宣伝なんかしてるの？ ちょっとまずくない？」

「大丈夫だよ，たぶん．小平先生のは岩波だし，編集者の人だって優しそうだもん．」

「なんか話ずれてない？ コンパクトはどうしたの？」

「その最大値の定理がコンパクトってことなんだもん．」

「えっそうなの？ どうして？」

「証明してみればわかるんじゃないかな．授業じゃまだやってないけど，閉区間がコンパクトってことは使うよ．閉区間じゃなくてもコンパクトで空でなければ同じだから，Xって書くことにするね．」

$f(x)$ を X で定義された連続関数とする．背理法で示すことにして，$f(x)$ には最大値がなかったと仮定する．これは，任意の $x \in X$ に対し，$t \in X$ で $f(x) < f(t)$ をみたすものが存在するということである．

$t \in X$ に対し $U_t = \{x \in X \mid f(x) < f(t)\}$ とおく．$f(x)$ は連続だから U_t は X の開集合なので，最大値がないという仮定より $(U_t)_{t \in X}$ は X の開被覆になる．X はコンパクトとしているから，有限な部分被覆 $U_{t_1}, \cdots, U_{t_n}$ がある．

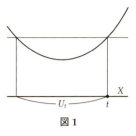

図1

「ちょっとまって，ここで有限な部分被覆がでてくるんだ．」
「うん．どう使うか見てて．」

$t_1, \cdots, t_n$ は有限個だから，$f(t_k)$ が最大になる番号 k がある．

「なるほどね．有限個だから最大のやつがある，か．コンパクトは有限みたいなものって，これのこと？」
「まあね．コンパクト空間の定義は，有限なものについてなりたつことを，同じやり方で証明できるようにできてるんだよ．X が空じゃないことをここで使ってるってことも気がついた？」

t_k も X の点だから，$t_k \in U_{t_l}$ となる番号 l がある．ところが $f(t_k) < f(t_l) \leqq f(t_k)$ となって矛盾である．よって，$f(x)$ には最大値が存在する．QED

「ふーん，こうやって使うんだ．最大値の定理って上限の存在を使わないで証明できちゃうんだね．」
「うん．こうやれば，コンパクトの定義をそのままあてはめるだけだからね．」
「さっき最大値の定理がコンパクトってことって言ってたじゃな

い.あれって,同値ってこと?」

「ううん,同値ってわけじゃないんだ.でも距離空間なら逆もなりたつから,だいたいそう思っていいと思うんだ.これ演習問題にあったんだけど,難問マークつきのでなかなかできないんだよね.でさ,コンパクトってこういうことなんだ.」

「でもさ,最大値の定理を証明するんだったら,閉区間でやればいいわけだよね.なんでわざわざコンパクトとかいう必要があるの? あ,やばっ,もうこんな時間じゃん.きょうはありがとう.またね.」

「えっ.」(せっかくもりあがってきたところだったのに.来週つづきしようってメールしとこ.)

第2話 一様連続

「閉区間でやればいいものをなんでわざわざコンパクトっていうのかっていうところだったよね.」

「うん.でもその前に,なんで先週は $f'(x)>0$ なら $f(x)$ は単調増加ってところからはじめたの? 結局,最大値の定理の話だけだったと思うんだけど.」

「じゃそっちの話からにするね.その方が話しやすいし.$f'(x)>0$ なら $f(x)$ が単調増加ってなんか不思議だと思わない?」

「そうかな? 高校のときからずっと使ってるけど.どこが不思議なの?」

「$f'(x)>0$ って仮定の方は,$f'(x)$ の定義って点ごとの極限だよね.でも結論の方は,$s<t$ なら $f(s)<f(t)$ っていう離れた2点の話じゃない.なんで各点ごとの話から,離れた点のことがわかるのかって考えてみると不思議な気がしない?」

「そういわれればそうかもしれないね.それがコンパクトと関係

あるってこと？」

「うん．点ごとの話を局所的(ローカル)な話って言って，離れた点の話とか定義域全体の話を大域的(グローバル)な話って言うんだって．それで，局所的な話からどうすれば大域的な話がわかるのかっていうのはたいてい難しい問題なんだけど，できるときっていうのがあって，それが…」

「それがコンパクトなときってこと？」

「そういうこと．たとえば，連続関数の定義は局所的だけど，閉区間はコンパクトだから積分ができて，開区間はそうじゃないから広義積分が発散することもあるっていうのがそうなんだって．」

「ちょっとまって，閉区間で連続関数が積分できるのは一様連続になるからだったよね．コンパクトだから一様連続になるっていうこと？」

「うん．最大値の定理を使えばいいんだよ．やってみようか．また閉区間を X って書くことにするね．」

$f(x)$ を X で定義された連続関数とする．$q>0$ を実数とする．積空間 $X \times X$ の閉集合 A を $A=\{(x,y)\in X\times X \mid |f(x)-f(y)|\geq q\}$ で定める．

A はコンパクトだから

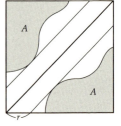

図2

「コンパクトの積はコンパクトで，コンパクトの閉集合もコンパクトって授業でやったね．」

最大値の定理より，A で定義された連続関数 $|x-y|$ の最小値が存在する．

「そっか．コンパクト空間に一般化しておいたから，ここでもそれが使えるんだね．」

「うん，同じ証明をまたやらなくてすむからね．だけど，A が空でなければ，だったよね．」

「よくそこに気がつくよね．でも A が空なら，すべての $x, y \in X$ に対して $|f(x)-f(y)|<q$ となるからその場合は OK だよね．」

A は空でないとし，最小値を $r \geqq 0$ とおく．$q>0$ だから A は定義より対角集合 $\{(x,y) \in X \times X \mid |x-y|=0\}$ とは交わらないので，$r>0$ である．$|f(x)-f(y)| \geqq q$ ならば $|x-y| \geqq r$ だから，対偶をとれば $|x-y|<r$ ならば $|f(x)-f(y)|<q$ となる．QED

「この証明カッコよすぎ．」

「でしょ!!　$|x-y|$ のかわりに $d(x,y)$ を使えば X がコンパクト距離空間としてもいいんだよ．ブルバキの『位相』の第 2 章にコンパクト空間には一様構造がただ 1 つあるっていう定理があってさ，その証明を読んで考えたんだ．」

「またブルバキ？　完全にはまってるね．『数学原論』ってあんなに何冊もあるのに，よく読む気になったね．」

「うん．抽象的だけど，すっきりわかるから超気もちいいんだ．すごくよく整理されてるから．」

「数学って体系的な美しさが魅力だもんね．」

「で，体型的な美しさがぼくの魅力ってわけ．」

「なにそのおやじギャグ．」

「変換してたらでてきたんだよ．」

「ふーん．そういえば，閉区間がコンパクトの証明って，わたしたちまだやってなかったよね．」

「一応,きょうの授業ではやってたよ.上限使ってさ.」

「うん.でも,なんかすっきりしなかったんだよね.ていうか,あの証明って体系的な美しさが感じられないんだよね.そうだ.だいぶわかってきた気がするから,来週はわたしの番にしてくれない?」

「え,そう?」

「閉区間がコンパクトの証明のところを準備してくるからきいてよ.こういう対話形式の話っていつも男子が女子に説明してるけど,それって性別役割分担の固定化だよね.書き手のアタマの古さ丸みえなんじゃないの.そんなジェンダーバイアスかかってるから,いつまでたっても数学女子率低いままなんだよ.わたしたちの学年にも女子はわたしひとりだけだし.さいとうくんだって,クラスにもっと女子がいたほうがいいでしょ?」

「いや,ぼくは…」(きみがいるからそれでいいんだけど.)

「じゃ,それでいいよね.きょうもありがとう.またね.」

「うん.じゃあね.」(もっといいとこ見せようって思ってたのにな.でも,彼女の説明きくのもなんか楽しみ.)

第3話 閉区間はコンパクト

「閉区間がコンパクトの証明はじめよっか.」

「授業でも,全有界な完備距離空間はコンパクトってことからすぐにでてくるって言ってたね.」

「そう,そう.その定理の証明を読んで考えてきたんだ.」

離散空間 $\{0,1\}$ は有限だから,コンパクト.だからその無限積空間 $\{0,1\}^{\mathbb{N}}$ もコンパクト.

「ちょっとまって，そこでチコノフを使っちゃうの？ 選択公理がいるってこと？」

「そのツッコミ，絶対くるって思った．でも，ここでは使わないんだよね．細かい話になっちゃうからやらないけど，くつしたの片方を無限個えらぶには選択公理が必要で，でもくつだったらいらないのといっしょってわけ．」

「そうか，いつも左のを選べばいいってやつだね．」

写像 $\{0,1\}^{\mathbb{N}} \to \mathbb{R}$ を，数列 (a_n) を2進小数 $\sum_{n=1}^{\infty} \frac{a_n}{2^n}$ にうつすことで定義すると，これは連続だからその像の $[0,1]$ もコンパクト．QED

「え，もうおしまいなの？ それでできちゃうんだ．」

「ね!! この証明もカッコいいでしょ？」

「うん，体系的な美しさってことばがピッタリだよ．そういえば，コンパクトを定義したのって誰なんだろう．」

「ブルバキ読んでても『数学史』のところは読まなかったんだ？ たしかきょう文庫本もってきてたと思うんだけど．あった，えーと，ここ，ここ．最初に定義したのはフレシェだったけど，それは点列コンパクトってことで，開被覆を使ったのはアレクサンドロフとウリゾンだって．」

「いつごろの話？」

「フレシェの論文は1906年だね．」

「そうなんだ．閉区間がコンパクトってハイネ-ボレルの定理っていうから，もっと古いのかと思ってた．」

「ハイネが一様連続性を証明したのと同じ方法で証明できるから，そうよぶことになったんだって．」

「あれ，ってことは，それまでは閉区間でも連続関数を積分でき

なかったってこと？」

「そうみたい．コーシーはできると思って教科書にもそう書いたんだけど，一様連続性がわかってなかったから証明になってなかったって書いてあるよ．」

「そうだったんだ．コーシーってイプシロン-デルタ論法を考えた人なのに，それでも間違えたのか．」

「そのときから考えると，コンパクトっていう概念をみつけるまでに100年ぐらいかかったってことだよね．」

「それをぼくたちは2年でやっちゃってるんだ．」

「コーシーでも間違えたぐらいだから，厳密，厳密っていうようになったのかな？」

「そんな気がするね．安心して定理を使いたかったらきちんと証明するしかないもんね．数学の世界を支えてるものって，証明のほかには何もないんだから．」

「きょう話して思ったんだけど，説明するって思ってたよりたいへんなんだね．完璧にわかんないといけないから，かなり勉強したよ．きいてくれてありがとね．」

「ありがとうって言うのは，ぼくの方だよ．わかってるつもりでも気づいてないことがあるもんなんだなって．」

「よかった，そう言ってもらえて．じゃあ，またね．」

「うん．じゃあね．」（彼女が説明してるところ，キマッてたなあ．目がキラキラしてたもんね，数学の話になると．）

第4話 抜けた点？

「きょうの授業，マジはやすぎだったよね．ここはだいじだけど時間がないって飛ばしまくりだったし．」

「うん，今学期はあと2回しかないってかなりあせってたね．関

数の集合がコンパクトになるための条件とか聞きたかったんだけどな.今読んでる本じゃ問題が1問のってるだけなんだもん.」

「問題追加してって,出版社にお願いの手紙だしてみたら? 意外とやってくれるかもしれないよ.それより,コンパクトって抜けた点のない空間だって授業で言ってたけど,あれってなんなの?」

「あそこの説明,かなりたりなかったよね.あれじゃふつうわかんないよ.」

「やっぱりそうだよね.抜けた点ってなんのことだったの?」

「こうやれば,数学になるんじゃないかな.」

定義 XとYをハウスドルフ空間とし,XはYに開部分空間として含まれるとする.Yの点で,Xの閉包に含まれるがXには含まれないものを,Xから抜けた点という.Xの無限遠点ということもある.

「縁の点だけど外にあるものってことだね.なんでハウスドルフなのってツッコミたくなるところだけど,コンパクトの話からずれるからそこはスルーしとこっか.」

「そう定義しておいて,きょうやった

命題 Xをコンパクト空間とし,Yをハウスドルフ空間とする.$f: X \to Y$が連続写像ならば,fの像$f(X)$はYの閉集合である.

を包含写像$i: X \to Y$にあてはめると,XがコンパクトならYの中での$X=i(X)$の閉包がXになるから,Xから抜けた点はないってことになるわけだね.」

「その命題って,

定理 位相空間 X に対し,次の条件(1)と(2)は同値である.
(1) X はコンパクトである.
(2) Y を任意の位相空間とする.第2射影 $\mathrm{pr}_2\colon X\times Y\to Y$ による $X\times Y$ の閉集合 A の像 $\mathrm{pr}_2(A)$ は,Y の閉集合である.

をグラフに適用すれば,すぐできちゃうよね.」

 連続写像 $f\colon X\to Y$ のグラフ $A=\{(x,y)\in X\times Y\mid y=f(x)\}$ は,Y がハウスドルフだから $X\times Y$ の閉集合である.X はコンパクトだから,定理の(1)⇒(2)より f の像 $f(X)=\mathrm{pr}_2(A)$ は Y の閉集合である.QED

 「コンパクトの定義って開被覆で書いてあるけど,定理みたいに言いかえておくと閉集合との関係がわかりやすくなるよね.」
 「そうだよね.(2)のことを,1点だけの空間 P への連続写像 $X\to P$ がプロパーっていうんだって.」
 「プロパーってのは誰が考えたんだろう.」
 「(2)の形にしたのはシュヴァレーって人だって.「proper 射の謎」[1] に書いてあったよ.」
 「へえ.シュヴァレーってブルバキの一人だから,けっこう新しいんだね.」
 「そっか,ブルバキってグループのペンネームなんだったね.抜けた点に話をもどすと,コンパクト化ってのは抜けた点をつけ加えることなんだね.」
 「うん.$\mathbb{R}^n$ なんかは完備だから抜けた点がないように見えるけ

---

[1] http://www.ms.u-tokyo.ac.jp/~t-saito/jd.html

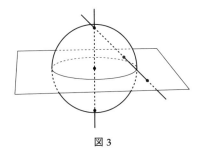

図 3

ど，コンパクトじゃないから抜けた点が無限のかなたにあるんだね.」

「複素解析でやった立体射影ってさ，無限遠点をリーマン球面の北極にうつすんだったよね.」

「うん．立体射影でうつすと，もとは無限遠点なのにほかの点と変わらなくなっちゃうんだよね.」

「ここも飛ばしちゃってたけどさ，代数学の基本定理もリーマン球面のコンパクト性からでるって言ってたじゃない？ コンパクトってそんなのにも使えるんだね.」

「リーマン球面上いたるところ正則な関数は定数しかないっていうのもそうなんだ．うまく抽象化すると数学のどんな分野でも使えるようになるっていうことかな.」

「あ，そうだ．なんで1点コンパクト化があるのに他のコンパクト化の話もするのかなって思ったんだけど，なんかわかった気がする.」

「え，きょう授業のノートとりながらよくそんなこと考えてるひまあったね.」

「そのときは一瞬そう思っただけだったんだけどね.」

球面 X の相異なる2点 a, b を1点につぶして得られる空間 Y は，

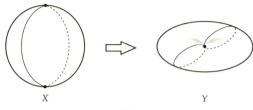

図 4

X から a, b をのぞいた空間 U の 1 点コンパクト化である．

「X の方が Y よりも自然なコンパクト化って感じしない？」

「コンパクト化って存在を証明しただけじゃよくわかんないけど，こういうのをみると，どんなものなのか感じはわかるよね．」

「最初の授業のとき，自明でないもののなかでいちばん簡単なものを考えるようにするといいって言ってたでしょ．だからそれ試してみたんだ．」

「ねえ，もしかしてさっきの X のことを Y の特異点解消っていうんじゃないかなあ，まだ勉強したわけじゃないから自信ないけど．」

「特異点解消って，広中先生がフィールズ賞をもらったあれ？」

「うん．広中先生は高次元で解いたっていう話だったけどね．」

「そっかー，そういう話ちゃんとわかるようになりたいなあ．そういえば，わたしたちって，これでもう 4 週間も数学の長い台詞ばっかしゃべらされてるじゃん．やっぱこういう対話形式は無理ってことなんじゃないかな．」

「そうだよね．じゃあこの続きは勝手に書いてもらうことにして，ぼくたちは来週，どこかあそびに行かない？」

「え，もうすぐ期末試験だよ．ちょっと難しいかも．複素解析とかまだ全然復習してないし．ごめんね！ きょうもありがとう．またね．」

「ああ，またね.」(そうか，自然に誘えばいつもうまくいくってわけでもないのか.)

第5話　層とコホモロジー

ぼくたちは数学科の4年生になり，4月からゼミで数論幾何を勉強している．きょうはプロパーなスキームの連接層のコホモロジーの有限性のところだった．窓の外では，並木の若葉が午後の陽ざしに照らされている．

「君たち2年生の冬にはよくやってくれたねえ．そのまま『数学の学び方』の原稿にできるよ．助かっちゃったな．何がだいじかってぼくがあれこれ書くより，君たちを見習えばいいんだもんね.」

「あ，そっか，先生もあれ読んじゃったってことですね.」

「そうか，プライベートに立ちいっちゃう感じあるもんね．わるかったかな.」

「うーん．でも，読まれて困るところは消しといたから大丈夫です.」

「ならよかった．アカハラにはならなさそうだね.

じゃあ，コンパクトの話と，層のコホモロジーの有限性のつながりを少し補足しておこう．君たちはもう4回分しゃべってくれたから，数学の台詞はきょうはぼくがしゃべるよ．君たちは適当にツッコンでくれればいいから.」

「先生，わたし，それわかりたいって前から思ってたんです.」

「そっか，ちゃんと期待にこたえられるかな．プレッシャーだな．

プロパーってのは，第4話で君たちが話してたとおりコンパクトのことだから，ちょうどこれは第2話のコンパクトなら局所と大域がつながるってことになるね．層のことばで局所と大域をつないでるってわけだね．

層の定義って抽象的だからはじめはとっつきにくいかもしれないけど，考え方そのものは単純なものなんだ．で，そういうものほど適用範囲が広くて強力だってことは，数学ではよくあることだね．」

「先生，わたし層の歴史が知りたくなって調べてみたんです．そうしたらおもしろい話があったので，それを話してもいいですか？」

「いいよ，どんな話かな．」

　層のことばを創ったのはルレーという数学者で，それは彼が戦争で捕虜になっていたときのことだった．ルレーは収容所で数学の講義をすることになり，流体力学が専門というのがバレると敵のために働かされてしまうと考えて，実用には役にたたない数学の話をすることにした．こうして考えだされたのが，層の理論のはじまりだった．

「実用には役にたたないからっていうのがはじまりだったってのはおもしろい話だよね．数学でこれほど役にたつものってのもないくらいだっていうのにね．」

「いまの話で，小平先生のこんな話を読んだのを思い出しました．」

　層というものは何だか実体のない抽象的な変なものだというのが私の第一印象でした．層が代数幾何で中心的な役割を演じるようになろうとは夢にも考えませんでした．層が有効らしいと気がついたのは，スペンサーと共著の論文で，層を使ってセベリ(Severi)の予想 $p_a=P_a$ の証明に成功したときだったと思います．（1文略）この「難問」が層を使うと手もなく解けてしまうことがわかったので，これはと思ったわけです．（小平邦彦「回顧と……」『怠け数学者の記』

岩波現代文庫より)

「はじめはそうだったんだね．層のない代数幾何なんていまは想像もできないけどね．ルレーが始めたものが，岡⇒カルタン⇒セル⇒グロタンディークとひきつがれて，連接層やスキームのことばが創られていったってわけだね．

コホモロジーの有限性の話をもう少し続けよう．この定理のいちばん簡単な場合ってのが，君たちが第4話で話してたリーマン球面上いたるところ正則な関数は定数しかないっていうことだね．」

「先生，これは0次の場合ですよね．高次のコホモロジーって何を表わしているんですか．」

「非自明でいちばん簡単な場合っていうと，どうなるかな．」

「Xが代数曲線のときのH^1ってことですね．$H^1(X, O_X)$の次元がリーマン面Xの種数gってことですか．」

「そうだね．高次のコホモロジーをその一般化って考えれば，高次元の多様体は目には見えないけど，コホモロジーがわかればその形が見えてくるって思えるわけだね．

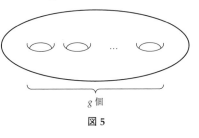

図5

数論的には，高次のエタール・コホモロジーでガロワ表現を構成するのがだいじな応用だね．コンパクトでないときに高次のエタール・コホモロジーをどうすればわかるのかっていう問題は，君たちが生まれる前からずっと考えてるってことになっちゃうね．

さ，そんなところかな．原稿もできたことだし，きょうはうちあげにしようか．原稿料ももらえるからおれいにごちそうするよ．」

「先生，そんなこと急に言われても．」

「わたしたち，これから，いきものがかりのコンサートに行くんです．このチケット手に入れるの大変だったんですから．」

「そうか，じゃうちあげはまた今度だね．でも，君たちいつのまにそんなになかよくなってたんだい？　全然，気がつかなかったな．」

「あれ，先生かっこの中は読まなかったんですか．」

「えっ，かっこ消してないほうだったってこと？　えー，ってことはあれ全部読んじゃったんだ，2 人とも．」

「なあんだ．告られたのかなって思ったのに，あれもらったとき．」

「そうだったのか．でも最高じゃん，「はじまりはコンパクト」なんて．じゃコンサート楽しんできな．」

「はい，先生！　じゃいこ，たけしくん♡」

時間をかけて,深く

河東泰之

はじめに

数学の学び方はいろいろである.とても偉い数学者たちに接してみるといろいろなタイプの人たちがいて,理解の仕方もさまざまであることがわかる.どんな方法でも自分で正しくわかって人と正しくコミュニケートできればよいのだが,残念ながら明らかにやり方が粗雑だったり,無駄な方向に努力している人も少なくない.そこで数学を学ぶさまざまな局面において私が適切と考える方法について説明してみたい.

講義について

講義など聞くまでもなく全部わかっているという人もいるかもしれないが,多くの人にとって講義は重要な情報源であろう.数学の講義は進度が大変速いことが多いのでまずこの対応策から説明しよう.一番最初に言うべきことは,数学を理解するのには多大の時間がかかるということである.ざっと聞いたり,ぱらぱらと本を読んだりしてきちんとわかるなどということはめったにない.そもそも大学における単位数とは1時間の講義につき,2時間の予習・復習をするということで計算されているのである.そして数学の講義についてはこのくらいの時間は最低限度でしかない.試験の直前になってあわてて1学期分の勉強をしようとしても無理である.大学入試の準備では,数学にはたいていの人はかなりの時間をかけているはずで,授業をちょっと聞いただけでできるようになるなどとい

う人はめったにいない．しかしなぜか大学の数学では講義を聞いただけでほとんど放置している人が少なくない．それではきちんと理解できるようになることが期待できないのは当然である．量的に言っても大学1年生が1年間で習う数学の量は高校数学の1年分よりはるかに多い．数学科の2年生や3年生で習う科目の内容はさらに量が多い．簡単にはわからないのは当然である．

数学は論理の学問であるから，まず講義で行われた証明や計算，例などについて論理的に100%理解しなければならない．とりあえずわからなくてもいいからある話題に触れておくといった講義内容はあって，そういう場合は話が別だが，本題の流れについてはこの100%理解するということが当然である．しかしこの点について考えの甘い人が少なくない．通常，講義ではそれまでに習ったことだけを使って論理的に完全な証明を与えているはずである．「○○の定理によって××がわかる」と言われたら，○○の定理の内容は何か，本当にその定理の仮定は満たされているのか，本当にその定理から××という結論が導かれるのかは最低限確認しなければならない．しかしそのような議論を完全にフォローすることはしばしば容易ではない．学生の理解が浅いことのほかに先生の説明が粗いということもありうる．また先生の説明が速くて理解できないということもよくあり，さらにはそもそも先生の説明が間違っているということもそれなりの頻度である．いずれにせよ，徹底的によく考えてこれらの点をクリアして論理的に隙がない状態で次週の講義に臨まなくてはならない．このことには多大な時間がかかるのが普通である．

どうしてもよくわからなければ，何がわからないかを明確にしたうえで，先生に聞く，友達と相談する，本を調べるなどの対策が考えられる．先生に聞くというのは最も有効な対策のひとつで，その

ために先生がいると言ってもいいようなものだが(一方的に講義を聴くだけならビデオを見ているのと変わりがない)，あまり質問をしてくる学生はいないのが現実である．たまにしつこく質問してくる学生がいるがそういう人はよく伸びる可能性が高い．また友達同士で相談するというのも，わからない点をクリアにする，別の視点から眺めるといった点で有効である．さらに，よほど最先端の講義でなければその内容について書かれた本があるはずなので，いろいろな本を見てみるのも有益である．違うやり方でやっていて流れをフォローするのが困難ということもありうるが，違うやり方でやっているからこそ理解できるということもある．

　このように徹底して講義の内容を理解しようとしてみると，そもそもその前の段階のことがよくわかっていないために理解できないということもよくあるであろう．その場合は前に戻って徹底的にやり直すしかない．基礎的なことがわかっていないのにその先のことがわかるはずはないので，どんなに時間がかかっても前のところから勉強し直すしか道はない．私は3年生のフーリエ変換の講義を何度か担当したことがあるが，小テストをしてみるといつもその予備知識であるはずのルベーグ積分がまったく身についていない人が少なからずいた．たとえば最大の基本定理であるルベーグの収束定理のステートメントが書けないといったケースである．これでフーリエ変換の講義がわかるはずはないのであって，ルベーグ積分の復習から(あるいはもっと前の復習から)始めるしかない．ただし，ある難しいことがわかってそこから芋づる式に連動していろいろなことがわかり，急速に実力を伸ばすというケースはあるので，勉強し直すのにはいつでも遅すぎるということはまずない．

　また数学の講義では大量の板書があるので，速くてついていけない，ノートを取るのも追いつかないという話もよく聞く．私が教え

たときにも，明らかに今書いているところよりずっと前の説明のノートを取っている人たちがいた．しかし先生は重要なポイントを言葉と文字で説明しているのであるから，今話しているところを聞いて，今書いているところを見なければ講義の効果は激減し，人のノートをただ写しているのと大して変わりない状態になってしまう．先生は全員にわかるようにていねいに板書する必要があるが，ノートは自分にだけわかればよいのであるから，まったく同じように書き写す必要はなく，もっと短く書くことにさまざまな工夫の余地がある．それでもどうしてもノートが取れないのなら，いっそのこと聞くことに集中して簡単なメモを取るくらいにとどめて，ノートは誰かに後から写させてもらうことにした方がまだましである．

さてとりあえず論理的なフォローができたとしよう．まだまだわかったという状態には程遠い．基本的な定義や定理のステートメントは何も見ないですらすらと書けなければならない．意味もわからないまま丸暗記してもあまり意味はないと思うが，書こうとしてどこで失敗したかをよく考えると理解の浅いところが見つかるものである．大学院の入試で基本的な定義や定理を書いてもらうことがよくあるが，非常に有名なものでも正しく書けない人が驚くほどたくさんいる．高校生がたとえば三角関数の加法定理を書けずに有名大学理系の大学入試を受けようとしたら誰しも非常識だと思うだろうが，そういうレベルの非常識で大学院入試を受けてくる人は残念ながらたくさんいるのである．このような状態で先に進もうというのは無謀である．

さらに次の段階として意味を深く理解することが必要である．なぜこのように定義するのか，なぜこのような定理が成り立つのか，なぜこのような仮定がついているのか，なぜこのような方針で証明するのか，といったことである．ある定義を行ったことが証明のど

こで効いているのか，仮定はどのように証明で使われているのか，その仮定がないと結論は成り立たないのか，といったことをいろいろな角度から考えてみるのが重要である．定理が成り立つ例，仮定を落とすと成り立たない例をいろいろ考えてみることも大変重要である．証明も何も見ないで全部書きだしてみるとよい．かなり長い証明も少なくないので，直ちに全部できるということはなかなか難しいだろうが，自分で書こうとしてできない部分についてよく考えてみてから本やノートを見ると理解が深まるものである．

なお残念ながら中には人にわかるように説明する技術の低い先生がいる．またいろいろなやり方について向き不向きがあるので，ある特定の説明の仕方がわかりにくいということはありうる．普通は本を自分で読むより講義を聴く方が効率的なはずだが，そうでない場合は，後述するように本を自分で読むことに力を入れるということもあるだろう．

演習について

理解を深めるために演習問題は大変重要である．高校数学では問題演習ばかりやっているようなもので，それはそれで理論的側面がおろそかになりがちなのだが，大学になると演習の機会が激減してしまうのが残念なことである．初年級の微分積分や線型代数ならばかなりいろいろな演習書があるので適切なものを選べばよい．しかし2, 3年生くらいで学ぶ専門的な数学になると良い演習書があまりないというのも事実である．出版社も多様体論やルベーグ積分論などすでに十分な教科書がある分野でさらに新たな教科書を出版するより，これらについての良い問題集を出版したほうがよほど有益だと思うがそれはさておき，問題演習が重要なことはいくら言っても強調しすぎることはない．講義には演習がついている場合も少な

くないであろう．その場合はその問題を解くべく努力すること，解けなかった場合は，友達と相談したり本を見たりしてさらに考えること，それでもできなくて答えが入手できるならばその答えを熟読して深く理解すること，必要ならば先生に質問して理解を深めることが重要である．

　ただ問題を作る側から言うと，適切なレベルの問題は作るのが難しいということがある．しばしば易しすぎたり，難しすぎたりしてしまうのであり，特に理論的な証明問題でそうである．演習の時間がついていてもそこに適切なレベルの問題があまりない，教科書の演習問題も同様だ，ということはありうるであろう．現在はネットが発達しているので，「多様体論 試験問題」「ルベーグ積分 演習問題」などと入れて検索すれば，大量に問題を見つけることができる．また大学院入試問題もたくさんネットで見つけることができる．試験問題は制限時間内に解けるように難度がコントロールされていることが多いので，演習に適していることがよくある．ただしネットの情報は玉石混淆なので出所によく気を付けて自分で判断する必要がある．学生が適当に作っているようなサイトだと答えや解説がまったく信用できないこともある．

　ついでに言っておくと，どのような情報でも，正しさや価値を自分で判断する能力というのは大変重要である．高校までは教科書が絶対的に正しいと信じていればよかったかもしれないが，実際の世の中には絶対的に正しい本などというものは存在しない．有名な学者が書いた有名な教科書でも間違いが紛れ込んでいることはまれではない．教科書が間違っていることに対して到底許されないことのように反応する人がときどきいるが，そのような態度では(学界の中でも外でも)社会で生きていくのが難しいであろう．さらについでに言うと，数学書の演習問題に答えがついていないことがしばし

ばあるが，そのひとつの理由は自分の答えが正しいかどうかは自分で判断できなくてはならない，ということである．この理由は正しいと思うが，ただ問題が全然わからないという人のため，答えはついていた方がよいと私は思うが．

本の演習問題に戻って，英語の教科書は日本語のものより適切な演習問題がついていることが少なくない．たとえば，Ahlfors, "Complex Analysis", Royden, "Real Analysis" などがその例である．なお英語の数学書に苦手意識をもつ人が時々いるが，数学英語は中学生でも読めるような簡単なものである．新しい術語が出てきてもそのたび定義されるのであるからその言葉を辞書で引く必要もない．数学の論文は圧倒的多数が英語で書かれているし，教科書もたいていの場合英語の方が優れたものの選択の幅が大きいので，英語に早くから慣れておいた方がいい．大学新入生でも早すぎるということはまったくない．研究者になるのであれば，数学英語の読み書きについては日本語と同様のスピードで処理できなければかなり不利になると思う．(別に文学や哲学について語り合うわけではないので，英語で新聞を読んだりすることよりはるかに簡単である．)

さらに英語で書かれた演習問題について続けると，アメリカの大学院では qualifying examination という試験があり，大学院入学後に実力の判定，不適格者の排除に使われている．だいたい日本の大学 2〜4 年生くらいの範囲がカバーされているので，これもネットで検索すれば適切な演習問題が見つかるであろう．たとえば私の出た UCLA 大学院の問題は http://www.math.ucla.edu/grad/handbook/quals にある．

いずれにせよ一つの問題について長時間考えるということは大変重要である．高校数学では解くのに 1 時間かかる問題というのは

かなりの難問であろうが，大学の数学では大した長さではない．まして研究では1時間でできる問題など問題のうちに入らない．しかし高度数学に慣れていない人は，わからないときにまったくお手上げになってしまい長い時間考えることができないことがよくある．証明問題であれば，さまざまな易しい例を考える，計算問題であればさまざまなテクニック，定理を試みてみるなどで，実力があればいくらでも考え続けられるものである．多くの例，特にある結果が成り立つかどうか「ぎりぎり」の例を知っているとこういう時に有利である．なおこの意味で筆記試験は時間が長い方が実力差がはっきり出る．このためできるだけ長い時間でやりたいのだが，物理的制約もあり，制限時間10時間の試験などはなかなか困難である．東大数学科では定期試験は通常3時間，大学院入試の専門科目試験は4時間でやっている．

いったん解いてみたらそれが本当に正しいかさまざまな角度から検討してみることも重要である．証明問題であれば，簡単な例のときにその方針で合っているか，計算問題であれば，答えの満たすべきさまざまな条件を満たしているか，でかなりチェックできる．たとえばフーリエ変換の計算であれば答えがどのような条件を満たす関数であるべきかは計算する前からわかることなのに，その条件を満たさない答えを書いている人がよくいる．試験でまったくありえないような答えを書いて平気でいる人には0点より低い点をつけたくなる．

演習の場合は，解答を黒板の前で発表するという形になっていることもよくあるであろう．時間的制約のため，何度もそうできる機会はめぐってこないかもしれないが，このような発表は理解を深める大変重要なチャンスである．限られた時間内で無駄なことをできるだけ言わずに重要なポイントを説明しなくてはならないが，理解

が浅いと何が無駄なことで何が重要なポイントかがなかなかわからないのである．これについても十分な時間をかけて発表の準備をすることが大切である．

本の読み方

次に数学書の読み方について述べる．講義について書いたのと同じく，数学書を読むのはとても時間がかかるものである．ある分野でどんなことが知られているかを概観したいといった目的ならば速く読むこともできるかもしれないが，本当に理解したいと思ったら1冊読むのに1年かかっても何も不思議はない．小説のように読めるということはまずありえないと言ってよいだろう．

やはりとにかく論理をきちっとフォローするということが第一歩である．この部分で手を抜いてはまったく何も身につかない．しかしこれがなかなか困難である．おそらく講義を聞くときよりさらに困難であろう．○○だから××である，と書いてあってもなぜ○○なのか，なぜ○○であると××になるのかちっともわからないということはよくある．読者の責任であることの方が多いが，著者の責任であることも少なくない．そもそも○○ではないとか，○○であることから確かに××は従うがその証明はとても難しいということはよくある．大学初年級の内容で定評ある教科書であればそのような可能性は低いが，いずれにせよ少し先に行けば本を読んでそのようなことにぶつかるのは避けられない．基本的に自分で考えるしかないが，友達でも先生でも相談できる人がいるならば相談する，同じテーマの他の本を見るといった手段がありうる．

それでもどうしてもわからなければ，とりあえずそこを飛ばして先に進むということもやむを得ないであろう．また自分の知らない定理を使っているということもある．他の本を読んでその定理がわ

かればよいが，そうでないこともあるだろう．その場合，とりあえず○○を認めてその後の証明をきちんと理解するといったやり方はありうると思う．ただし自分が○○の証明を飛ばしているということは明確に理解しておくことが必要だし，あとでどこかで○○の証明を理解したほうがよいとは思うが．いずれにせよ，こうやって飛ばす部分が次々累積するようではさすがにその本を読み続けるのは無理である．その場合には自分はその本に合っていない，あるいはまだ読めるだけのレベルに達していないと考えるしかない．いずれの場合もそういうことはあるので，自分に読める他の本に変えればよいであろう．どの本が自分に合うかの判断はけっこう難しいのでいろいろ試してみることになるのはやむを得ない．

　数学的トピックを学ぶ際に自分なりのイメージを作ることは大変重要である．そのために図を描くことが有効であることが多い．無限次元空間の話など，普通には絵を描けないような話であっても自分なりのイメージをつかんで有意義な絵を描けることは少なくない．非常に複雑な議論などは頭になかなか入らないので，図の形で思考を「圧縮」することが役に立つ場合も多い．しかしなぜか多くの学生はあまり図を描こうとしない．関数のグラフなど明らかに絵で描けるものでさえ式に頼る学生が多い．計算や証明を感覚に頼って間違えないためには式も有効だが，なかなか式だけで長いものを考えるのは難しい．図を描いてすむものには図を活用することが便利である．

　イメージについてさらに付け加えると，数学的対象について，大きい，小さい，近い，遠い，といったイメージをもつことも大事である．「任意の正の実数 C について」という場合も「どんなに小さい C でも」なのか「どんなに大きい C でも」なのかで話は違う．自分がどういう性質の対象を取っているのかをイメージとして把握

しておくことは重要である．

また「任意の○○に対して××が存在して…」といったことはいくらでも数学に出てくるが，××が何に依存しているのかが大変重要である．∀と∃がいくつも出てくるときにその順番ということだが，これもすぐに混同してしまう人が少なくない．たとえば，関数が各点で有限値を取ることと全体で有界であることの違い，関数列がそれぞれ有界であることと全体が一様に有界であることの違いに鈍感な人がよくいる．これでは数学をきちんと学ぶことなどまったくできないのは言うまでもない．

さてこういった点が一応クリアできて読み進むならば，きちんとしたノートを作るのがよいであろう．ノートは自分にだけわかればよいのだが，自分にはあとから本なしにノートだけを見たときも完全にわかるようにしておくのがよいと思う．

本にわからない場所があるとき，あるいはそもそもわかっているかどうかが怪しいときに，セミナーという形態は有効である．次のセクションでそれについて述べる．

セミナーのやり方

たいていの数学科では，3年生や4年生のカリキュラムに，学生が本を読んで教員の前で内容を正確に発表するというものが組み込まれているはずである．セミナー，ゼミ，講究などと呼ばれている．もともとドイツ辺りから来たやり方だと思うのだが，私の理解している限り，現在欧米の大学では通常このようなものは行われていない．しかし数学を深く学ぶためには大変有効な方法である．数学科では普通は卒論はなく，もちろん実験もないのでこのセミナーが卒業研究の代わりになっていることが多い．また，正規のカリキュラムの一部として行われるもののほかに，学生が何人か集まって

相互に本の内容について発表し合うことがよく行われている．自主ゼミ，ゼミ，輪講などと呼ばれている．ここではこのやり方について述べる．

まず本を読むということについては上のセクションと基本的には同じである．しかし人前で発表するのであるから，一字一句ごまかさずに読むという態度をさらに徹底して身につける必要がある．とにかく安易に納得してわかったような気分になることが最もいけないことである．

「明らかに○○である」，「以上で○○であることがわかった」，「○○であることは容易にわかる」などとよく書いてあるが，本当にそうなのか徹底的に考えなくてはいけない．たいていは本当にやさしいことであるが，読者の理解不足によって明らかではないということはよくある．またあることを知っていれば確かにすぐわかるが，それを知らないとわからない，またそれを知らない人がたくさんいる，というケースもある．上にも書いたように本の説明が間違っていることもまれではない．

私は4年生のセミナーのときの指導教員が，この本に原稿のある小松彦三郎先生で，その記事にもある通り，何も見ないでセミナー発表をするように，という方針だった．その後UCLAに留学した際の指導教員の竹崎正道先生も同じ方針だったので学生の頃はいつもそうやっていた．それは大変良いやり方だと思っているので学生にもそうするように言っている．ノートやメモを見ないで発表する利点はたくさんある．第一はもちろん，よくわかっていなくては発表できないということである．たとえば中学生に連立方程式の解き方を聞かれたら何も見ないですぐに説明できるであろう．それがわかっているということである．自分の発表でもそのような状態になるまで準備しなくてはならない．そうできるようになるため

の良い方針は，すべての定義や証明を何も見ないでノートに書いてみることである．最初すぐには書けないだろうが，書けない場合は何が欠けているのか，自力で再現できないかを真剣に考え，どうしてもできなければ本を見る．これを何度か繰り返せば何も見ないで発表できるようになる．（私のセミナーには数学的能力についてはさまざまな学生がいたが，何も見ないで発表するということについてはできなかった人はいない．私も講義でも学会講演でもいつも何も見ない．）次の利点として，何も見ないと聴衆の方をより多く見られることである．人間に対して発表するのであるから相手の反応をできるだけ見て話さなければならない．教員になって講義をするようになればなおさらである．ノートやメモを見ていると視線がそちらに取られ，ノートと黒板を視線が往復することになりがちである．（なお研究集会の講演などでも事情は同じだが，なかには黒板やプロジェクター画面しか見ないで話し続ける人がときどきいる．発表の仕方として最悪である．）さらにもうひとつの利点として自分の書き間違いに気づきやすいということである．自分の説明だけに頼ってやっていれば何か説明を言い間違えたり書き違えたりしたときに，筋が通らないので気づきやすい．ノートに頼っていると，1回言い間違えたり書き違えたりしても，そのあとノートの通りに発表していれば合っているように見えるので間違いに気づきにくいのである．

それから，理解とは直接関係ないが，時間を守るということも大切である．時計をきちんと見て途中からコントロールしていけば± 1分くらいに収めることは難しくない．私は講義や講演のときは± 10秒をめどにしている．昔アメリカでティーチングアシスタントをしていたときには「絶対に1分でもオーバーするな」と言われた．学会講演などで派手に時間が狂う人が少なくないが，ふだんど

うやって講義をしているのか不思議に思う．

幅広い知識の身につけ方

　上に繰り返し書いたように数学において重要なことは時間をかけて深く理解することである．しかし数学も大変幅が広いものになっており，離れていると思われた分野が結び付くのも大変刺激的なものなので，自分の専門から遠い話題についてもそれなりの理解をもっているほうが視野が広がり，将来の研究にもプラスである．なかには4年生になるときに専門を決めたらその後興味をもつ数学の範囲が一生単調減少していくような人もいるのだが，それでは研究の幅が広がらないし，本人としてもあまり面白くないと思う．

　比較的早い段階でいろいろな話題について触れるのによい方法は本や雑誌を読むことである．『数学セミナー』，『数理科学』，『現代数学』などなどの雑誌が毎月さまざまな話題を取り上げており，単行本も本屋や図書館に行けばたくさんある．内容のレベルには大きな差があるが，わからないものは飛ばせばよいので気が楽である．もう少しプロ向けのものとして，日本数学会の『数学』，『数学通信』がある．また英語では，"The Mathematical Intelligencer", "Notices of the American Mathematical Society", "Bulletin of the American Mathematical Society" などがある．ただし最近の研究の紹介は著者によって，専門外の人にもできるだけわかるように書いてあるものとまったくそうでないものの差が大きいので，全然わからない記事があるからといって悲観することはない．

　講演についてはもう少し上級レベルのものとなるが，各数学科で行われている談話会というものが，本来非専門家向けの解説，紹介という機能を担っているもののはずだが，現状は，これも講演者によって大きな差があり，専門家以外にはまったく理解できないよう

なものも残念ながら少なくない．ただすぐれた講演の場合もあるので最初からあきらめて道を閉ざすこともないであろう．日本数学会の「高木レクチャー」など一般数学者向けの講演も世界中で行われており，講演ビデオがネットで見られることも少なくない．これらも有効に活用するとよいと思う．

研究者への道

最後にどうすれば研究者になれるのか，について書こう．私は30年以上にわたって，どういう人がなれるのかに関心をもち，多くの学生を見てきたが，一番正直な答えは「やってみなければわからない」である．数学は試験をすれば高校生でも大学生でもきわめてはっきりとした実力差が出る．統計的にみれば，そういう成績のよい秀才の方が研究者になりやすいことは確実だが，個別の例をみると秀才度との相関はあまり高くないように思える．講義や試験をしていると，「これはものすごい秀才だ」と思うことはかなりあるのだが，必ずしもそういう人たちが後で大活躍するわけではない．それほどは目立たなかった人が後で世界的な大物になることも結構ある．プロ野球で言うと，甲子園での活躍度とプロでの活躍度には明らかな正の相関があるが，個別にみると結構例外がある．同じルールで同じスポーツをやっていてもあれぐらいずれるのだから，勉強と研究ではかなりの差が生じるものなのかもしれないと思う．結局は，好きで仕方がない，勉強・研究するなと言われてもどうしてもしてしまうというような人が生き残る世界なのではないかと思う．

どこにだって，数学がある

宮岡洋一

　かつて某作家が中央教育審議会の席上，2次方程式なんて知らなくたって，いままで不自由したことがない，と放言し，その結果かどうかわかりませんが，中学数学から2次方程式の解の公式が姿を消したことがありました．新聞投書欄やインターネットに発言の不見識をとがめる意見も出たとはいえ，消極的同意といったものが一般社会人が当時示した反応だったように記憶します．どうやらおおかたの日本人にとって，銭勘定に必要な加減乗除を別とすれば，それ以上の数学なんて日常生活には無関係，と思われているらしい．学校教育科目に対する評価や好悪に関する国際意識調査を見ても，日本人が理数系科目に与える点数は，欧米や東アジア諸国と比較してずいぶん辛いのです．せっかく中学や高校，さらには大学の教養課程で学んだ数学が，社会や家庭の場において何の役にも立たないとしたら，なんと哀しいことではありませんか．

　しかしよく気をつけてみれば，日常生活のあらゆるところに数学の種はころがっています．誰でもふとおぼえる素朴な疑問が，じつは深くて難しい数学の問題そのものだった，というのもよくあることです．この文章では，大学学部1年生までに学ぶ微分積分と線形代数を用いて，身近な問題をいくつか考察し，数学を学ぶ意味を見直してみたいと思います．

すすぎ水はどこまで節約できるか——指数関数
　まずは小手調べ，高校数学の復習です．

どこにだって，数学がある　67

　地球の温暖化によると考えられる異常気象が近年頻発しています．近い将来，渇水で給水制限が発動される可能性が高い．となると洗濯に使う水も貴重です．できるだけすすぎ水を節約したい．どうやったら，どの程度節約できるのか，考えてみましょう．

　条件を整理します．洗濯する衣類と洗剤の量は一定と仮定し，洗濯やすすぎが終わって脱水機にかけたあと衣類にまだ残る水分も一定，仮に 1 リットルとしましょう．これに x リットルの水を加えてよくすすぐ．すると，すすぎ水の洗剤濃度は $1/(x+1)$ 倍に薄まるので，もう一度脱水機にかければ，衣服に残る洗剤の量も $1/(x+1)$ 倍まで減少します．$x=10$ とすれば $1/11$ ですね．しかしながら，10 リットルの水を 5 リットルずつに分け，すすぎを 2 回やることにすれば，2 回のすすぎのあとでは，洗剤量が $(1/6)^2=1/36$ に減ります．2 リットルの水で 5 回すすぎを行えば $(1/3)^5=1/243$，かなり非現実的ですが 10 回すすぎにすれば $(1/2)^{10}=1/1024$ まできれいになる．このように，水を小分けに使ってすすぎ回数を増やすと，洗剤の残量が減ってどんどんきれいになっていきます．でも，いくらでもきれいになるわけではありません．一般に，x リットルの水を用意し，この水を n 回に分けてすすぐことにすれば，最後に残る洗剤の量は最初と比べて

$$\left(\frac{1}{1+\frac{x}{n}}\right)^n = \left(1+\frac{x}{n}\right)^{-n} = \left(\left(1+\frac{x}{n}\right)^{n/x}\right)^{-x}$$

になる．固定した水量 x のもとに回数 n を増やし，$y=n/x$ をどんどん大きくしていったときの極限をとると，

$$\lim_{y\to\infty}\left(\left(1+\frac{1}{y}\right)^y\right)^{-x} = e^{-x}$$

です．最終的に衣服に残る洗剤の量を最初の $1/A$ 倍以下にしたか

ったら，すすぎ水は最低でも $\log A$ リットル必要，ということになります．$A=1000$ ならおよそ 6.9 リットル，$A=10$ で我慢すれば 2.3 リットルですね．

洗濯物ならばまあ罪のない話ですが，その類似として，たとえば重クロムイオンがしみ込んでいる築地市場移転用地とか，さらには放射性物質に汚染された福島県浜通り一帯の除染事業に置き換えてみれば，事態の深刻さが実感できるかもしれません．

微分方程式の解としての指数関数，そして三角関数

前節に出てきた指数関数 e^{ax} はさまざまな局面で登場します．a が負のときは，時間とともに減衰していくような現象，たとえば摩擦運動，ネガティブ・フィードバックをかけた電気回路，消費税をかけたときの消費行動などに出てきますし，逆に a が正ならば，核分裂の連鎖反応や人口問題，伝染病の蔓延といった爆発的現象を記述する際に現れる．以上の例からわかるように，たいていの場合，変数 x は時間と解釈するのが適当なので，これからは x のかわりに文字 t を使うことにして，$f(t)=e^{at}$ を考えましょう．

指数関数が自然現象にしばしば現れる理由は，線形微分方程式の解になっているからです．

指数関数 e^{at} の微分をとると $(e^{at})'=ae^{at}$ で，$t=0$ での値は 1 です．逆に初期条件付きの微分方程式

(1) $$f'(t) = af(t), \quad f(0) = 1$$

をみたす微分可能な関数は $f(t)=e^{at}$ しかありません．実際，$g(t)=e^{-at}f(t)$ とおくと，$f(t)=e^{at}g(t)$, $f'(t)=ae^{at}g(t)+e^{at}g'(t)=af(t)+e^{at}g'(t)$ ですから，(1)は $g'(t)=0$, $g(0)=1$ と書き換えることができる．結局 $g(t)$ は定数 1 となって，求める結論 $f(t)=e^{at}$ が得られました．

以上の議論では，よく性質がわかっている関数 e^{at} が(1)の解で

あることを前提としていました．でも仮に，その事実を知らなかったとしても，関数 $f(t)$ が1回微分できて(1)をみたしている，というだけの仮定から，e^{at} がもっている性質をすべて導きだすことができます．実際，$f'(t)=af(t)$ なので，微分 $f'(t)$ はもう一度微分できます．つまり $f(t)$ は2回微分可能である．以下数学的帰納法によって $f(t)$ は何回でも微分可能であり，$f^{(n)}(t)=a^n f(t)$ が成立する．そこで $f(t)$ の $t=0$ および $t=s$ におけるテーラー展開を計算すると，$f(t)=\sum a^n t^n/n!$, $f(s+t)=\sum f(s)a^n t^n/n!=f(s)f(t)$ です．こうして加法公式 $f(s+t)=f(s)f(t)$ が得られました．加法公式は指数関数がもつ最も本質的な性質で，これに連続性の仮定を加えれば，指数関数がもつ属性はすべて導きだすことができる．

こう考えていくと，微分方程式(1)がすべての情報を含んでいるわけですから，いったん e^{at} の元来の定義 $\lim(1+at/n)^n$ は忘れてしまって，e^{at} とは(1)の解のことである，と再定義してしまっても，何ら差しつかえありません．そうすると初期条件を省いた方程式 $f'(t)=af(t)$ の一般解は $f(t)=f(0)e^{at}$ となります．

今見たとおり，指数関数は単独の微分方程式の解ですが，自然現象を記述する微分方程式はたいていの場合，複数の未知関数からなる連立方程式の形をしています．しかし連立であっても，方程式が定数係数線形という特別な形ならば，多くの場合，線形代数を用いることによって，解を指数関数の和の形に書くことができます．

非常に簡単な例として，放射性元素 A が B に β 崩壊し，さらに B が β 崩壊して安定元素 C になるという現象において，この過程で放出される γ 線量の時間変化を考えます．A, B の半減期をそれぞれ a, b とします．すると時間 t 後には A の残存量 $V(t)$ は $2^{-t/a}V(0)=e^{-(\log 2)t/a}V(0)=e^{-\alpha t}V(0)$ となる（ただし $\alpha=\log 2/a$）．特に
$$V'(t) = -\alpha V(t)$$

です. B の量 $W(t)$ についてはもう少し複雑で, 時刻 t から $t+\Delta t$ のごく短い間に崩壊によって失われる量が $\frac{\log 2}{b}W(t)\Delta t = \beta W(t)\Delta t$ であるのに対し, A の崩壊によって補われる量が $\alpha V(t)\Delta t$ あります. したがって時刻 t における $W(t)$ の単位時間あたり増加量を考えて,

$$W'(t) = \alpha V(t) - \beta W(t)$$

が得られました. ベクトルと行列であらわせば

$$\frac{d}{dt}\begin{pmatrix} V(t) \\ W(t) \end{pmatrix} = \begin{pmatrix} -\alpha & 0 \\ \alpha & -\beta \end{pmatrix}\begin{pmatrix} V(t) \\ W(t) \end{pmatrix}$$

です. この方程式は, 未知のベクトルの微分が定数を成分とする行列と未知ベクトルの積に等しいという形で, このような方程式を一般に定数係数線形常微分方程式というのです.

この方程式を解くわけですが, 簡単のため2つの元素の半減期は異なる, つまり $\alpha \neq \beta$ と仮定しましょう. このとき上の方程式に出てくる 2×2 行列の固有値は $-\alpha, -\beta$ の2つで,

$$\begin{pmatrix} -\alpha & 0 \\ \alpha & -\beta \end{pmatrix} = \begin{pmatrix} 1 & 0 \\ -\frac{\alpha}{\beta-\alpha} & 1 \end{pmatrix}^{-1}\begin{pmatrix} -\alpha & 0 \\ 0 & -\beta \end{pmatrix}\begin{pmatrix} 1 & 0 \\ -\frac{\alpha}{\beta-\alpha} & 1 \end{pmatrix}$$

である. そうすると

$$\frac{d}{dt}\begin{pmatrix} 1 & 0 \\ -\frac{\alpha}{\beta-\alpha} & 1 \end{pmatrix}\begin{pmatrix} V(t) \\ W(t) \end{pmatrix}$$

$$= \begin{pmatrix} -\alpha & 0 \\ 0 & -\beta \end{pmatrix}\begin{pmatrix} 1 & 0 \\ -\frac{\alpha}{\beta-\alpha} & 1 \end{pmatrix}\begin{pmatrix} V(t) \\ W(t) \end{pmatrix}$$

が成立します. これを書き換え,

$$X(t) = W(t) - \frac{\alpha}{\beta-\alpha}V(t)$$

とおけば $V'(t)=-\alpha V(t)$, $X'(t)=-\beta X(0)$ ですから，指数関数を用いて
$$V(t) = V(0)e^{-\alpha t}, \quad X(t) = X(0)e^{-\beta t},$$
そして
$$W(t) = X(t)+\frac{\alpha}{\beta-\alpha}V(t) = e^{-\beta t}W(0)+\frac{\alpha}{\beta-\alpha}(e^{-\alpha t}-e^{-\beta t})V(0)$$
がわかりました．

このような2段階の崩壊過程から生まれるγ線の強度は，正の定数K,Lを用いて$KV(t)+LW(t)$の形になります．通常はKやLはα,βにほぼ比例するので，$K=\alpha$, $L=\beta$としてしまいましょう．また時刻0では元素Aしかなかったとして，$V(0)=1$, $W(0)=0$とします．すると時刻tにおける放射線量は
$$\frac{\alpha}{\beta-\alpha}\left((2\beta-\alpha)e^{-\alpha t}-\beta e^{-\beta t}\right)$$
です．この関数の0における微分は$\alpha(\beta-\alpha)$で，βがαに比べて非常に大きければ(つまり元素Bの半減期がAの半減期よりずっと短ければ)，放射線量は最初のごく短い時間に顕著に増大し，時刻 $\{\log(\beta/2\alpha(2\beta-\alpha))\}/(\beta-\alpha)$ で最大(時刻0での放射線量αのほぼ2倍)に達した後，徐々に減衰していきます．このように，元素の崩壊が何段かの過程を経る場合には，放射線量の時間変化は複雑です．

上の計算では，連立方程式に現れた行列を，実の固有値α, βに対応する固有ベクトルを用いて対角化しました．しかし一般には行列の固有値は複素数です．その場合はどうすればいいのでしょうか．

さきほど指数関数e^{at}を微分方程式 $f'(t)=af(t)$, $f(0)=1$ の解と定義してもよい，と言ったときは，暗黙のうちにパラメータaが実数であると考えていました．しかしながらaが複素数$b+\sqrt{-1}c$であ

ったとしても，この微分方程式は依然として意味をもちます．ただし $f(t)$ は複素数値をとる関数 $f(t)=g(t)+\sqrt{-1}h(t)$ としておく必要があります．こう考えた上で微分方程式を実部と虚部にわけて書き直すと

$$g'(t) = bg(t)-ch(t)$$
$$h'(t) = cg(t)+bh(t)$$
$$g(0) = 1, \quad h(0) = 0$$

になります．われわれが採用した指数関数の定義に従うなら，$e^{at}=e^{(b+\sqrt{-1}c)t}$ とはこの方程式の解 $f(t)=g(t)+\sqrt{-1}h(t)$ のことである．そしてその解は $g(t)=e^{bt}\cos ct, h(t)=e^{bt}\sin ct$ です．ということは，必然的に

$$e^{at} = e^{bt}(\cos ct + \sqrt{-1}\sin ct)$$

とせざるをえない．これが有名な「オイラーの公式」です．こうして複素数 a に対しても指数関数 e^{at} を定義しておけば，一般の定数係数線形微分方程式も指数関数を用いて解けることになります．

わたしが高校に入学したころ，$e^{2\pi\sqrt{-1}}$ は 1 であるという話をはじめて聞き，とても不思議で，なぜそういう結論になるのか納得できませんでした．しかしオイラーの公式は実に自然な発想から生まれ，これしかないという式だったのです．この公式を使えば，三角関数 $\cos, \sin$ を指数関数の 1 次結合として

$$\cos t = \frac{e^{\sqrt{-1}t}+e^{-\sqrt{-1}t}}{2}, \quad \sin t = \frac{e^{\sqrt{-1}t}-e^{-\sqrt{-1}t}}{2\sqrt{-1}}$$

のように表すことができ，三角関数は指数関数と本質的な差がなくなります．三角関数の加法公式は指数関数の性質 $e^{x+y}=e^x e^y$ そのものですし，三角関数の n 倍角公式は $(e^{\sqrt{-1}x}\pm e^{-\sqrt{-1}x})^n$ の 2 項展開にすぎないので，暗記する必要なぞまったくありません．

正規分布と拡散現象

　指数関数を使って定義される重要な概念に正規分布があります．確率的事象，あるいは統計的事象を扱うとき，必ずといっていいほど登場する概念です．しかしながら，初等的な教科書には，なぜ正規分布がさまざまな局面に出現するのか，その理由についての説明があまりないようです．純粋数学のみから理由を説明するのは大変でも，物理的視点を持ち込んで熱伝導や物質の拡散といった現象を考察すると，正規分布がいかに自然であるか，ある程度説明がつきます．物理や化学など自然科学が，数学にとって大事な養分となっていることを示す一例として，以下簡単に説明します．

　ところで私事にわたりますけれども，わたしは大学1年生まで，理論物理を専攻するつもりでした．別に数学がきらいだったわけではありませんが，大学2年になる以前に数学書を読み通した記憶はありません．そのあたりは，中学高校のころから整数論や代数幾何を勉強していた秀才ぞろいの友人たちと違っています．しかし正規分布についてはなぜか気になって，東大紛争のストライキまっただなかだった大学1年生のとき，無手勝流ながら，結構まじめに考えたことがあります．気体分子が小さい球体であり完全弾性衝突する，というモデルを用いて，分子の速度分布が正規分布になることを示そうというのです．でも二三ヶ月頭をひねったあげく，ぜんぜんわからない．今にして思えばずいぶん無謀なことを試みたものです．

　閑話休題，まずは正規分布の定義を復習しましょう．ある量 x の観測値が正規分布に従う，というのは，Δx を非常に0に近い正の数としたとき，観測値が x と $x+\Delta x$ の間に来る確率が2次関数と指数関数とを用いて

$$N(\mu, \tau, x)\Delta x = \frac{1}{\sqrt{2\pi\tau}} e^{-\frac{(x-\mu)^2}{2\tau}} \Delta x$$

と書けることを言います．ここで，パラメータとして現れる μ は平均値，$\tau > 0$ は分散，そして $\sigma = \sqrt{\tau}$ は標準偏差と呼ばれる量です．定義から

$$N(\mu, \tau, x) = \frac{1}{\sigma} N\left(0, 1, \frac{x-\mu}{\sigma}\right)$$

がわかるので，$N(\mu, \tau, x)$ のグラフは，$N(0, 1, x)$ のグラフをまず横方向に σ 倍に引き延ばし，縦方向には $1/\sigma$ 倍に縮め，さらに μ だけ右方向に平行移動したものです．

x の関数 $N(\mu, \tau, x)$ が確率分布を定める(つまり $N(\mu, \tau, x)$ を $-\infty$ から ∞ まで積分すると1になる)ことや，$(x-\mu)^2$ の期待値が τ である($(x-\mu)^2 N(\mu, \tau, x)$ の積分が τ)ことを見るには，一工夫しなくてはなりません．2番目の等式について見てみましょう．$N(\mu, \tau, x)$ のグラフの性質を考えれば，$\mu = 0, \sigma = 1$ として

$$\left(\int_{-\infty}^{\infty} x^2 e^{-x^2/2} dx\right)^2 = 2\pi$$

を示せばよろしい．左辺は平面上の重積分と考えることができますから，極座標 (r, θ) を使ってこれを書き直すと，

$$\left(\int_{-\infty}^{\infty} x^2 e^{-x^2/2} dx\right)^2 = \int_{\mathbb{R}^2} x^2 y^2 e^{-(x^2+y^2)/2} dx dy$$
$$= \int_0^{2\pi} \cos^2\theta \sin^2\theta \, d\theta \int_0^{\infty} r^4 e^{-r^2/2} r \, dr$$

と変形できます．最後の積分のうち，θ に関する積分は $\pi/4$．また r に関する積分は，変数変換 $s = r^2/2$ によって $\int_0^{\infty} 4s^2 e^{-s} ds$ と書けて，部分積分を2回繰り返すことによって答えは8となります．これで求める積分全体では 2π となることが確かめられました．

以上では $N=N(\mu,\tau,x)$ を x の関数と考えたわけですけれども，今度は1個のパラメータ μ をもち τ, x を2つの変数とする関数と考えてみましょう．すぐ下で見ますが，τ は時間変数，x は空間変数とみなすのが自然です．直接計算すると τ, x の関数 N は偏微分方程式

$$\frac{\partial N}{\partial \tau} = \frac{1}{2} \frac{\partial^2 N}{\partial x^2}$$

をみたす．実際，両辺ともに $((x-\mu)^2-\tau)N/(2\tau^2)$ です．$\partial N/\partial \tau=0$ となる点，あるいは同じことですが $\partial^2 N/\partial x^2=0$ となる点（x の関数と思ったグラフの変曲点）は $x=\mu\pm\sqrt{\tau}$, すなわち μ からちょうど標準偏差だけ離れた位置にある．N の時間変化 $\partial N/\partial \tau$ は x が μ に近ければ負（減少），遠ければ正（増加）です．

実はこの方程式は，1次元の均一な導線に沿った温度分布の時間変化を表す方程式（熱方程式）になっています．それを見るために，時刻 τ, 位置 x における温度を $f(\tau,x)$ とおいてみましょう．時刻 τ から $\tau+\Delta\tau$ までのごく短い間に x から $x+\Delta x$ の微小な区間の温度（Δx が非常に小さいので，区間内のどの点でもほぼ同じ値です）がどう変化するかを考えます．区間の右端 $x+\Delta x$ から流入する熱はそこでの温度勾配に比例するので，定数 K（伝導率）を用いて $K(\partial f/\partial x)(\tau,x+\Delta x)\Delta\tau$ と書きます．また左端から流出する熱は $K(\partial f/\partial x)(\tau,x)\Delta\tau$ です．したがって区間内に分布する熱の増大量は2つの差をとって $K(\partial^2 f/\partial x^2)(\tau,x)\Delta x\Delta\tau$, また温度上昇は区間の質量×比熱 $=C\Delta x$ で割った $(K/C)(\partial^2 f/\partial x^2)\Delta\tau$ である．すなわち方程式 $\partial f/\partial \tau=(K/C)(\partial^2 f/\partial x^2)$ が得られました．$K/C=1/2$ としたものが N がみたす方程式です．

さて温度分布の関数 N は $\tau>0, x\in\mathbb{R}$ で定義されています．時間を遡って時刻 τ を0に近づけたとき，この関数はどう変化するで

しょうか. $N(\mu,\tau,x)$ を τ をパラメータとする x の関数と思ってグラフを書きます. 熱の総量は増えも減りもしないので, x 軸とグラフにはさまれる領域の面積は常に 1 のまま一定. しかし時間 τ が 0 に近づくにつれ, グラフの高さは次第に高く, 逆に μ を中心とする幅は比例して狭くなって, 鋭いピークを描くようになります. つまり, 熱が 1 点 μ に集中し, μ から離れた点の温度は 0 に収束するかわりに, μ における温度は無限大に発散する.

今度は見方を変えて, 時間を遡ってきたのを反転し, 時刻 0 から出発したと考えてみましょう. この見方なら, 時刻 0 に 1 点 μ だけに局在していた単位量の熱が, 時間 τ が経過するにつれて直線上に拡散していき, 状態の無秩序さを表すエントロピーが増大していく, その様子を記述するのが $N(\mu,\tau,x)$ という関数である. 極限である $N(\mu,0,x)$ (μ を台とするディラックのデルタ関数) は物理的には 1 点 μ に集中した単位量の熱の密度と考えられます. デルタ関数という名前がついてはいますが, $N(\mu,0,x)$ は関数ではありません. 関数の拡張概念である「超関数」と呼ばれるものの一種です.

熱伝導に代えもう一つの物理モデルを用いるならば, 細長い管に入った溶媒の中で物質が拡散していく様子を表す方程式も完全に同じ形の偏微分方程式であり, 熱方程式は拡散方程式とも呼ばれます. こちらの解釈では, $N(\mu,\tau,x)$ は 1 点 μ に落とした汚染物質が溶媒分子のランダムな動き, すなわちブラウン運動によって左右に広がっていく経過を記述する関数です.

以上をまとめると, $N(\mu,\tau,x)$ は物理的には 1 点に集中していた熱や汚染物質の拡散を表す関数であり, 数学的には初期値をデルタ関数 (さきほど注意しましたが, 関数ではなくて超関数です) とする熱方程式の解 (基本解) ということになる. この基本解 $N(\mu,\tau,x)$ を

用いると，時刻0における熱や物質の分布(初期分布)を知ることによって，時刻τが経過した後の分布を計算することが可能になります．

初期分布が1点ではなくて何個かの点$\mu_1,\ldots,\mu_n$にそれぞれ分量$f_1,\ldots,f_n$ずつ置いてあったとすると，時刻τ，位置xにおける温度や汚染濃度は$\sum_i f_i N(\mu_i,\tau,x)$である．これは熱方程式の線形性からすぐにわかります．物理で言う「重ね合わせの原理」です．さらに，このような点の個数を無限に増やした極限をとって連続分布とし，時刻0においてμから$\mu+\Delta\mu$までの区間に熱や物質が$f(\mu)\Delta\mu$だけ存在していた，あるいは同じことですが，時刻0，位置μにおける温度や濃度が$f(\mu)$であったと仮定すると，時刻τ，位置xの温度や濃度は，変数μについての積分$\int_{-\infty}^{\infty}f(\mu)N(\mu,\tau,x)d\mu$として表すことができる(ちなみに，コンピュータを使えば，積分の近似計算はかなり正確かつ高速ですから，解の様子を詳しく解析することが可能です)．このように，熱方程式の初期値問題の解は初期値関数と基本解$N(\mu,\tau,x)$の積の積分として表示されます．この性質から，$N(\mu,\tau,x)$は熱核とも呼ばれます．

正規分布関数$N(\mu,\tau,x)$は1次元ユークリッド空間における熱核ですが，一般の多次元図形であるリーマン多様体においても熱核は定義されます．たとえばn次元ユークリッド空間の熱核はn次元正規分布関数です．熱核は確率論や偏微分方程式論をはじめとする解析学で重要であるのはもちろん，また幾何学においても，アティヤ-シンガーの指数定理という大理論の基礎になっています．

さて，$N(\mu,\tau,x)$が熱核であることに注目することによって，正規分布がもつきわめて著しい性質を導きだすことができます．それはどんな(コンパクト台をもつ)初期条件から出発しても，熱方程式の解は時間の経過につれて正規分布に近づく，という性質，いわゆ

る「中心極限定理」です．

初期状態 $f(x)$ に対する条件として，位置 x の絶対値がある程度以上大きいところでは，$f(x)=0$ となっていて，$\int_{-\infty}^{\infty}f(x)dx=1$ であると仮定します．物理的には，熱の総量が 1 で，時刻 0 ではある有限区間内に局在していた，という仮定です．時間 τ の経過とともに熱が拡散していくにつれ，方程式の解 $F(\tau,x)=\int_{-\infty}^{\infty}N(\mu,\tau,x)d\mu$ のグラフはだんだんのっぺりと平べったくなり，x 軸と区別がつきにくくなってきます．これでは様子がよくわからないので，グラフの形を際立たせるために，x 座標のスケールを $1/\sqrt{\tau}=1/\sigma$ 倍に縮め，かわりに y 軸のスケールを $\sqrt{\tau}=\sigma$ 倍に拡大してみましょう．言い換えると $G(\tau,x)=\sigma F(\tau,\sigma x)$ のグラフを考えることになります．すると変数変換を行うことにより，$G(\tau,x)$ は初期値関数 $f(x)$ を $\sigma f(\sigma x)$ に替えて得られる熱方程式の解に，時刻 τ に 1 を代入した $\int_{-\infty}^{\infty}\sigma f(\sigma x)N(\mu,1,x)d\mu$ と一致することがわかる．ここで $\sigma=\sqrt{\tau}$ を大きくしていくと，$\sigma f(\sigma x)$ は次第に原点に台をもつデルタ関数に近づきますから，$G(\tau,x)$ はもっとも標準的な正規分布関数 $N(0,1,x)$ に収束します．つまり，有限区間に局在していた熱が拡散するとき，熱分布のグラフ $y=F(\tau,x)=G(\tau,x/\sigma)/\sigma$ を時間ごとに描いてみると，十分時間が経過した後は，ひどく平べったくなってしまうとはいえ，それでもれっきとした正規分布に近づいていく．こう考えてくれば，正規分布がさまざまな確率現象，たとえば気体の分子速度分布の適切なモデルとして現れることも，ごく自然と言わなければなりません．

周期的熱方程式とテータ関数

前節で $N(\mu,\tau,x)$ が熱方程式の解であり，その初期値は 1 点 μ に台をもつデルタ関数 $N(\mu,0,x)$ であることを見ました．1 点のかわ

りに整数点すべてに台をもつ周期的超関数 $\sum_{k=-\infty}^{\infty} N(k,0,x)$ を初期値とすれば，熱方程式の解は $F(\tau,x)=\sum_{k=-\infty}^{\infty} N(k,\tau,x)$ です．無限和ですが，$\tau>0$ できちんと絶対収束しますから心配は要りません．$F(\tau,x)$ は x の関数として周期1をもちます．別の見方をするならば，$F(\tau,x)$ における変数 x は実直線から0と1の間の区間を切り取り，両端0と1をくっつけてできる円周 S^1 を動くと考えることもできます．x に対して $q=e^{2\pi\sqrt{-1}x}=\cos 2\pi x+\sqrt{-1}\sin 2\pi x$ を対応させ，S^1 を複素平面の単位円周として実現しておくと，F は $\tau>0$ と q の関数，ということになる．こう思ったとき，$F(\tau,e^{2\pi\sqrt{-1}q})$ の初期値 $F(0,e^{2\pi\sqrt{-1}\mu}q)$ は S^1 上の1点 $1=e^{2\pi\sqrt{-1}k}$ に台をもつデルタ関数です．

一般に1を周期とする x のなめらかな複素数値周期関数 $f(x)$ があったとき，これを $q=e^{2\pi\sqrt{-1}x}$ の関数 $f(q)$ とみなすことができます．$f(q)$ を S^1 を含む領域，たとえば正方形 $|X|\leqq 2$, $|Y|\leqq 2$ で定義されたなめらかな関数に拡張します．すると，$f(q)$ が q の実部と虚部の複素係数多項式，あるいは同じことですが，q とその複素共役 $\bar{q}$ を変数とする多項式でいくらでも近似できる．つまり $f(q)$ のテーラー展開です．ここで $f(q)$ の元来の定義域である S^1 上で物事を考えることにすると，$q\bar{q}=1$, すなわち $\bar{q}=q^{-1}$ が成り立っている．したがって，$q,\bar{q}$ の多項式は q,q^{-1} の多項式と同じなので，多項式近似の極限をとることによって，

$$\begin{aligned} f(q) &= \sum_{n=-\infty}^{\infty} c_n q^n \\ &= \sum_{l=0}^{\infty}(c_l+c_{-l})\cos 2\pi l x+\sum_{m=1}^{\infty}\sqrt{-1}(c_m-c_{-m})\sin 2\pi m x \\ &= \sum_{l=0}^{\infty} a_l \cos 2\pi l x+\sum_{m=1}^{\infty} b_m \sin 2\pi m x \end{aligned}$$

という無限和表示が得られます．これが周期関数のフーリエ展開です．ここで出てきた定数 a_l, b_m, c_n はフーリエ係数と呼ばれ，

$$a_0 = \int_0^1 f(x)dx$$
$$a_l = 2\int_0^1 f(x)\cos 2\pi lx\, dx \quad (l=1,2,\ldots)$$
$$b_m = 2\int_0^1 f(x)\sin 2\pi mx\, dx \quad (m=1,2,\ldots)$$

で与えられます.

線形代数(ただし無限次元)の理論からは,フーリエ展開のもう一つの解釈が得られます.単位円周上無限回微分可能な関数全体が作る無限次元ベクトル空間 V を考えます.$\mu \in \mathbb{R}$ を固定すると,V の線形変換 χ_μ が $\chi_\mu(f)(x)=f(e^{\sqrt{-1}\mu}q)$ として定義されますが,$\chi_\mu(q^n)=(e^{\sqrt{-1}\mu}q)^n=e^{n\sqrt{-1}\mu}q^n$ ですから,関数 $q^n \in V$ は変換 χ_μ の固有値 $e^{n\sqrt{-1}\mu}$ に対する固有ベクトルになっている.つまり,フーリエ展開は V の元を χ_μ の固有ベクトルの一次結合として表すことと理解できます.

$F(\tau,x)$ に話をもどしましょう.この関数は x については周期 1 をもつので,τ の関数をフーリエ係数とするフーリエ展開をもちます.さらに $F(\tau,-x)=F(\tau,x)$ という対称性を考えると,実は $\sin$ が入ったフーリエ成分は消えていて,$F(\tau,x)=2a_0(\tau)+\sum_{1}^{\infty} a_n(\tau)\cos 2\pi nx$ と書けることがわかります.$l>0$ に対するフーリエ係数 $a_l(\tau)$ は,

$$2\int_0^1 F(\tau,x)\cos 2\pi lx\, dx = 2\sum_{k=-\infty}^{\infty}\int_0^1 \frac{e^{-\frac{(x-k)^2}{2\tau}}}{\sqrt{2\pi\tau}}\cos 2\pi lx\, dx$$
$$= 2\int_{-\infty}^{\infty} \frac{e^{-\frac{(x-k)^2}{2\tau}}}{\sqrt{2\pi\tau}}\cos 2\pi lx\, dx$$

ですが,ここで $\cos 2\pi nx=(1/2)(e^{2\pi\sqrt{-1}nx}+e^{-2\pi\sqrt{-1}nx})$ であったことを思い出し,被積分関数に代入してさらに計算してみれば,$a_0(\tau)=1$,$a_l(\tau)=2e^{-\pi l^2\tau}$ になる.すなわち

$$F(\tau,x) = 1+2\sum_{l=1}^{\infty} e^{-\pi l^2\tau}\cos 2\pi lx = \sum_{n=-\infty}^{\infty} e^{-\pi n^2\tau+2\pi\sqrt{-1}nx}$$

が成立します.

ここまで関数 $F(\tau, x)$ の変数 τ や x は実数を動くと考えてきましたが,動く範囲を複素数に拡張してみます.さらに慣習に従い τ を $-\sqrt{-1}\tau$ で置き換えると,テータ関数

$$\vartheta(\tau, x) = F(-\sqrt{-1}\tau, x) = \sum_{n=-\infty}^{\infty} e^{\pi\sqrt{-1}n^2\tau + 2\pi\sqrt{-1}nx}$$

が定義されます.2つの変数のうち x は複素平面全体を動くのですが,τ のほうは,級数の収束を保証するために,複素平面の上半分 $H=\{z\in\mathbb{C}; \Im z>0\}$ を動くものとします.この制約条件は,$F(\tau, x)$ の元来の定義において時間 τ が正であったことに対応しています.n が大きくなるにつれて $|e^{\pi\sqrt{-1}n^2\tau}|$ が急速に減少するので,テータ関数は収束が非常に速い級数です.そのためテータ関数の値や,単位円周上の熱方程式の初期値問題の解は,コンピュータを使用すればきわめて高い精度で近似値を計算できます.

さて x の関数と考えたとき,テータ関数は周期 1 をもち,$\vartheta(\tau, x+1)=\vartheta(\tau, x)$ でした.次に x を $x+\tau$ に置き換えて計算してみると,

$$\vartheta(\tau, x+\tau) = e^{-\pi\sqrt{-1}\tau - 2\pi\sqrt{-1}x}\vartheta(\tau, x)$$

で,比の平方

$$\frac{\vartheta(\tau, x+1/2)^2}{\vartheta(\tau, x)^2}$$

は2つの独立な周期 $1, \tau$ をもつ関数になります.実数上の周期関数が単位円周上の関数と考えられたのと同様に,複素平面上独立な2つの周期 $1, \tau$ をもつ関数は,$0, 1, 1+\tau, \tau$ を頂点とする平行四辺形の対辺をくっつけてできるドーナッツ型の曲面(種数 1 のリーマン面とか,楕円曲線と呼ばれます.2次元に見えるのに曲線と呼ぶのは,複素数を使えば座標が1個ですむ,つまり複素1次元だからです)上の関数とみなすことができて,楕円関数と呼ばれます.一

般の楕円関数はすべてテータ関数の比を用いて表示できます.

テータ関数からは,楕円関数以外にも,種々の面白い関数,具体的には非線形微分方程式の解を構成することができます.たとえばソリトンと呼ばれる孤立波(津波に関係します)の方程式である KdV 方程式 $u_t+u_{xxx}+u\cdot u_x=0$ や非線形シュレーディンガー方程式 $\sqrt{-1}u_t=u_{xx}+|u|^2 u$ などです. このうち KdV 方程式の解の研究については,佐藤幹夫先生を中心とするわが国の研究者たちによる重要な寄与がありました.

さて前に述べたように,変数 τ は周期 $1, \tau$ をもつ楕円曲線を定めます.つまり τ は楕円曲線の種類(モジュラス)を定めるパラメータ,あるいはモジュラスの空間(モジュライ空間)の点を定めるといってもよろしい.こう思うと $\vartheta(\tau, x)$ の x に 0 を代入したテータ零値 $\vartheta(\tau, 0)=1+\sum_{n=1}^{\infty} e^{\pi\sqrt{-1}n^2\tau}$ は,モジュライ空間上の多価関数,正確には重さ $1/2$ のモジュラー形式と呼ばれるものになります.

楕円曲線とモジュラー形式は非常に奥深い意味をもつ数学的対象で,19 世紀以来詳しく調べられてきました.特に整数論においては中心テーマの一つで,数限りない結果,応用,そして未解決問題があります.そのもっともめざましい例としては,解決済みの結果として谷山-志村予想,およびそこから導かれるフェルマの大定理,未解決の難問としてバーチとスウィンナートン・ダイアーの予想が挙げられるでしょう.また理由が(たぶん誰にも)よくわからないのですが,超弦理論といった理論物理においても,モジュラー関数は決定的な場面で顔を出します.

以上見てきたように,テータ関数についての話題は,挙げようと思えば際限なく挙げられます.しかしこれ以上立ち入った話となると,あまりに専門的になってしまうので,このへんで切り上げることにします.もしテータ関数について,もう少し詳しいことが知り

たかったら，梅村浩『楕円関数論』(東京大学出版会，2000年)など
を参照してください．ただ最後にひとつだけ，誰にもわかりやすい
応用例として，一般次数代数方程式の解の公式があることに，一言
触れておきましょう．

ご存知とは思いますが，5次以上の一般の代数方程式の解を四則
演算と根号だけを用いて求めることは決してできない，というのが
アーベルとガロアによる有名な結果です(不可能性が証明できるな
どというのも，数学という学問の特権ですね)．しかしテータ関数
の特殊値を使うと，こうした方程式の解を実際に表示することがで
きるのです．

その証明はリーマン面上の周期積分を使ったなかなかエレガン
トなものです(詳細は前に挙げた梅村先生の本をご覧ください)．た
だし一つ残念なところがあって，実用性を問題にされると，ちょっ
と困る．テータ関数による表示は理論的に美しいのですが，結構複
雑で，実用計算に堪える公式にはなっていません．実数解の近似値
を求めるのなら，ニュートン法による逐次近似がはるかに効率的で
す．ニュートン法では逐次近似が2重指数的に収束します($M>1$を
適当な定数として，n回の計算で誤差がだいたい $1/M^{2^n}$ 程度)から，
整数係数代数方程式の実根なら，小数点以下1万桁などという精
密な計算もあっという間です．

災害は予測できるのか——数字にだまされないために

気象庁など，政府関係からの情報として，来るべき地震や津波が
もたらす想定被害額が発表されることがあります．被害額何十兆
円，なんて聞くと，やはりこれは大変だぞ，と感じる．こうした数
字は，将来の被害がどの程度の規模になるのか，それに応じて普段
どんな備えをすべきなのか，そうしたことを意識させる上で，有益

な情報です．でも，数字がひとり歩きし，「〇〇という予測が出ているんだから，堤防の高さは××までで十分だ」などと具体的な政策の基礎に使われるとしたら，それはかなり危険と言わなければなりません．

地震や噴火をはじめとする災害は，完全な予測はできませんから，確率論的なアプローチが必要です．被害を想定しその数字を算定するということは，数学的にはある関数 $f(x)$ の期待値を求めることに相当します．多くの確率的，統計的な事象は正規分布で記述できます．上で正規分布 $N(\mu, \tau, x)$ について $(x-\mu)^2$ の期待値がちょうど分散 τ になることを見ましたが，正規分布に従う確率事象については，x の素直な関数 $f(x)$ の期待値はたいてい，きわめてよい精度で近似値が求まる．つまり，シミュレーションが現実をよく反映します．でも，すべての確率事象が正規分布に従うわけではありませんし，その種類によってはごく簡単な $f(x)$ についてさえ期待値が存在しない，ということもありえます．その典型例はべき指数分布というものです．

例を用いて説明しましょう．ある地域で起こる地震を考えます．話を単純にするため，地震のマグニチュードと地震被害による損失額が比例関係にあるというモデルによって，今後1年間に起こる地震による損失額の期待値がどうなるかを考えたい．マグニチュードが x と $x+\Delta x$ の間にある地震が1年間に起きる平均回数を $P(x)\Delta x$ とします．このときわれわれの単純なモデルでは，被害額の期待値は $E=(定数)\int_0^\infty xP(x)dx$ で与えられる．経験則として，地震のような現象では，$P(x)$ はほぼ (定数)$x^{-\alpha}$（ただし $\alpha>1$）のような形（べき指数分布）になることが知られています（正確には x があまり0や∞に近くないときについての経験則です．x が非常に小さければ地震が起きたかどうかの測定ができませんし，x が極端に

大きいときはそもそも観測例がない). ところが $P(x)=x^{-\alpha}$ を代入して E を計算してみれば,

$$E = \int_0^\infty x^{1-\alpha}dx = \begin{cases} [x^{2-\alpha}/(2-\alpha)]_0^\infty & \alpha \neq -2 \\ [\log x]_0^\infty & \alpha = -2 \end{cases}$$

であり, 必ず発散します. いまはマグニチュード x と被害額 $f(x)$ が比例する, というモデルで考えましたが, もう少し一般に, ある実数 β があって $f(x) \geqq$ (定数)x^β が成立するようなモデルについても, $E = \int_0^\infty f(x)x^\alpha dx$ は必ず発散します. つまりべき指数分布をもつ確率事象については, きわめて素直な関数についてさえ, 期待値という概念は意味をもたない. ということは, あまりに素朴な考え方をすると, 被害額の予測は原理的に不可能ということになるのです.

われわれが上で考えたケースでは, 地震規模と被害が比例するなどという非現実的なモデルに問題があります. 被災の実態を考えるならば, 十分小さい地震による被害はゼロでしょうし, 逆に非常に大きい地震では建物などほとんどすべて壊れてしまって被害額はあるところから先では一定になるはずですから, このようなカットオフを適当に行うことによって, 期待値を求めることができる. しかしその場合でも, 正規分布の場合とわれわれが考えている状況とでは様相がまったく違い, 細心の注意が要求されます. 正規分布だったなら, 平均値からある程度離れると確率密度が急速に 0 に近づき, 極端な値のことを気にしなくてもまずは大丈夫です. ところがべき指数分布においては, エネルギーが大きくなっても頻度の低下する度合いが低い(この様子を「ロングテール long tail」と表現することがあります)ばかりか, 小さいエネルギーの方向では頻度がどんどん増大します. このような状況にあっては, カットオフ点をどのあたりに置くかといった設定の匙加減次第で, 期待値が大幅に

変わってしまう．したがって，シミュレーションや数値計算を行うにあたっては，使用モデルが本当に適切なのか，数学のみならず，さまざまな学問領域の観点から，十分吟味しなくてはいけません．

自然界や人間社会に起こる諸現象は，実にさまざまです．これらの分析には，多くの場合数学的な考察が有効ですが，場合によって用いるべき数学の手法も種々多様で，現象に応じてどういう見方・方法が適切なのか，注意深く取捨選択する必要があります．人間の意思が介在するようなケースでは，数学的な取り扱いが不可能な場合だってありうる．恐慌時の経済とか唐突な世論の変化などはたぶんそうした例に挙げられるでしょう．

実験や観測によるチェックが常に必要な科学とは違い，数学でいったん証明された命題は無条件かつ永遠に成立します．しかし数学を実地に用いるとなると，自然や社会におけるさまざまな現象を数理モデル化するという過程が入る．モデルが不適切なら，その後に使う数学に一切誤りがなかったとしても，正しい結論は決して得られません．そして適切なモデルを得るためには，現象分析に関わる科学とモデル記述に使用する数学双方について，十分な理解が不可欠です．

遺憾ながら，現実はというと，こういった理解が十分とはとても言いがたい．統計やシミュレーションの名のもとに大量に供給されるデータは往々にして，使用したモデルが不適切でほとんど無意味だったり，あるいは誤解を与える情報を大量に含んでいます．不適切なモデルが生む誤った情報は，時に金融危機といった壊滅的事態を引き起こすことさえあります．こうした擬似データにだまされたり，自分で作りだしたりしないためには，ある水準までの数学をきちんと理解しておかなければなりません．

数学を学ぶということ

冒頭でも述べましたが,一見単純そうな問題が,意外に難しく,深い数学につながっていることがあります.

一例をあげましょう.振り子の振動を表す方程式は,振り子の回転角を $\theta(t)$ として $\theta''=-a^2\sin\theta$ と表されます.話を簡単にするため $\theta(0)=0, \theta'=c>0$ と仮定します.a^2 に比べて初速 c があまり大きくなければ解は周期的振動で,c が十分大きければ1方向の回転運動です.この方程式を単振動の方程式 $\theta'=-a^2\theta$ で近似してしまえば $\theta=(c/a)\sin at$ が解となり,初速 c に依存しない周期 $2\pi/a$ をもつ振動になる.ピサの美しい大聖堂でガリレオ・ガリレイが発見したと伝えられる振り子の等時性ですね.しかしながらこの近似が現実とかけ離れていることは,初速 c を増していくと,振動から回転に転じてしまうことからも明らかです.実際,元来の方程式において,$\theta\neq 0$ である限りは $|\sin\theta|<|\theta|$ ですから,単振動と比べて振り子の加速・減速の度合いが弱く,そのために初速を0から少しずつ大きくするにつれて周期は長くなっていくと推測されます.でも初速をあまり大きくしてしまうと,振動ではなくて回転になってしまい,回転速度が大きくなれば周期は逆に短くなっていきます.

高校2年の秋か冬のころだったでしょうか,初速によって振り子の周期がどういう具合に変化するのかが気になって,一生懸命計算を試みたことがあります.柔らかい糸ではなく,細く固い棒の先におもりを固定した振り子を考え,おもりがほとんど真上近くまで振れるとしたとき,周期がどうなるかが問題でした.当時は大学受験を控えていたこともあり,結局きちんとした答えはわからないままに,考えることをやめてしまったのですが,漠然と,周期はいくらでも長くなれるのではないか,という気がしたことは覚えています.

高校生の素朴な直感が正しかったことを知ったのは，理学部数学科に進学し複素多様体と代数幾何を専攻するようになってからのことです．専門用語を使ってしまえば，振り子の振動は楕円関数で記述されます．初速を与えて回転角とその微分をプロットすると楕円曲線（正確には楕円曲線の実数点）を描き，初速を変化させることは楕円曲線のモジュラスを変えることに対応する．またその周期を計算するという問題は，2つ前の節にも出てきたモジュラー関数の積分（周期積分）と等価である．そして振り子の振幅がちょうど $\pm\pi$ になるのは，楕円曲線が特異点をもつ有理曲線に退化するときだったのです．かくして振り子の問題はすべてリーマン面の理論に翻訳され，「楕円曲線のホッジ構造とその退化理論」を用いると，振り子が振れる最大角度を $\pi-\varepsilon$ として，ε が 0 に近づくに従って周期がほぼ（定数）$\log(1/\varepsilon)$ 程度で発散することは直ちに導かれるのでした．

　ガリレオは「自然は数学という言葉で書かれている」といいました．ほとんどあらゆる現象の背後には何らかの数学がひそんでいます．当然ながら，数学的なものの見方をすることによって現象から引き出せる潜在情報量は厖大であるに違いありません．しかし数学的構造がどこかに存在しているとわかってはいても，実際に構造を見いだして具体的な問題として定式化し，さらにそれを解くことによって有益な情報を導きだすためには，知識と修練と努力が要求されます．どういう場合にどういう数学が使えるのか，という判断を下すに際して数学の知識や技量が必須であることは当然として，どういう場合に（ある種の）数学が適用できないかを見極めるときにはそれにもまして，数学に対する感覚（小平邦彦先生の発案になる卓抜な用語なら数覚）の鍛錬が肝要です．

　現代社会はすみずみまで科学・技術が浸透しています．金融，通

信,流通,生産管理,防災といった複雑なシステムを支えるには法律や経営学の知識だけではもはや間に合わない.理系のことも一定程度理解していなければ,的確な判断は下せません(残念なことに,日本はこのあたりの認識が欧米や中国より遅れているのではないでしょうか).そしてその一方では,急速な技術革新によって,あらゆるシステムが日々変化し,最先端だったはずの知識もたちまち陳腐化してしまう.このような状況にあっては,自然科学,および自然科学の背後にある数学の根幹を,基礎からきちんと身につけておくことが重要です.ブラックボックス化した小手先のテクニックがあっというまに古びるのに対して,基礎学問である数学や力学・電磁気学はいつまでも有効で,またさまざまな方面へ応用がききます.

　数学を専門としない人であっても,使える数学の引き出しは多ければ多いに越したことはありません.理系を志望するか文系に進もうとしているかを問わず,社会の中核を担おうとするのなら,最低でも大学教養課程程度の数学は習得してほしい.もしかすると,より高度な数学が将来必要となることだってあるかもしれませんが,その場合でも,基礎となる微積分や線形代数の準備ができているか否かで,習得の能率は段違いです.なお,基礎数学を勉強するに際しては,さまざまな具体的現象に当てはめてみることによって,教科書に述べられた抽象概念の理解が格段に深まることがあります.テーラー展開なら,$\sqrt{1+x^2}=1+(1/2)x^2+\cdots$ を見て,1辺1mの箱を荷造りするとき,ひもがたった0.1mm伸びただけで,指が余裕で差し込める1cmのたるみができてしまうことがわかる.悪名高いε-δ論にしたって,出力誤差の許容範囲であるεを指定したときに,許される入力誤差δを評価すること,と翻訳してみるだけで,わけのわからない言葉遊びから,コンピュータ・サイエンス

や機械工学で常に考慮すべき必須の考え方へと，評価は一変するはずです．

　一方本格的に数学を学ぼうと志している人に対しては，数学の富の源泉である科学，特に物理学を並行して勉強しておくことをお勧めしたい．抽象理論の理解を深めるためには，よい例をたくさん知っていることが重要で，諸科学はそのための材料を提供します．特に解析では，理屈からひねり出した問題よりも，物理あるいは化学・生物学から派生した問題が面白く実り豊かであることが多いのです．頭脳が柔軟で吸収力が強いのは，何といっても10代から20代はじめまで．この時期ならば，純粋数学に限らず，いろんな分野に対して貪欲な好奇心を燃やすことができる．もちろん整数論なりトポロジーなり，ある特定の専門分野に強い関心をもち熱中するのもたいへん結構です．でも最初からほかのことには目もくれず，守備範囲を狭く絞り込んでしまうのは，少々もったいない．将来興味の方向が変わることだってあり得る(わたし自身について言えば，素粒子論，偏微分方程式論，複素多様体論，代数幾何学と変遷しました)のですし，まったく無関係としか今は見えていないトピックが，あとあと自分の研究テーマにつながるということも，決してまれではないのですから．

疑問をおこして,考え,そして考え抜く

小林俊行

　数学は普遍的な真理を求める学問ですが,その一方で,理論を作る数学者の個性が発揮しやすい分野でもあると感じます.数学の学び方についても,深い概念が凝縮された現代数学の理論を理解するのは簡単ではない一方で,学ぶ人の個性に応じた様々な学び方があることでしょう.

　私自身の中でも,学生のころの学び方と,数学者としての現在の学び方は,一貫して変わらない部分も多い半面,日々変化しています.このエッセイでは,自分が数学を勉強し始めたばかりの大学初年次のころのことも思い起こし,また,日ごろ教養学部や学部・大学院の講義あるいはセミナーで接している学生さんのことを心に浮かべながら,思いつくままに書いてみようと思います.

知は力なり vs 無知の知 vs 疑問を育てる

　何かを判断するのに知識なしでは危ういという「知は力なり」,

　(賢者は)知らないことを自覚しているという「無知の知」,

それぞれフランシス・ベーコン,ソクラテスの含蓄ある言葉ですが,ずいぶん視点が異なります.数学を学ぼうとしているみなさんなら,どう考えますか?

　20世紀に数学の飛躍的な発展があり,21世紀になって,さらに新しい数学理論や定理が次々と生まれています.しかし,小中高ではそんな話は聞かなかったという方も多いでしょう.実際,高校の生物の授業ではゲノム解析などの最新の成果まで触れますが,物理

では相対性理論や量子力学などが出現する以前の19世紀までの成果，数学にいたっては主に300年くらい前のニュートン，ライプニッツのころの数学あたりで終わってしまいます．もちろん，数学という学問の性格上，厳密に証明された命題は，それが2000年前の定理でも，普遍的な永遠の真理です．その一方で，18, 19世紀の天才数学者たちが生んだ数学理論は高校の教育課程には含まれず，ましてや，20世紀以降に爆発的に進展した数学理論に小中高で触れる機会はほとんどありません．

　現代も進歩し続けている数学の理論．社会に出て何かを分析・判断したり開発したりする立場であっても，研究する立場であっても，人類共通の財産である膨大な「数学の知」を，自在に使えるのと使えないのとでは，大きな差があるかもしれません．とすれば，正に「知は力なり」でしょう．

　一方，数学の概念や理論を理解するのには途方もない時間がかかります．学生さんを見ていると，他人と比較して焦燥感に駆られ，学習が上滑りしそうになる人がいることに気づきます．同級生や後輩の方が，自分より本を読むのが速い，とか，多くのことを知っている，ということで，ついつい焦らしいのです．よくできる学生さんにも，こういうケースが見受けられます．そんなとき，筆者は
「知識は月日につれて増えるので焦らないように．考える力は月日につれて増えるわけではないので，日々，意識して鍛えよう」
という話をすることにしています．実際，「それは知っているよ」と言う学生さんよりも，「もう一つしっくりこない」と悩む学生さんの方が数年後には活躍していることが多い気がします．「無知の知」というわけです．

　数学の理論を理解するのにはとても時間がかかりますが，ひとたびわかってしまうと透明感が感じられるほどすっきりと理解でき

ることも多いのです．たくさんの浅い知識を集めるよりも，考え抜いて，深い理解を獲得するように努める方が，結局は大きく伸びる傾向があるように思います．深い理解を獲得するために私は「無知の知」を一歩進めて，「疑問をおこし，疑問を育み，思考を深める」という心構えをお勧めしたいと思います．このエッセイでは

「球がまるい」

ということを例にとって，「学ぶ」ことを考えてみましょう．

「球がまるいのは子供でも知っているよ」と知ったかぶりしても，「球のことをまるいというのだ．トートロジーですね」といって相手を煙に巻いても，自分自身は一歩も成長しません．

「まるい」とはなんだろうか，と改めて考えてみると，本当は「まるい」という言葉では表しきれない何かを感じているが，ぴったりとした言葉がみつからず，自分でもしっくりとこない表現だったのかもしれません．たとえば「まるい」という言葉の中に次のような感覚が入っているということもあるでしょう．

a. 球はごつごつしていない．
b. 球は無限に広がらず，閉じた形をしている．
c. 球は対称性が高い．

数学では，一つの概念を正確に捉えるために，本質的でないと判断したものを捨象して，厳密な定義をし，数学的な言語を紡ぎ出します．こうして生まれた数学の概念を勉強しようとすると，最初は抽象的すぎて「何かしっくりこない」という感覚が生じることがあります．あらかじめ正解が準備されている受験問題の「解答がわからない」というのとは全く違い，「自分が何がわからないのかさえわからない」ことも多いでしょう．こんな混沌とした状態では質問することもできず，もやもやすることでしょう．私は，この「もやもやしたわからない気持ち」を切り捨てないことが大事だと思いま

す.言語化することさえできない原始的な疑問を心の片隅に留め置き,それを育てるわけです.わからないことがどんどん増え,しかも,大半はすぐには解決できないでしょう.あまり愉快なことではありません.しかし,何がわからないのだろうか,と気にしているうちに,そのテーマに対して感受性が強くなっていきます.

さて,言葉にできないもやもやした疑問の萌芽を,明確な疑問として言語化するというのはかなりの知的作業であり,知恵を絞ってあれやこれやと考えなければならないでしょう.幸運にも真偽の判定できる形にまで疑問をおこすことができれば,他人に質問することもできますし,自分自身でも,歩きながらでも電車の中でも床屋でも,どこでも証明を試みたり,逆に,反例を探そうとしたりすることができます.運良く疑問が解決できればもちろんのこと,解決できなくてもそのテーマに対する吸収力が増幅することでしょう.

「球はまるい」という話に戻りましょう.大学で習う数学の言葉を用いると,前述の a, b, c という感覚は以下の A, B, C のように表すこともできるでしょう.さらに,双対性という視点から,D という言葉でも記載してみます.

A. (多様体論,微分位相幾何学)球は C^∞ 多様体である.

B. (大域微分幾何学)曲率が正の空間はコンパクトである.

C. (リー群論)球は直交群の 2 点等質空間である.

D. (解析学・表現論)球面上の関数空間における直交群の表現は無重複である.

このように,より高い視点から見ることによって,今まで知っていると思っていたことが,もっと大きな風景の中の一部として現れ,さらに理解が深化することがあります.しかし,これで終わりではありません.たとえば

疑問をおこして，考え，そして考え抜く　95

$$\text{「球はまるい」}\Longrightarrow \text{「ごつごつしていない」}$$
$$\Longrightarrow \text{「}C^\infty \text{多様体である」} \Longrightarrow \cdots$$

という系譜は「C^∞ 多様体である」の段階でストップするのではなく，さらに広がっています．一方，どの段階であっても「そんなこと知っているよ」と言うと，そこで行き止まりになってしまうでしょう．

　この節では，数学の学習においては，「知は力なり」「無知の知」という言葉以上に，「わからない，もやもやしたこと」を切り捨てないで，心の中に留め置き，疑問をおこし，それを育てるという「思考の継続」の大事さを強調しました．疑問をおこし，それを育てるという思考の継続によって，抽象的な数学に関しても感受性が高まり，やがてはより高いレベルの「学び」が自然に続き，数学の深い概念を自在に応用する素地を作ることにつながります．

　次の節以降では，折に触れて A, B, C, D という数学概念を例にとり，さらに別の角度から，数学のいろいろな学び方や，考える力を伸ばすということに触れていきたいと思います．

独習する vs セミナーで学ぶ

　講義を聴講する以外の学び方として，独習とセミナーでの勉強を比較してみましょう．

　独習の良い点は，自分でペースを作れることでしょう．膨大な時間をかけて静かにじっくりと本を読みたいとき，逆に，いま読んでいる本を早く切り上げて別の本を勉強したいときなどは，自分でペースを作れる独習の方が気が楽でしょう．

　一方，セミナーで学ぶというのは，本や論文に書いてあることをあらかじめ十分に予習した後，考えを整理して，仲間や先生の前で再構成しながら読み進めるという勉強法です．先生が指南役をして

下さるセミナーでは，発表者が提供する素材をきっかけにして，先生から思いがけない話が直に聞け，視野が広がったり，数学概念の捉え方にヒントを得たりするというようなメリットもあるかもしれません．一方，仲間だけのセミナーですと時間の無駄のような気がするかもしれませんが，実はこれも「学び」の効果が高いものです．

　ある架空のセミナーの風景をのぞいてみましょう．

　発表者「球はまるいので...」

　聴衆1「まるいとは何ですか？　厳密に定式化してください」

　発表者「それは，ごつごつしていないというような...」

　聴衆2「最初に定義を明示してくれないと，次の定理の論証が？？？」

と突っ込まれて，発表者は立ち往生してしまいました．

　独習のみだと，この発表者のように教科書に書いてあった「球はまるい」というフレーズを，ただ日常的に使われる意味と同じように理解し，数学的な論理的思考をすっ飛ばしてしまうこともありえます．理解せずに鵜呑みにしていることがあったりすると，そのことがセミナーに参加している仲間からの質問に答えようとする中で浮き彫りにされてしまうのです．

　さらに，セミナーのおかげで，自分ではわかっていたつもりでも，簡単な例を挙げて他人に説明できるレベルには到達していなかったことを自覚できることもあります．あるいは，仲間とセミナーを続けることで1冊の本を1年以上かけて読むという頑張りが続くという方もいらっしゃるでしょうし，自分が理解していないことは仲間もわかっていない，ということで妙に安心したという方もおられるかもしれません．

　このように，セミナーで勉強するということにはいろいろな長所がありますが，とりわけ，「論理的理解」だけではなく，「再構成す

る力」「理解の助けとなる例を見つける力」の重要性が身に沁みて感じられ，こういった力が鍛えられるという利点を強調しておきたいと思います．（「理論の再構成」や「例による理解」は次節以降でも触れることになります．）

さて，この発表者は「球はごつごつしていない」と言いたかったようですが，それならば，現代の数学の一つの定式化としては

> A. 球は C^∞ 多様体である

と述べることもできるでしょう．

多様体は，現代の幾何学の基礎をなす概念ですが，その萌芽は，19世紀半ばの大数学者リーマンが大学教授資格を得るときに発表した『幾何学の基礎をなす仮説について』に遡ります．（位相空間論も生まれていなかった時代であり，現代風のリーマン幾何の定式化までには，ここから半世紀以上かかります．）筆者は，大学の1年生のころ，このリーマンの原論文を読むことを先輩に勧められ，時間をかけて取り組んだものの，このときはすっきりとした気持ちには至らなかった記憶が残っています．とはいえ，リーマンの講演を聴いた19世紀の聴衆と同じく，曲面論にはなじみがあっても，多様体の概念について先入観をもたない状態でこの原論文に接することができ，既存の概念を一段と高いところに昇華させようとする数学者の情熱に触れるという貴重な体験をしました．

道がない山に登った19世紀のリーマンのたどった道とは違って，現代では多様体の概念を学ぶための道が整備されています．すなわち，線型代数，多変数の微積分，位相空間論を習得した後，多様体の概念を秩序立った形で(ある意味で無駄なく)学ぶことができます．これはよく整備された山道を歩き，時にはロープウェイも使って高みに登るということに当たるでしょう．

なお,「球は C^∞ 多様体である」という命題は,「球」の定義次第では,微分位相幾何学の難問にも関わってきます.上の架空のセミナーの発表者は,次回はどこまで明快に説明できるでしょうか?

証明を読む vs 証明を読まない vs 再構成する

文庫本ならば2～3時間あれば1冊を読み切ることはできても,数学の本は,同じ時間をかけて,1ページも進まないこともあります.ページ単価でいえば数学の本はとびきり安いと,呑気に構えたいところですが,読者の中には,時間をかけて数学そのものをじっくりと勉強したいという方だけではなく,数学を応用する目的で学びたいという方も多くおられるでしょう.

限られた時間の中で数学を学ぶのに,証明を読む必要はあるのでしょうか? そもそも厳密な論理にもとづく証明は,数学の本質なのでしょうか? もし,数学(のようなもの)を生み出す知性をもった宇宙人がいたとすると,地球人が発見した定理と本質的に同じ定理を「知っている」ことはあっても,その表現方法も理解の仕方もかなり違うかもしれない,と私は空想することがあります.「古代ギリシャ人以来,数学を語るものは証明を語る」というのは,近代数学の体系的な教科書であるブルバキ数学原論の冒頭の言葉ですが,厳密な定義と論証というスタイルは,「私たち地球人の文化」という側面があるように思われます.

この理性的な厳密さで定義と論理を明示する(私たちの)数学は,基礎さえ積めば誰でも理解できる共通言語となって大いに進歩したと思うのです.このような数学の理論を理解することについて考えてみましょう.

- 数学の本を読むのには時間がかかる

現代数学の深い理論は,いろいろな個別の事象の発見を内包して

います．その背後にある普遍的な構造を明らかにするために，数学者は，個別の事象から本質的なものを抽出し，一段と高いところで概念を与えるために考え抜き，記号を定義し，予想を立て，緻密な論理を一つ一つ積み重ねて定理を論証します．逆にいえば，深い定理は，エキスが凝縮されているようなものであり，従って冒頭に述べたように，このような数学の理論を理解するのに時間がかかるのは当然のことと思います．時間がかかるのは仕方がないとしても，どのようなことを達成すれば，数学がそれなりに理解できた，と思えるのでしょうか？

● 緻密な論理の理解

本格的な数学の教科書では，厳密な定義を与えた後，演繹の論理によって，次々と補題や命題が証明され，次第に高みに登って主定理が論証されます．これを読み解くためには，証明の論理を一行一行，きちんと理解し，著者が詳しい説明を省いた部分は，その行間を根気よく自分で埋めて論理を確かめることになります．このような「緻密な論理の理解」は数学学習の基本であって，初学者でもゆっくり時間をかければ着実に進めることができるでしょう．しかし，たくさんの時間をかけて論理が正しいことは納得できても，いったい，この定理は何が言いたいのかわからないと悩むことはないでしょうか？　それどころか，白紙の状態で自分で理解したことを最初から書いてみようと思うと，定理も証明も何も思い出せないことに気づくかもしれません．

証明を論理的に理解するという学習は，大事な基本ですが，数学を学ぶのにはこれだけでは足りないのです．

● 数学をわかるということ

数学者が定理を発見したり数学の理論を生み出したりするときの発想と，それを記述するときの論理的思考とは異なっているように

思います.

とすれば, 論理だけで理解するよりも, 発見するときに近い擬似的な思考をすることができれば, 何が本質的であるかに気づきやすくなり, 数学の理解がより自然に進むことでしょう.

このためには, 典型的な例で証明において何が効いているのか, を検証することも役立ちますし, また, 白紙の状態から定義や補題・定理の証明を再構成してみるというのも, とても効果的です.

さて, 数学では, 時間をうんとかけていると, あるとき, すっきりとわかったという透明な感覚になることがあります. この感覚は伝えにくいのですが, その数学の対象そのものが身近になり, それに付随して, 微妙な点を検証するための「例」を思い浮かべることができたり, 必要に応じて論理的な証明を再構成することができるというような状態です.

感覚的に数学がわかるということを大まかに描いてみると, 次の図式のようになるのではないか, と思います.

$$\boxed{\text{緻密な論理の理解} \implies \text{感覚的な深い理解} \impliedby \text{例による理解}}$$
$$\updownarrow$$
$$\text{再構成}$$

ここで「感覚的な深い理解」というのは, いいかげんな理解とは正反対の意味で, 上述のように, 濃い内容を自分の中ですっきりと消化したような状態の意味です.

緻密な論理だけで一気に山頂までたどり着いた後, 山頂を散策しながら次第に感覚的な理解に到達できることもあります. 一方, 行間を埋めたり別証明を試みたり簡単な例で実験したりして, ノートを大量に使って思考を続けているうちに, あるとき, すっと自然にすっきりとした理解に到達することもあります. 後者は, 山道で野

の花を調べ風景を楽しんでその山になじんだ後に山頂に近づいて行くというのに似ています．

どのように学ぶとすっきりとした理解に到達するかは，数学の内容や分野にもよりますし，また，人それぞれにアプローチが異なることでしょう．とりわけ，「例」による理解は，あとでもう一度取り上げますが，抽象的な理論の意味を解きほぐす助けになり，本質をつかむきっかけになることも多い反面，例そのものの理解が難しかったり，あるいは本質を突いていない例によって理解が表面的になることもありえます．また，そのテーマに対する感覚や知識がない初学者の場合，適切な例を自分で思いつくことが難しいこともあります．

一方，どのような学習段階であっても，わからないもやもやしたものを抱え込んで疑問を育てる，あるいは，自分で証明を再構成してみる，ということは感覚的な深い理解を獲得するための有効な方法であると思います．とりわけ，今とりかかっている本の中身が濃いと感じるときは，証明を論理的に理解し，いくつかの例を検証すると同時に，ときおり，白紙の状態で学んだことを再構成しようと試みることをお勧めしたいと思います．慣れないとすぐにはできないかもしれませんが，自らが再構成するという作業の中で，鵜呑みにしていた「定義」が実は何を捉えようとしている概念か，また，論理だけ追っていた証明の中で鍵になっているのはどの部分か，ということに気づくきっかけが生まれるかもしれません．

私自身が大学に入って数学を学び始めた最初の1年を思い出すと，どのように勉強するかについても手探り状態でしたが，数学の本を何冊か購入し，大別して三つの読み方をしていました．

一つ目は，「証明を見ない」というものです．証明を適当に飛ば

して先を急ぐという意味ではありません．本に書いてある証明を見てしまうのは，算数の問題の答を見てしまうような罪悪感があったのです．そこで定理だけ見て，すぐに本を閉じ，証明を自分で考えようとしていました．どうしてもできないときは，罪悪感をもって，本を開けちらちら証明を見る，そして，ようやく一つの命題や定理を理解すると，今度は仮定をゆるめたバリエーションを自分で考えてみる，そして全体をもう一度構成し直してみる，という風に読もうとしていました．とてつもなく時間がかかり，最初に読み始めた本はほとんど進まなくなってしまいましたが，その後も，本格的に取り組もうとするときは，証明は読まずに自分で考えてみようという気持ちが強かったように思います．このころに「わからないことを切り捨てないで抱え込む」という習慣が始まりました．

　二つ目は，短期的な目標があって，一つのテーマで手当り次第にどんどん読むというものです．大学に入学したばかりの四月に，佐藤超関数論をテーマとしたセミナーに参加しました．高校までの数学しか知らない状態でしたので，随分，背伸びをしたわけですが，四か月後の夏休みに佐藤超関数の原論文をセミナーで発表するという目標に向けて，複素関数論や代数学等の基礎知識をなんとか身につけようと，名著とよばれているようなテキストや専門書を(証明を見ずに自分で考えるという悠長なことはあきらめて)ひたすら読んでいました．当然のように仮定されている予備知識をもたないまま取り組んだ本もあり，わからないことだらけでした．

　三つ目は，上の二つとは異なって，曲面論や古典解析など，たくさん計算があるような数学の本で，これは高校の数学の続きのような気がして，手を動かしながら楽に読み進めていました．一つ目と二つ目の読み方では，わからないことだらけでしたが，三つ目の読み方も同時並行していたおかげで，気分は明るかったように記憶し

ています．

目で学ぶ vs 耳で学ぶ vs 手で学ぶ

　数学がすっきりとわかる，というのは言葉で説明しがたい不思議な感覚ですが，そこに至る道筋として，前節では，証明を論理的に理解する，例で理解する，再構成してみるという方法について述べました．

　数学がすっきりとわかる，という感覚をつかむために，今度は全身を使うことについて書いてみようと思います．勉強の仕方は，人それぞれであり，それが面白いところでもあります．他の方のことはよくわからないので，まず筆者の体験からスタートしてみることにします．

　スポーツにのめりこんでいた高校のころ，ある競技の世界チャンピオンたちから直接指導を受ける合宿に参加する機会がありました．そのとき，一瞬のチャンスをつかむためには，目だけでなく耳，皮膚の毛の先まで全神経を使えという話を伺って，大いに感銘を受けました．そこで，大学に入って数学の独習を始めたとき，頭を使うだけでなく

　　　　　　目でも学ぶ，耳でも学ぶ，手でも学ぶ

という風に考えました．

　● 目で学ぶ

　目で学ぶというのは，図形を視覚的にとらえる，というだけでなく，適切な記号を導入したり，いろいろな概念のつながりを図式にしたり，組合せ論の問題を視覚化したりということを通じて理解しようとするものです．視覚的に理解しようと努めている間に，人為的と感じていたことが，思いがけないほど自然なものであると気づき，その視点からは実は簡単なことであったと思えることもありま

す．

●手で学ぶ

数学の勉強を始めたばかりのころ，抽象度の高い数学の勉強には長時間にわたって集中することが難しい一方，手を動かして計算しながら読める本ならば夜中まで一心不乱に読めたので，脳の代わりに手が学んでいるのだという気がしました．2年生の後期に数学科に進学すると，数学の講義が毎日のようにありました．初めて習う内容ならばノートをとるし，すでに勉強したことがある内容ならば先生が講義で黒板に書かれる前に自分で先に証明をノートに書いてみようと，やはりひたすら手を動かしていた記憶があります．一方，自分なりに全体像がすっきり理解できたと思ったときは，頭の中の情景を書き下したくなることもあります．講義で初めて習ったルベーグ積分論は，学期末にふと思い立って，半年分の講義内容を何も見ずに一気に書いてみたくなりました．白紙に向かい，丸一日かけて，定義から補題・定理の詳細な証明まで，一所懸命に紙に書き続けて再構成してみると，手は痛くなりますが，細部にわたる厳密な論理に敏感になります．頭の中だけでの思考と手を動かしながらの思考は，少なくとも私の場合，かなり異なるように思います．数学者となった現在でも，後で読み返すわけでもないのに，ひたすら書いて，手に数学を委ねることがあります．歩いているときや寝ているときなど，手を使わない時間の方が圧倒的に多いわけですが，手で書いた数学が，ずっと後に頭にしみこんでくることがあるように感じます．

●耳で学ぶ

数学の最先端で何がおこなわれているかを知るためには難解な本を何千ページも読まなければいけない，と思うと初学者は気が遠くなるかもしれません．一方，話し言葉には抑揚や声の張りの変化な

ども含まれ，単なる文字よりもはるかに大きな情報量があります．耳学問では，正確さは足りなくても，一気に未知の世界に触れることができるという長所があります．

　耳で学ぶ有り難さを実感したのは，私の場合，初学者の段階を過ぎてからだったように思います．耳学問のいいところは，話し手が数学概念をどのように捉えているかが伝わること，全く知らない分野についても，その分野の問題意識がある程度感じられることなど，いろいろあります．ただし，耳から学ぶときはうっかりすると無条件に頭に入ってしまうことも多いため，とりわけ良いものに接するべきであり，優れたものを聴くように選択すべきでしょう．

　さて，専門外の分野の数学の講演を聴いて，さっぱりわからない気がするのにもかかわらず，頭が疲れることがあります．ところが，後でその分野を改めて学ぼうとするときに，意外なことに，わからない講演を聴いたことが役立つ気がします．どうやら何もわからないと思って聴いていても，脳のどこかが刺激されているのでしょう．私は学生さんたちに，分野が異なっていても，何かを生み出した数学者の講演は，ときおりは聴いてみるように勧めています．高木貞治先生のお名前を冠した「高木レクチャー」を創設し，分野にとらわれない講演会を運営しているのも，耳を通じて学ぶことの意外な効果を期待しているという側面もあります．

● 球がまるいことを目・手・耳で学ぶ

「球がまるい」という例をもう一度取り上げてみましょう．「球」という言葉を「球のように凸に曲がっている」，「まるい」という言葉を「無限に広がらずに，閉じた形をしている」というニュアンスで捉えた人にとっては，「球のように曲がっていると，閉じている」ということを連想するかもしれません．この感覚を，数学用語を用いて(やや厳密に)述べてみると，リーマン幾何において

> B. 曲率が正の空間はコンパクトである

と表されます.

さて,曲率は曲面や空間の局所的な曲がり方を数量的に表したものです.2次元の曲面に対しては,曲率と局所的な形には以下のような関係があります.

$$\text{曲率が正} \iff \text{局所的に凸または凹}$$
$$\text{曲率が負} \iff \text{局所的に馬の鞍のような形}$$

歴史を遡ると,曲率は19世紀ドイツ,ゲッティンゲンの天文台長として測地学にも多大な貢献をした数学者ガウスが導入したものです.曲面が3次元空間の中でどのように曲がっているかを表す曲率が,実は曲面の内在的なものである,という発見をガウスはTheorema Egregium(驚異の定理)とよびました.この帰結として,平面上に地球の地図を部分的にでも正確に歪みなく描くことはできないことがわかります.曲面の曲率に関するこれらの事柄は,大学1年生の微積分の知識があれば,手計算で証明することができます.手で計算して学び,その意味を視覚的に理解する,ことができるというわけです.

高次元の空間の曲率はいくつかあり,情報量が多い順に,断面曲率,リッチ曲率,スカラー曲率といった量が定義できます.目と手を使って上記のような初等的な計算をした経験があると,高次元の奥深い構造を理解する素地にもなるでしょう.

さて,リーマン幾何学(自然な距離がある),ローレンツ幾何学(相対性理論の時空など)を特殊な場合として含む,擬リーマン幾何学という世界があり,そこでは

> B′. 曲率が -1,符号が $(4,2)$ の閉じた6次元空間は存在するか?

という問題が現在の数学でも未解決です，という話を聞いたらどうでしょうか．全くこの分野の知識がなくても，わくわくして想像力をかき立てられませんか？

この問題は，局所的な性質（曲率）と大域的な形の性質（無限遠に広がらず閉じた形）との関連を調べる微分幾何学のテーマの一つにも関わっていると同時に，整数論や離散群論とも密接に関連した話題です．B′ で述べた未解決問題は，論理的にも，また，視覚的にも難しいかも知れませんが，予備知識が少なくても「耳学問」でならば，気楽に楽しめるかも知れませんね．

抽象的な概念を学ぶ vs 例で学ぶ

「球がまるい」という言葉の中に，球という図形がもつ「対称性の高さ」を感じる人もいるでしょう．そもそも対称性とは何でしょうか？ 具体的な形の対称性からスタートし，それが，形のない事象の対称性にどのように一般化できるのか，その過程をみながら，抽象的な概念を学ぶことを考えてみましょう．

手始めに桜の花の対称性を考えてみましょう．桜の花を5分の1回転（72度回転）させれば，5弁の花びらが（ほぼ）ぴったり重なります．これは桜の花の対称性を表していると考えられます．また，一つの花をそのまま平行移動すると，別の花にほぼぴったり重ねることが可能です．これも，桜の花の対称性の一つと考えることができるでしょう．

次に球面の対称性を考えてみましょう．（球の中心を通る）軸に関して球面を連続的に回転させてみると，回転後の図形は，もとの球面のあった位置にぴったりと重なります．軸の向きを変えて回転させても同じです．

このように，具体的な図形は，ぴったり重ね合わせられる動かし方があるとき，「対称性がある」と感じられます．図形の動かし方は，回転，平行移動，裏返しなど，いろいろありますが，ぴったりと重ね合わせられる動かし方がたくさんあればあるほど，対称性が高いといえるでしょう．

球面には，どのくらい動かし方がたくさんあるか（どのくらい対称性が高いか）について，より正確な形でイメージを形成してみましょう．たとえば，地球儀をある軸に関して回転させることによって，東京をパリに移すことができます．回転しているだけなので球面はもとの位置に留まっています．このような性質をもつ図形を等質空間とよびます．球面は等質空間の例です．もし地球が立方体だったら，同じことをしようとすると，図形自身が動いてしまいますね．

球面には，上に述べた対称性よりもはるかに高い対称性があります．たとえば，地球儀のある軸を回転させることによって，東京をパリに，北京をアテネに同時に移すことも可能です．実は，東京 - 北京間の距離も，パリ - アテネ間の距離も，いずれも約2100 kmでほぼ同じなのですが，もっと一般に球面上で4点P, Q, R, Sがあり（上の例では，P=東京，Q=北京，R=パリ，S=アテネ），PQ間の距離とRS間の距離が同じならば，1回の回転で，地点PをRに，QをSに同時に移すことができます．このような性質を2点等質空間といいます．

「球はまるい」という言葉の中から「対称性の高さ」という感覚

を引き出すとすれば，数学の用語では，

> C. 球は直交群の2点等質空間である

という言葉で表すことができます．

図形の「対称性」は目に見えますが，その性質を
対称性＝動かしても変わらない
と捉えると，図形を超えた一般的な事象に対しても「対称性」を議論することができます．「動かす」「変わらない」という概念をもっと自由に捉えることによって，多種多様な対称性が生まれるわけです．たとえば，万有引力の法則は，「物体を取り替えても，法則が変わらない」という「法則の対称性」を表していると考えることもできます．「誰にとっても，1日は24時間である」というのも，一種の対称性といえるでしょう．対称性という「概念」をひとたび図形を超えて抽象化しておくと，上記のような球面の形に関する議論も，図形を超えた一般的な状況で展開することができるようになります．

球面の対称性に戻り，対称性を統制している「代数構造」というものに着目してみましょう．話を簡単にするために，その代数構造のごく一部を切り取って眺めてみることにします．北極と南極を結ぶ地軸に関して90度回転するという操作を α とし，赤道を通る軸を一つ決め，それに関して90度回転するという操作を β とします．α という操作を4回続けておこなえば，90度×4＝360度なので球面上のすべての点はもとの位置に戻ります．β でも同じです．さらに，$\alpha\beta\alpha\beta\alpha\beta$ と交互に3回ずつおこなうと，やはり球面上のすべての点はもとの位置に戻ります．こちらは頭の中でちょっと考えただけではわかりにくいので，不思議に思われるかもしれません．

また，α という操作をおこなってから β という操作をおこなうの

と，β という操作をおこなってから α という操作をおこなうのでは結果が異なります．数学では，順序を変えて結果が異なるとき「非可換」といいます．日常生活でも非可換なことはよくありますね．パンを焼いてからバターを塗るのと，バターを塗ってからパンを焼くのとでは違う，というのも非可換性の一例です．

このように球面の対称性を記述しようとするとき，非可換の代数構造が現れることを感じたとすると，「対称性と代数構造を切り離す」という，さらに一段と高い抽象化の芽につながることになります．実際，現代数学では，「動かす」という概念を群や環などの代数構造を用いて定義し，図形だけでなく，方程式や無限次元空間における対称性を厳密に扱い，「変換群論」や「表現論」という分野として発展しています．

数学では，このように，なんとなく感じたことを厳密に定式化し，明瞭な定義と論理を積み重ねて議論を進めます．定式化する方法は無数にありますが，良い定式化をすると，具体的な事象だけでなく，未知の事象も内包し，しかも，その概念を使うことによって物事の本質が見え，論理が明快になり，しかも適用範囲も広がるのです．

大学や大学院で学ぶような数学の教科書では，しばしばこのような抽象化した概念を天下り的に解説します．たとえば，「球はまるい」と書く代わりに，「直交群は球面に等長かつ2点推移的に作用する」という文章を「群」「等長」「推移的」「作用」という抽象的な概念の説明の後に例示することになります．

● 例で学ぶ

このように，適切な例で理解が一気に進むことはありますし，また定理の仮定をゆるめたり変えたりして（たとえば「球」を「立方体」に置き換えて），定理が成り立つかどうかを検討することで，

証明の論理が明快になることもあります．一般に，自分で例や反例を作りながら本を読める学生は優秀なことが多いものです．しかし，数学を例で学ぶ，というのは，言葉に出すのは簡単ですが，実は難しいことがたくさんあります．

特に，初学者は，むしろ論理だけで一直線に進む方が理解しやすく，著者が簡単と思って書いた例が全くわからず，そこでつまずくこともあるように思います．たとえば，桜の花びらや球面や万有引力の法則を知らない場合には，それを使って対称性を説明されると，一層混乱してしまうでしょう．例として用いられている桜の花びらや球面等を知らない場合には，例は飛ばして，抽象的な論理をどんどん追求して理論の高みまで登ってしまう方が効率的なこともあるでしょう．実際，抽象的な概念をつなぐ論理は，具体例の特殊な性質を使った議論よりも見通しの良いこともよくあります．そのあと，別の機会に具体例を自分で計算することにより，わかったという感覚に到達することもあります．

また，例だけでわかった気になり，自分の知っている感覚だけで全体像を勝手に想像してしまって，一段と高い理論に進むための壁を自分で作ってしまうという危険性もあります．

逆に，初学者の段階を過ぎると，無機的に論理を追うよりも，教科書の例を読むだけでなく，自分で例や反例を作りながら，概念や論理のアイディアを解きほぐしながら読む方が，学びやすいことが多いように思います．

数学は一つ

数学は伝統的に，代数学・幾何学・解析学の三つに大別され，さらにそれぞれが何十にも細分化されます．しかし，私は，数学を分野別に考えるのは好きではありません．実際，数学は，単なる論理

的構造物ではなく,自然に内在する数学的本質を見抜き,そこから素材を得て発展し,さらに複数の異分野が思いがけなく結びついて飛躍をとげてきたものであり,このことが学問としての生命力の源泉の一つになっているように思います.数学を学ぶ際にも,同時に何もかもというわけにはいかないでしょうが,数学は一つにつながっていることを意識して,数学という学問に対してやわらかい心で取り組むのが良いと思います.

さて,現代の数学には,「物の形」を対象とする幾何学と,「その上の住人の全体」(たとえば関数の空間)は等価であるという雄大な視点があり,代数幾何をはじめ多くの分野で姿・形を変えて用いられています.そこで,この視点に立って「球がまるい」という性質を学ぶことを考えてみましょう.ひとつの見方を図示してみると

物の形(幾何学) $\iff$ その上の住人(解析学)
球がまるい(回転対称性) $\iff$ 無重複の表現

となります.図の右下には「表現」という数学用語が出ています.「表現」の理論は,対称性の概念を大きく深化させたものであり,20世紀以降,代数・幾何・解析学にまたがって数学の多くの分野で大事な役割を果たし,さらに量子力学などの数理物理学においても欠くことができないものとなっています.

上の図の対応をいきなり2次元球面で理解するのは難しいので,まずは1次元の場合,すなわち,円周を考えてみましょう.円周の座標を角度 θ ($0 \leq \theta \leq 2\pi$) で表すと,円周上の関数とは 2π を周期とする周期関数,すなわち $f(\theta)=f(\theta+2\pi)$ をみたす関数と同じことです. f が何回も微分できるならば,周期関数 $f(\theta)$ はフーリエ級数

(*) $$f(\theta) = \sum_{k \text{ は整数}} a_k e^{ik\theta}$$

として表すことができます.ここで,各整数 k に対して,a_k は

$$a_k = \frac{1}{2\pi} \int_0^{2\pi} f(\theta) e^{-ik\theta} d\theta$$

として定められる複素数です.フーリエ級数展開は 200 年ほど前に熱伝導方程式を解くために生まれた手法で,数学では調和解析 (harmonic analysis) とよばれる解析学の分野として発展し,また物理や工学など非常に広い分野で用いられています.

フーリエの時代にはまだ存在しなかった視点ですが,「円がまるい(回転対称性をもつ)」ということからフーリエ級数展開が自然に浮かび上がってくる概念であることを観察してみましょう.(この考え方を突き詰めると,フーリエ級数展開が再現できるだけでなく,もっと一般的な展開定理が得られるのですが,その入り口の近くまでを書いてみましょう.)

「原点の周りにどんな角度で回転させても,円周はもとの円周にぴったりと重なる」という回転対称性を座標で考えてみましょう.原点の周りに角度 α だけ回転することは,座標では θ を $\theta+\alpha$ に変換することに対応するので,この回転に応じて円周上の関数 $f(\theta)$ と $f(\theta+\alpha)$ を比較してみます.

上述の $e^{ik\theta}$ という周期関数は $e^{ik(\theta+\alpha)}=e^{ik\alpha}e^{ik\theta}$ という指数法則を満たします.(オイラーの公式 $e^{ik\theta}=\cos k\theta+i\sin k\theta$ を使えば,これは三角関数の加法公式と同値な式です.)この指数法則を,$g(\theta)=e^{ik\theta}$ という関数が「タイプ k の挙動をする」,すなわち,

$$(**)\quad \frac{g(\theta+\alpha)}{g(\theta)} = \theta \text{ に依存しない数}(=e^{ik\alpha})$$

という関数等式をみたすという風に解釈してみます.この性質 (**) を満たすような関数 $g(\theta)$ は,実は $e^{ik\theta}$ (k は整数) あるいはその定数倍しかありません.そして,(**) の右辺は整数 k ごとに

異なる値 e^{ika} をとることに注目して公式(*)をもう一度眺めてみると，まず勝手な C^∞ 級の周期関数 $f(\theta)$ が与えられ，次に，$f(\theta)$ を遠心分離機にかけることによってタイプ k の挙動をする周期関数 $a_k e_k(\theta)$ に分離し，最後に，それを集めることによってもとの関数 $f(\theta)$ は復元できる，という式がフーリエ級数展開(*)であると理解することができます．ここでは「遠心分離機」という見方でフーリエ級数展開が自然な概念として現れる，というわけです．

次に，2次元球面を考えてみますと，球面の対称性は球の中心を通る軸に関する回転で表されます(前節)．軸の向きも回転の角度も自由なので，円周よりも高性能の遠心分離機が使えるという風に考えることもできます．(「高性能の遠心分離機」による挙動の記述(**)はもう少し複雑になります．)この観点から，球面上の C^∞ 級の関数 f を勝手に与えたとき，円周上のフーリエ級数展開(*)と同様に，(高性能の遠心分離機で)特定の挙動をする関数に分離でき，それを集めることによってもとの関数 f を復元することができることが証明されます．この展開公式は球面のラプラシアンによる固有関数展開と同等であり，「球面調和関数展開」とよばれるものです．

上の議論の中で，「円周や球面がまるい(対称性が高い)」という性質はどこに反映されているのでしょうか？ 実は，「無重複性」という性質に反映されているのです．もし遠心分離機の性能が悪ければ，分離できない成分が混淆したまま残ってしまうでしょう．大まかにいえば，対称性が高いということは，「遠心分離機」の性能が高く，したがって，雑多なものが混淆しない(無重複な)展開定理，すなわちフーリエ級数や球面調和関数のような有用な解析の手法を提供しているというわけです．

以上の考え方を，厳密な数学として確立するためには，「遠心分

離機」に相当する構造を厳密に記述する必要がありますが，数学用語を用いると，上述の例は

> D. 球面上の関数空間における直交群の表現は無重複である

と述べることができ，その背後にある一般的な観点は

$$\text{(幾何)空間の対称性} \xleftrightarrow{\text{(代数)表現論}} \text{(解析)非可換調和解析}$$

という図式で説明できます．

この性質を逆手にとり，幾何的な空間 X(例えば，$X=$球面)を考えるかわりに，X 上の関数空間を考え，X 上の関数が(対称性からくる「遠心分離機」で)無重複の展開定理をもつとき，もとの(幾何的な)空間 X のことを球多様体とよびます．これは，「球」を大きく一般化する概念で，代数群や代数幾何，最近では無限次元表現論や微分方程式なども含めた多くの分野と関連して盛んに研究されているテーマです．

「球がまるい」という性質を A, B, C, D という四つの見方でお話ししながら，数学のいろいろな側面から学ぶことについて説明してみました．四つ目の見方である D は自然な形で解析学も巻き込んだものです．

数学が一つ，ということをなんとなく感じていただけたでしょうか？

暗記のすすめ

小松彦三郎

はじめに

数学の学び方について，私は東京大学理学部数学科で3年生以上の学生を対象に数学を教えた以外殆ど経験のない人間である．もちろん，私自身はもう30年も数学を学んできたし，学生時代には人並に中，高校生の家庭教師もした．数学とのつきあいは大ていの人より長い．しかし，教師としてはあまり良い点がつけてもらえそうにない．東大数学科では学部4年生から，大体，学生3人に1人の割合で指導教官がつき，学生たちはその下でセミナーといって，数学書を読み，教官と質疑応答をかわす．私を指導教官に選んだ学生は，東大の大学院入学試験によく落ちるのである．それがたたって，何年か1人も学生がつかないときがあった．そういえば，学生時代に家庭教師をした中，高校生たちもよく入試に失敗した．だから，私から数学の成績をあげる知恵を得ようとしても無駄である．

しかし，私を指導教官に選んだ学生たちは，東大大学院入試に失敗し他大学の大学院に行った人たちを含めて，多くが生産的な数学者になっている．だから，私は試験の点をあげるための数学の教え方は下手であっても，研究のための数学を教えるのは案外上手なのかもしれない．そう思いなおして，研究者になるための数学の学び方という観点から少し書いてみよう．

いつから始めるか

　古代の数学者を除けば，誰も自然に数学者になった人はいない．それ故，数学の研究者になるためには，ある時から決心して集中して数学を学ばなければならない．それはいつがよいか．答は早ければ早いほどよいといえそうである．

　数学史をひもとけば，ガウス，ガロア，アーベルなど20歳そこそこで世界的な業績をあげた数学者がいくらでもいる．今でも，アメリカなどでは20歳位で博士号をとり，教授になる数学者がときどき現われる．去年(1986年)日本に来た15歳のイギリスの少女は，東大の藤田教授がテストした結果，大学院入試に上位で合格する実力が確認された．彼女はオクスフォードの大学院にすすみ，昨年28歳でフィールズ賞を得たドナルドソン教授について研究するといっていたそうであるから，2,3年たてば博士になり，年上の大学生を教える身分になるかもしれない．

　残念ながら日本ではこういうことはおこり得ない．たとえ，12歳で大学入学資格検定試験に通っても18歳になるまでは大学に入れてもらえない．博士になるにも，数年前までは27歳になっていなければならないという年齢制限があった．今は，法律上はこの制限がなくなっているが，実際にそれより若く博士号を取得した人の例を私は知らない．大学入学も同じで，臨教審か何かのおかげで，18歳以前の入学が認められるようになっても，実際に受験し，入学するためには，目にはみえないが相当大きい障害をのりこえなければならないだろう．

　このような制度的，社会的制約の他に，日本人にはもう一つ不利な点がある．それは，最先端の数学を学ぶにも，研究成果を発表するにも，今のところ英語なり仏語なり外国語にたよらざるを得ないことである．きわめて年少の天才は，自国語ですべての用がすませ

られるような文化の中心地またはその周辺にしか現われないが，考えてみれば当然である．アメリカ，ソ連では，数学雑誌を含めて外国語で書かれた主要な文献をすべて自国語に翻訳して出版する努力をしているが，残念ながら，日本政府には，そして多分日本の数学者にも，それだけの労力を払って，世界の中心になろうとする意欲はない．

岩波講座「基礎数学」および他の類似のシリーズ出版は，出版社からする日本文化の独立への努力であり，敬意を表したい．この講座は，題の示すとおり，必ずしも最先端の数学までを網羅するものではないが，ある程度までの数学を日本語で学ぶよすがとなることを編者の一人として願っている．

さて，何故数学を始めるのは早いほうがよいか．それは数学が若い人にとってはやさしく，年とった人にはむつかしい学問であるからである．1960年代にアメリカを中心に，初等，中等教育に現代数学をとり入れる運動が起こり，New Math といった．小学生に集合論を教え，「空集合とは要素のない集合である」などと暗記させた．両親にはちんぷんかんぷんで，当然，猛然とした反対運動が起こった．しかし，New Math 運動は世界に広がり，日本でも1970年代の文部省学習指導要領はその影響を色濃くうけている．当時アメリカで流行した New Math をからかう歌に "It's so easy that only children can understand." というリフレインをもつものがあったことを憶えている．これは真理をついている．子供たちは集合論を理解したのである．そうでなければ，アメリカのごく一部の学校で始まった実験が，全世界に拡がるはずがない．子供たちは親たちの理解できぬ現代数学を理解した．ただ十進数の四則が上手にはできなくなるという犠牲を払わなければならなかった．

数学が子供にはやさしいというのは，外国語や音楽と似ていると

ころがある．その理由は本当のところよくわからないが，頭の可塑性と記憶能力に関係があるようである．人の脳細胞の数は生まれてから，死ぬまであまりかわらず，ただ細胞と細胞の間の結合がだんだんふえてゆくのだという．それに従って，個々の細胞の役割が定まってゆく．このおかげで，われわれは上手に運動できるようになるし，むつかしい話もわかるようになる．しかし，一方では切り捨てられるものも沢山できてくる．日本語の環境の下では，lとrを区別することは必要ないし，有害でもあるから二つの音は全く区別ができなくなる．これは日本語を聞き分ける上で大変有益な能力であるが，後で外国語を学ぶときは重大な障害となってしまう．7,8歳までの子供ならば，外国語の環境に入れば，比較的容易にまた区別ができるようになる．しかし20歳を過ぎたものには殆ど不可能であることは，多くの日本人が経験している通りである．

　数学は，普通，日常語を用いて表現されているから，このような根元的な問題はないように見えるが，実際はそうでもない．世間の人は，数学者にとって，数学書や，数学の論文を読むことはやさしいにちがいないと思っているかもしれないが，そうではないのである．自分の書いた本，論文であっても，しばらくたって読むと容易に理解できないことがある．ここでは数学を理解することはどういうことであるかという難問に正面からたちむかうつもりはないが，日常語で書かれた数学はそのままでは数学者の頭の中に入っていかないことを事実として指摘しておきたい．小平先生は数覚という言葉を使われて，これは五感と同じ感覚の一種なのだといっておられる．反対に，数学者の頭の中で何かができて，それを他人にわかるように日常語で表わして論文にする仕事も楽ではない．私は，はじめて論文を書く学生に，この過程に数学的結果を得るための時間の数倍は必要だといってきかせるが，学生ははじめ信じない．論文を

書きおわってようやく実感するのがいつものことになっている．

このように，数学を理解し，また表現するには，言葉を理解し，表現するのと類似の感覚および表現能力を育てる必要がある．言葉の場合は，他人がいうのを聞き，憶え，まねてみたときの人々の反応からこの能力を習得する．数学の場合も，本質的に同じ過程で習得する以外に途はないように思われる．この場合，言葉でいえば，他人のいうことを丸暗記することが非常に大切なのであるが，この能力は6歳位でピークに達し，以後は急速におとろえてしまう．近頃，テレビで論語を暗記させる幼稚園が紹介されていたが，これは特別の教育をしたためにできるようになるのではない．身近にこれ位の子供がいればためしてみるとよい．殆どの子供は驚くべき長い文章を暗記する能力をもっている．しかし，テレビの幼稚園児もそうだったように，意味はわからないのが普通である．もう少し大きい子供は，意味をもたない文章を覚えるのが苦痛になり，むしろ意味のみを覚えるようになる．これは丸暗記よりはるかに能率の高い記憶法であり，これにより莫大な知識を獲得する．しかし，日本における過去の英語教育のように，暗記の過程を欠いた学習では，どうしても実用的な言語習得はできない．

数学と言語の習得が似ているといっても，数覚は日常言語を通じての感覚なのであるから，数覚の発達する時期は，当然，聴覚の発達の時期より遅れる．また，数学の暗記は文字通りの暗記でなく，日常語の段階でいえば意味の暗記で十分であるから，これも文章の暗記の時期より遅れてよい．常識的にいって，中学または高校で始めるのが適期といってよいのではないかと思う．実際，ごく最近までは，東大数学科に来る学生の大半がこの頃から数学を始めていた．最近は，大学入学後数学を志した学生が増えてきているが，これらの学生は相当余分な努力が必要になるようである．

何から始めるか

上に述べたことは正しいとしよう．そうすればはじめはあまり数学的意味など考えず，あるテキストを丸暗記することが大切になる．日本語を習得するために論語から始めるのはあまり賢明と思えない．また，子供のときの訛は一生続くのであるから，テキスト選びは重要である．

現在われわれが学んでいる西洋の数学の伝統では，ギリシャ時代の昔から，これはユークリッドの原論（『ユークリッド原論』中村幸四郎他訳，共立出版）の最初の1乃至6巻ときまっていた．わが国においても，New Math が初等幾何学の主要部分を中学，高校教育の数学のカリキュラムから追放してしまうまでは，ユークリッドの公理からピタゴラスの定理および円の性質まで，大体同じ内容の数学が学校教育で教えられていたから，原論そのものではないにせよ，生徒は同じ伝統に従って，はじめて数学らしい数学に接していた．その頃は初等幾何学の参考書が数多く出版されていた．その中で最も永く愛読され今日もなお出版されているのは，秋山武太郎著『わかる幾何学』（春日屋伸昌改訂，日新出版）である．私自身も中学の頃，家にあったこの本を見て，はじめて数学を知った．

初等幾何学の教育的価値については，古来さまざまの論議がある．価値がないとする立場からは，第一に，実用的な価値がほとんど皆無で，将来学ぶ諸学の基礎としても不要，かつ独立の学問としては袋小路に入っており将来性がない．第二に，公理，論証と厳密な演繹体系をとり諸学の模範のようにいわれるけれども，詳細に検討してみれば，論証のいたるところに直観が入りこんでおり，いちじるしく厳密さを欠く．とはいえ，非難のない厳密さで論証を展開しようとすると，煩瑣に耐えないものになり，中等教育にふさわしくなくなる．

New Mathを推進した人達は，だから初等幾何学にかえて，集合論，初等整数論および線型代数学を教えようと主張したのである．彼らの主張にはもっともなところがある．第一の難点のうち，将来学ぶ数学の基礎としては不要というのは真実である．今度の講座「基礎数学」には初等幾何学の項目がなく，それで全くさしつかえなく他の数学が展開できている．初等幾何学が既に発展を終えた分野であることも殆どすべての人が賛同するだろう．ユークリッドの欠点を補ったヒルベルトの『幾何学の基礎』(ヒルベルト，クライン『幾何学の基礎，エルランゲン・プログラム』寺阪英孝他訳，共立出版)もこれを改良した寺阪英孝の『初等幾何学』(岩波書店)も既にユークリッドを読み，相当の数学的素養のある人にしか読めない．

しかし，私はユークリッド幾何を中学，高校の教育から追放したのは誤りであったと思う．2300年も前にあのような学問体系が生まれたのは奇蹟と思える．イスラム文化を含め，西洋の文化はこれを綿々とひきついできた．思うに，東洋の文化がついに西洋の文化に及ばなかったことが二つある．一つはユークリッドの幾何学であり，他はニュートンの力学である．そして，明らかにユークリッドがなければ力学は生まれなかった．少数の原理を明確に把握すれば，他はそれに従う．この思想によって西洋は政治的にも文化的にも世界を制覇することができた．わが国の文化にこういう考えはない．だからこそ，われわれは西洋文化の心髄であるユークリッドを学ぶべきであると思う．ユークリッドの幾何学では，まことに平凡な定義，公理から非凡な定理が数多く導かれ，論理の力をまざまざと見せる．演繹科学のひな型として他にこれに代るものがあるとは思えない．

また，ユークリッド幾何学の論証が不完全であることを認めて

も，果して現代理論物理学はこれより厳密といえるだろうか．ユークリッドを批判する人は，ユークリッドの本にある図は無視して，言葉の部分のみをとりあげてあげつらうが，論理の対象を言葉だけに制限してしまうのは，現代西洋の独断と偏見である．古来，初等幾何学は人々に図形になじむ貴重な機会を与えてきた．私は，図形に代表されるイメージの操作は，言葉と同等に重要な思考の形式であると思う．こういう意見がとおりやすいところはわれわれ東洋の人間の方が偏見がないかもしれない．こうしてみれば，諸学の基礎としても不要という論点もあやしくなってくる．

ユークリッド幾何学の復活を熱心に主張されている小平先生は最近『幾何のおもしろさ』(数学入門シリーズ 7，岩波書店)を書かれた．秋山武太郎の古いスタイルとはちがって，ユークリッドよりはるかに厳密な理論構成がされている．他に，ユークリッドとは異なる半空間を用いた公理系から出発し，ユークリッド幾何を展開した彌永昌吉著『幾何学序説』(岩波書店)がある．この公理系は高等学校の教科書でも採用されたことがある．

New Math の運動はすべての生徒に現代数学を教えようとした点に無理があって挫折したが，その主張は数学を専攻しようとする生徒にはあてはまることが多い．だから，彼らのすすめに従うのも一案である．集合論，線型代数学については，岩波講座「基礎数学」に適当なものがある．初等整数論については高木貞治著『初等整数論講義』(共立出版)(の前半)をすすめる．同じ著者の『代数学講義』(共立出版)と共に，古風なスタイルで書かれているが，含蓄に富む．講座「基礎数学」の『数論 I』はほぼ『初等整数論』と同じ内容を，現代風にわずか 135 ページで論じてあるが，定義などでは他の分冊を参照しなければならない．

アメリカで New Math 運動を行なった人は数学基礎論や位相幾

何学の専門家たちで解析学には関心が薄かったようである．日本ではNew Mathの導入のすこし前から高校での微積分が強化され今日まで続いている．このため，反対に，生徒たちは解析学に新鮮みを感じなくなっているかもしれないが，ニュートンにはじまる微積分学もユークリッドに優るとも劣らない西洋文化の心髄である．

これについては同じく高木貞治著の『解析概論』(岩波書店)が最も有名であるが，私は最初に読む本としては重大な欠陥があると思う．というのは，ニュートンの微積分学は彼の力学と同じものであり，ガリレーの落体の法則もケプラーの三法則も同じ万有引力の法則から導かれることを証明してみせたことにこそ最も重要な意義があるにもかかわらず，『解析概論』は力学を一切扱わないからである．不思議なことに，高校の教科書も，日本にある殆どすべての微積分の本も同じ欠点をもっている．物理学の領分を犯すことをおそれているのであろうか．わずかな例外として，溝畑茂著『数学解析上』(朝倉書店)と吉田耕作著『私の微分積分法—解析入門—』(講談社)をあげておく．『解析概論』も講座「基礎数学」の『解析入門』も解析学の厳密な展開としては非常に優れている．高校でのいいかげんな取扱いと比較して，案外，生徒たちの目には新鮮に見えるかもしれない．

どのようにするか

テキストを一つきめれば，あまり意味にこだわらないでそれを丸ごと暗記せよというのが私のすすめであるが，1冊あげるのに1年はかかるかもしれない．専門の数学者でも数学書を1冊読むのに1年必要なことは珍しくないから，自信を失うことはない．しかし根気がいる．持続するためには何か工夫が必要である．また，自分では憶えたと思っても本当は憶えていないかもしれない．何か客観的

に確かめる手段がいる．演習問題がたくさんあるテキストを選び，全部の問題を解いてノートを作るのも一つの方法だが，なかなか実行はむつかしい．

最も常識的な方法は，先生につくことである．アメリカなどでは，高校生でも科目を限れば，大学の聴講生になることができ単位もとれる．大学の先生はオフィス時間といって，時間を指定して受講者の質問や討論をうけつけるから，これを利用すればよい．日本ではこういうわけにゆかないから，学校の先生にお願いするか，先生に先生をさがしていただくということになる．この方法はお金がかかるのが欠点である．

安あがりなのは，友達をみつけて2人ですることである．交代で講師になって，憶えてきた分を講義してみる．間違えずにできれば合格とする．2人以上のグループを作ってもよい．身近なところにそんな相手はいないと思うかもしれないが，強引にさそえばよい．ギリシャの都市国家にはさほどの人口があったわけでもないのに，哲学者が輩出した．尾張，三河のような狭いところから天下取りが3人も出ている．これらの事実は，天与の才より，切磋琢磨の方がはるかに重要であることを示している．

いずれにせよ，自分は難しい数学を勉強しているのだということをまわりの人に認めてもらうよう振舞うべきである．幼稚園児が，意味もわからず論語を暗記するのは，わが子は天才ではなかろうかと讃嘆する両親のおかげである．近頃の子供社会でははやらないことであるらしいが，才をひけらかすのは子供にとって美徳である．特に数学は具合がよい．1年間もまじめに勉強すれば，大ていの大人には全く理解できない境地に達することができる．はるかに人生経験に富んだ大人たちから尊敬の念でもってみられるのは気分のよいものだ．

さて，私はしきりに暗記をすすめているが，その主な理由は二つある．一つは，どの学芸でも同じと思うが，数学にも馴れ親しむ以外どうしようもないことがたくさんあるからである．例えば，数学で使われる論理がある．$\sqrt{2}$ が無理数であるという証明[1]は帰謬法にたよらざるを得ないが，この程度のことも生徒に理解させるのが難しいのであろう，近頃の殆どの高校の教科書から消えてしまった．現代の数学は殆どすべて集合論で記述できる．そこでの基本関係は $x \in M$ という変数 x を含む命題 $P(x)$ である．逆に，$P(x)$ が与えられたとき，$M = \{x \mid P(x)\}$ で集合が定まる．集合 M として実体的にとらえるか，命題 $P(x)$ として内包的にとらえるか初学者は（そして哲学者も）ずいぶん違うと思うかもしれないが，数学者にとっては同一事実の異った表現にすぎない．このような変数を含む命題に関する論理，1階の述語論理，は微積分の基礎である ε-δ 論法にも頻繁に現われて初学者を悩ます．こういうものは判る，判らないではなくて，馴れ親しむうちに当り前と思えてくるものなのである．

暗記をすすめるもう一つの理由は，頭の中に数学用のワーキング・スペースを作るためである．将来，数学の研究を行なうときには，たくさんの数学的命題の鎖を構築してゆかなければならないが，鎖と鎖をつなぐ仕事ができるのはそのとき頭の中に入っている命題に限られる．これが多ければ多いほど有利なのはいうまでもない．

これは他の学問，芸術でも同じことと思う．モーツァルトは書く速さで作曲したといわれるが，本当は頭の中で作曲してあったものを書きうつしたというのが真相であったと思う．また，そういう能

---

[1] $\sqrt{2} = p/q$，最大公約数 $(p, q) = 1$ ならば，$2q^2 = p^2$．故に p は 2 で割り切れ，$p = 2r$．$q^2 = 2r^2$ より q も 2 で割り切れなければならない．

力を育ててあったからこそ、早く作曲ができたのではあるまいか．

次になすべきこと

たしかバートランド・ラッセルの言だったと思うが、すべての数学を習得するのは、すべての言語を習得するよりむつかしいという．ラッセルは幼時より多くの外国語を学び、長じて数学を専攻、ついで哲学に転じた人だからその人のいうことには重みがある．だから、すべての数学を学ぼうとはゆめ思わぬことである．ましてや、丸暗記の要領で学ぼうとすれば、どのような記憶の天才であろうとたちまちのうちに頭はオーバーフローしてしまう．幼稚園で論語を覚えても、小学校に入っていろいろなことを教わるようになると、論語は殆どすべて忘れてしまうのと同じである．それ故、数学を自分の中に根づかせようとするならば、次は丸暗記でなく、自分にとって数学的に意味あると思われることと、そうでないことを選り分けて、あとのものは捨て、自分なりの数学を作ってゆかなければならない．これは格別むつかしいことではない．誰でも忘れてしまうという形で日常行なっていることである．大切なのは、自分なりの数学が、空虚でなく、他人にとっても意味あるものであることである．これを確かめるには、それを表現してみて、他人に評価してもらう以外方法はない．このためにも先生および仲間は大切である．今すぐ先生も仲間も得られそうになければ、まとめて書いておき、発表の機会をまつのがよい．仲間が大勢いれば同人誌を作るのも大いに役立つ．

広中さんの作った数理科学振興会では、夏に高校生を集めて「数理の翼」夏季セミナーを行なっているから、こういうものに参加するのもよいだろう．

そのうちに、世界中誰も知らないと思うことを見つけることがで

きれば，それが研究である．世界中の数学雑誌の殆どは外部からの投稿を受けつけているから，投稿して発表すればよい．

思わず研究発表まで筆が走ってしまったが，それはまだ学習の段階であっても，主体的に，研究的に学んでほしいと願うからである．論語の為政篇に「子曰，学んで思わざれば則ち罔(クラ)し，思うて学ばざれば則ち殆(アヤフ)し」とある．吉川幸次郎の注によれば，「罔し」は「混乱を来たすばかり」とある．学ぶとは，他人の考えをまねること，思うとは自ら思索することである．日本の教育，特に最近の中学，高校の教育は学ぶことにばかり重点がおかれて，思うことがおろそかにされているように思われてならない．文部省は混乱を来たさないよう十分配慮しているというかもしれないが，それでは教科書にない事態があらわれたとき，日本人がどう対処するのを期待しているのであろうか．

教科書といえば，日本の高校までの教科書は，文部省の検定制度により，殆ど誤りがない．しかし，大学の教科書，数学書には必ずといってよいほど誤植や記述の間違いがある．高校までの教科書しか知らない生徒は誤植に出合って，本が間違っているとはゆめにも思わず，自分が理解できないことを真剣に悩むというこっけいなことも実際よくあるようである．

東大数学科のカリキュラム

以上は，主として高校以下の生徒および大学でも数学科以外の学科に属していて，将来，数学の研究をめざす人々に対する勧めであるが，数学研究者になるための最良の方法は，いうまでもなく，大学数学科に入り，更に大学院に進学することである．だから，数学の学び方に対する最良の助言は，どのようにすれば数学科に入学し，大学院に進学できるかを教えることなのであるが，はじめに書

いたように，残念ながら私にはその資格がない．やむを得ず，大学数学科に入学したとすれば，そこでどのような教育が行なわれるか，私の属する東大数学科を例にとって，あらまし紹介することにしよう．

東大では，入学時には学部，学科に分かれておらず，数学科志望の学生は理科I類か理科II類に入る．理科III類からも進学できることになっているが，直接進学した人はまだいない．入学後1年半たったところで，進学振分けといって，学生の志望とそれまでに得た学業成績によって，学部，学科に配分される．数学科定員45人のうち約40人は理科I類から進学，残りは理科II類から進学する．数学科に進学を志望する学生数はいつも定員以上いるが，振分けの基準となる成績の最低平均点は，理科I類，II類共に60点程度で，理工系諸学科の中で高い方ではない．4,5年前までは，これが70点をこえており，数学科に進学するためには，数学以外の科目を一生懸命勉強しなければならなかったが，今ではそういうことはなくなった．

進学振分けまでの1年半の間，理科I類，理科II類の学生ともに，数学の科目として，必修の「数学」と選択の「解析学I」と「解析学II」がある．「数学」は「解析」と「幾何」に分かれていて，それぞれ週2時間の講義が1年間ある．この他に選択で週2時間の演習がつく．「解析」は1および多変数の微積分学であり，「幾何」は線型代数である．「解析学I」では「解析」の続きとして，陰関数，積分の変数変換，ストークスの定理などを習う．「解析学II」は常微分方程式論の初歩である．共に週2時間の講義が半年ある．これらは選択ではあるが，数学科に進学する学生には「強く要望されて」おり，数学科に進学後に卒業のため必要な専門科目として認定してもらうことができる．

進学振分け後の半年間，数学科の学生は「集合と位相」，「代数と幾何」，「解析学III」の3科目を必修科目としてとらなければならない．いずれも週4時間の講義と2時間の演習がある．「集合と位相」は講座「基礎数学」の『集合と位相I, II』とほぼ同一で，集合論と位相空間論を学ぶ．「代数と幾何」は単因子，ジョルダンの標準形など線型代数の続きと群，環，体など代数系の理論である．「解析学III」は複素関数論の初歩で，講座「基礎数学」の『複素解析I, II』に相当する．但し，コーシーの積分定理はこれほど厳密には扱わない．

　3年以後，数学科の学生は原則として数学科の授業だけをうける．3年の前半年には，「代数学A」，「幾何学A」，「解析学A」，「解析学B」の四つが必修科目である．いずれも，週3時間の講義と2時間の演習がある．「代数学A」では，体およびガロアの理論を学ぶのが通例である．「幾何学A」は多様体の基礎理論，「解析学A」はルベーグの測度と積分論，「解析学B」は1変数複素関数論の続きである．

　数学科の必修科目は，他に4年になってからとる1年間のセミナーがあるだけである．このセミナーを開始するためには，原則として，2年後半と3年前半の必修科目の試験に全部合格していなければならない．

　以上の必修科目と New Math のすすめる数学との類似に気づかれたであろうが，これは偶然ではない．1940年代から1950年代にかけて，世界の数学科の教育内容に変革があり，この変革の成功と定着に刺激されて，初等，中等教育の数学も現代化しようとしたのが New Math の運動であったのである．

　東大ではこの変革は1955年頃，ちょうど私が学部学生として在学していた時に，河田敬義教授の主導で行われた．前に挙げた高木

貞治の『代数学講義』,『初等整数論講義』,『解析概論』および彌永昌吉の『幾何学序説』は1935年頃の東大での講義に基づくと思われるが, 私が数学科に進学した1956年頃も, 代数学がファン・デル・ヴェルデン著『現代代数学』(銀林浩訳, 東京図書)に代った位で, ほぼ同じような講義が行なわれていた. その中で, 河田先生は自ら新しい講義を始められ, 2, 3年続けて定着すれば, その講義は他の人にゆずり, 自分はまた別の新しい講義を始めるというようにしてこの改革を実行された. 集合と位相の講義もそのようにして始められたもので, その頃の河田先生の講義は『現代数学概説II』(河田敬義, 三村征雄著, 岩波書店)として出版されている.

　世界的にみれば, このような変革をもたらしたものはフランスの数学者たちによるブールバキの『数学原論』(前原昭二他訳, 東京図書)の出版である. 1940年この叢書の出版が始まる以前のフランスの大学の数学教育は, Édouard Goursat の "Cours d'Analyse Mathématique, I-III"(Gauthier Villars, 1927)に代表される解析教程によって行なわれていた. 当時のフランスの若い数学者たちは, ヒルベルトの思想をうけつぎ, 解析学, ひいては数学全般を, 位相空間論と線型代数に帰着させることをもくろんで, この叢書の出版をはじめた. 彼らのモットーは, 特殊より一般, 具体より抽象, であった. 彼らの中の一人L. シュワルツは後年,「概念や定理の陳述をどんどん一般化してゆけば, どんどん証明が簡単となり, 遂には何も証明しないですむようになる」といっていたが, これが彼ら共通の理想であったと思われる.

　実際, このような思想のもとで数学の研究が行なわれた結果, 20世紀の数学は, きわめて一般的な条件のもとで微分方程式の解の存在証明などができるようになった. その反面, 初学者にとって現代数学がはなはだとっつきにくいものになったことも否定できない.

ブールバキの叢書は自ら原論と名づけ，本の書き方も，定義，公理，証明と続くユークリッドのスタイルであるが，公理の意味は大分違っている．ユークリッドの場合，読者にははじめから幾何学的直観があり，そのうち最も基礎となる命題として公理がある．しかもこの公理系が規定するユークリッドの幾何学は唯一つしかない．これに対し，ブールバキの公理が規定する数学的対象は，普通，無限に多くあり得る．コンパクトのような概念も，3角形の概念よりはるかに融通無礙である．それ故，ユークリッド空間の中の点集合にも，無限次元の関数空間の中の点集合にも適用できるのであるが，初学者にははなはだとりとめないものに思われる．定義をいくら眺めていても納得いくイメージは生まれない．したがって，その概念を適切に駆使できるようにもならないということになる．これは「川」という概念を言葉だけで習うようなものである．本当は，大河から小川にいたるさまざまな例を知っていなければ，川の概念はつかみようがない．同様に，数学においても実例を知ることは理論を知る以上に大切である．上にあげた必修科目すべてに演習がついているのは，そのためであり，問題を解く過程で，多くの例を知り，学習者の頭の中に具体的なイメージが作られていくことを期待している．ブールバキも，理論的にはそれを承知しており，数多くの演習問題をつけている．但し，かなりの演習問題はむつかしすぎて，初学者には手が出ないのが欠点である．

3年の後半には，「代数学B」，「幾何学B」，「解析学C」，「解析学D」および「応用数学A」などの科目がある．「代数学B」は可換代数，ホモロジー代数入門など，「幾何学B」は多面体または多様体のホモロジー，「解析学C」は関数解析入門，「解析学D」は偏微分方程式論入門，「応用数学A」は確率論の基礎である．

3年ではこの他，計算機の使い方の演習，工学部の先生の講義

および「数学輪講 A, B」がある．数学輪講はいわゆる自主ゼミで，教官が指定したテキストから一つを選び，2人以上のグループを作って講読し，半年後教官がたしかに読んだと判定すれば単位がもらえる仕組である．学生が自らのイニシァティヴで共同して勉学することをすすめるためにもうけられた．講座「基礎数学」からは多くのテキストが選ばれている．この他，H. ワイル『リーマン面』(田村二郎訳，岩波書店)，岩澤健吉『代数函数論』(岩波書店)，高木貞治『代数的整数論』(岩波書店)，N. スチーンロッド『ファイバー束のトポロジー』(大口邦雄訳，吉岡書店)，I. M. ゲルファンド他『超関数論入門 I, II』(功力，井関，麦林訳，共立出版)，W. フェラー『確率論とその応用 I, II』(国沢清典訳，紀伊國屋書店)などが指定されている．ここでは主に日本語の本と訳本をあげたが，ほとんどは洋書が選ばれている．はやくから外国語の文献に親しむことも大切だからである．

セミナーについて

4年に対する講義には，スペクトル分解理論，作用素の半群の理論などの関数解析，偏微分方程式論，確率論，経済数学，計算機など解析系および応用数学系の科目ではいくつか4年生むきの標準コースがあるが，他は殆ど大学院と共通で，そのときどきのトピクスについての講義である．中には他大学の教官をよんで集中講義の形で行なわれるものもある．むかしはこれが毎年 10 人位あったが，行政改革で旅費が少なくなってから，6人位に減った．以上，3年以下を対象とするものも合せて，東大で毎年行なわれる数学の講義は講座「基礎数学」の半分から三分の二位の量になる．これは世界のどの数学教室と比較しても多い部類に入ると思われる．

しかし何といっても4年生にとって一番大きい負担となるのは，

最後の必修科目であるセミナーである．はじめに書いたように，およそ学生3人が1人の教官について1年間グループ指導をうける．

毎年，年度末に先生達は次年度のセミナーのテキストの候補をそれぞれ2,3点ずつあげて，学生の志望を募る．テキストの候補は図書室にまとめて展示してあり，学生はそこで下見ができる．また，先生ごとに面接時間をきめて，学生の質問にこたえるようにしている．学生達も互いに相談して，一人の先生，一つのテキストにあまり多くの人数が重ならないように調整しているようであるが，年度末に提出された志望調査の結果があまりに片よっている場合には，代数，幾何，解析ぐらいに分けて，教官，学生を含めた会議を開き，第2志望なども考慮して最終的な配分をきめる．

テキストとして選ばれる本はそれぞれの分野で基本的であるが，一人で読むには手ごわいモノグラフの類が多い．吉田耕作著 "Functional Analysis"(Springer)はいつも選ばれている本の一例である．このテキスト選びはなかなかむつかしい問題を含んでいる．吉田先生の本のように万人の認める本を選べば，間違いがなく，教育効果もあがるのであるが，一方，このような定評のある本がある分野は，どちらかといえば，既に完成し，将来あまり大きい発展は期待できない分野であることが多い．他方，現在急速に進展している分野には適当な本がなく，たとえあったとしてもすぐに古くなってしまうという問題がある．このため，レクチャー・ノートの類がテキストとして選ばれることもあるが，古い数学は知っていることを前提に，新分野を紹介した講義録が殆どで，講義の常として証明なども省略されていることが多いから，4年生が読み通すのは容易でない．もっと極端に，原論文がテキストに選ばれることもあるが，論文が書かれた時点での数学の常識を知るために，学生は他に何冊かの参考書を併行して読まなければならなくなる．

セミナーの実際は，教官によって少しずつ違うが，普通，学生が輪番でテキストに従って講義し，その間，教官および他の聴講者からの質問をうけるという形をとる．テキストは大体 300 ページ程度で，1 年間のセミナーの回数は 30 回位だから，毎週 2 時間で 10 ページずつ読めば，1 年間で 1 冊を読み通せるという勘定になる．一見，大したことはないように思えるのであるが，これがなかなかの難行苦行であることに学生達はすぐに気づく．まず，テキストがなかなか理解できない．これには二つの理由がある．一つは，テキストの仮定している予備知識を学生は必ずしももっていないことである．前にも述べたように，東大の数学教室は何でも教える教室なのであるが，4 年生のはじめでは講義は必ずしもテキストが必要とするところまで進んでいないことが多い．その上，講義で教えることはまずなくて，多くの数学者の常識とされている知識がある．例えば，層係数のコホモロジー論などのホモロジー代数である．現代の代数幾何学，整数論，関数論，代数解析学など，コホモロジーを用いなければ，定理も書けない，いわば言葉となってしまっている分野がたくさんあるのであるが，そこで必要な知識は自習するのが習わしとなっている．学生達は Godement の "Topologie Algébrique et Théorie des Faisceaux"(Hermann)，岩波講座「基礎数学」の『ホモロジー代数』などを必死で読んできても，先生にまだ足りないといわれ，グロタンディークの 200 ページの論文を教えられて呆然とするといういじめられ方をする．しかし，これには理由がある．ホモロジー代数そのものは，きわめて空疎な抽象論であって，講義で教えようとしても，教官も学生も全く身が入らず，従って身につかないことにならざるをえない．本来の数学的対象に対する興味から，どうしても必要ということがわかって，はじめて学ぶ意欲が生じるものなのである．

もう一つの理由は，テキストに誤りや論理の飛躍があって，書いてあるままではどうしてもついてゆけないことが非常に多いことである．ユークリッドでさえ，これが理由で葬り去られた．それならば，葬り去った人達が書いたものが完全かというと，決してそういうことはない．そういう本は書けないし，たとえ書くことができたとしても今度は読めないというのが真実である．数学は論理の一種であると主張したラッセルはホワイトヘッドと協同して完全な本 "Principia Mathematica, I–III" (Cambridge Univ. Press) を書いたが，とても数学らしいところまでは書けなかったし，普通の数学者でこの本を読もうとする人はまず一人もいない．ブールバキの『原論』は，もっと伝統的な普通の数学書に近い形式で，数学の完全な記述をめざそうとしたと思えるが，40年以上かけて40冊ほど書いてもまだ数学として最も興味あるところには及ばない．数学の実状はこのようであるのに，モノグラフはただの一冊で，一つの分野に関して数学として最もおもしろい深い結果まで解説してあるのであるから，嘘や飛躍がなければとても勘定が合わないのである．良心的な著者はこの飛躍を他書の引用という形で切りぬける．しかし，セミナーの当番の学生にとっては大いに迷惑である．引用されている本を読まなければならないし，その本に引用があれば，またそれも読まなければならない．

　一方，著者の思いちがいによる誤りも案外多い．これは誤りであることを見きわめて，類書または原論文にあたって誤りを正すか，自分で考えて正しい道をとりもどす他はない．私の経験では，類書をざっと眺めた後，自分で考えるのが一番時間の節約になった．すべての本は，一貫した思想，一貫した記述法で書かれているから，いくつかの本を必要な部分だけつぎはぎするというのは案外むつかしい．著者の考えに馴れた読者の立場で考えなおす方がてっとり早

い．テキストに選ばれるような本は大綱において誤りはないから，これでまた正しい道にもどることができる．

さて，テキストが理解できたとする．これはセミナーの準備の三分の一に過ぎない．次に，その内容を講義するための自分のテキストを作る仕事にとりかからなければならない．テキストの誤りを正し，引用部分を補えば，テキストは倍に増えて20ページになっているかもしれない．ところが，2時間で講義できる分量は大判ノート10ページ分がよいところである．印刷ページでは7ページにもならない．今度は自分で嘘をつくか，飛躍して全体を三分の一に縮める必要がある．講義は説得の一種なのであるから，正しい陳述を述べた後は，それを先生や同僚に信用させればよいのである．完璧な論証は必ずしも最良の方法ではない．証明が簡単になる特別な場合を扱うとか，代表的な例を挙げて，それについてのみ論ずる方が説得的なことがある．しかしこれにも落し穴がある．例えば行列の対角化を論ずるとき，固有方程式の根が単根のみからなる場合だけを扱ったのでは，これが殆どの場合をつくすにもかかわらず，問題の本質は扱わなかったことになる．一見ささいな例外とみえるところに，数学の問題点があることは非常に多い．だから，本質を失わない簡単な例をさがし出すのは，真に数学的力量を問われることなのである．

一方，数学的真理は完全な証明がある（とすべての人々が信じている）もののみなのであるから，セミナーの途中で質問があった場合には，相手が納得するまでいくらでも詳しく議論できる用意もしておかなければならない．証明を省略しようと思う命題の証明は極めて複雑なのが普通であるから，相手に論理の森の中で途を見失わせないために，要所要所に道しるべをつけることは必ずしなければならない．細かい議論に入る前に，あらすじを述べて，相手に心

構えさせることも重要である．案外これができない人が多い．

　こうして，自分用のテキストと質問にそなえた細かい論証のノートができれば，セミナーの準備は三分の二終ったことになる．最後はこのテキストに基づいて講義をする練習をしなければならない．同じテキストでも棒読みと，メリハリをつけた述べ方では，説得力はまるでちがう．棒読みを許さないため，私は以前は，当番の学生に本もノートも一切見ることは許さず，暗記でやることを強制していた．小平先生が，音楽のレッスンで暗譜して行かなければ，その場で帰らされてしまう，数学は自分で好きなようにやれるのだから，学生は覚えてやらなければうそだといわれたのに共鳴したのも理由の一つである．もう一つ，2時間分10ページ，言葉でいえば幼稚園児程度の暗記能力ももたないでは数学者といえないのではないかというのが理由である．ところが，私自身年をとり記憶力がおとろえ，講義もノートを見ないではおぼつかなくなってきた．自分でできないことを学生に強要するのはかわいそうになって，近頃は，学生が1枚位紙を見るのは黙認するようになってしまった．

　世界の指導的な数学者の講演は，さすがと思わせる説得力があるが，彼らの多くは，ちょっとした講義のためにもテキストを作り，それを憶えて，あたかもアド・リブのような印象を与えながら，すじ書き通り首尾一貫した話をしていることを注意しておきたい．

研究者になれるか

　数学科に入学しようと思う生徒，数学科にいて大学院に進学しようと思う学生にとって最も気がかりなことは，自分に果して数学を研究してゆく能力があるだろうかという疑問であろう．4年生になれば他の学部，他の学科に進んだ人達は卒業研究と称して，研究を始めている．自分はセミナーで他人が考えたことをなぞってい

るに過ぎないのに，先生には理解が足りぬと罵倒される．これで2年後に果して論文が書けるだろうかと思い悩むのは自然である．

実際，4年生の段階で，将来，数学研究者として大成するかどうか見きわめることは大変難かしい．大学院の入学試験はそのためにあり，教官側としては永年の経験を生かして，公正な判定をしているつもりであるが，はじめに書いたように，これに落ちて後に立派な数学者になった例はいくらでもいる．一方，大学院入試には上位に合格しながら，発表できる論文は遂に一つも書けなかった人もいる．試験は本質的に既成の数学の理解を測るしかないが，他人の数学がよくわかるという能力と，自分の数学が創れるという能力は，あまり相関が大きくないようである．非常に独創的な仕事をした人々の学部在学中の成績は必ずしもよくない．中にはその人の専門に近い科目の試験に落第して卒業が遅れた人もいる．学校で教わった流儀ではどうしてもわからなかったので，自分流にわかるように努めたら，このような仕事ができたといわれる大数学者は少なくない．だから，数学科の成績が良くないとか，大学院の入学試験に落ちたということだけで悲観することはない．

それならば，どうすれば自分の能力の有無が判定できるのか．まず，研究の実績があれば問題はない．既に発表論文のある人は思い悩むまいが，それほどでなくても，例えば，演習の時間に自分なりの新しい解法が発見できて，先生にほめられたことが2回以上あれば自信をもってよい．

次に，あまり数学が好きでない人はやめた方がよい．数学の研究は9割方は失敗するもので，1割の成功にかけて努力を続けるにはよほどの好きでなければつとまらない．また，我が強くない人もやめた方がよい．数学ばかりではないだろうが，研究の実状は，フロンティアめざして進む西部開拓者のようなものである．所有権のな

い土地を誰よりも先に見つけ,発見したあとは他人に侵されないよう垣根を作り,侵略者がいれば実力でもって追い出さなければならない.どれ一つとして気弱ではつとまらない仕事である.

この点については日本人と欧米人の意識の差もあるようである.日本人にとって真理は天が与えるもので,誰が発見しようが,一旦知られれば万人が共有できるという気持がある.発見した人も,直接自分が感謝されなくとも,皆が喜んでくれれば満足する.しかし,欧米人にとっては真理も私有財産である.ピタゴラスの定理を三平方の定理と呼ぶ国は欧米には一つもないと思う.

さて,研究者になる決心をしたら,遮二無二努力して研究する他ない.先生も,先輩も自分にとっては道具と思い,徹底的に利用することである.案ずるより生むは易しというが,しかるべき先生,先輩および同僚をもてば,およそ1年間の努力で最初の論文は書けるものである.

誤解をおそれずいうならば,自分は選ばれた人であるという意識をもつことが大切である.

人は無限の可能性をもって生まれる.もっとさかのぼるならば,人となるべく運命づけられた受精卵は更に多くの可能性をもって,分裂を開始する.それが二つまたは四つに分かれた程度ならば,何らかの理由でばらばらになればそれぞれが完全な個体に成長するという.もっとさきまで進むとそうはいかない.筋肉になるべく運命づけられた細胞は筋肉にしかならないし,神経細胞になるべく運命づけられた細胞は神経細胞にしかならない.ある段階になれば,分裂そのものも止まってしまう.しかし,この分化は細胞そのものの性質というより,その細胞がある場所の環境に依存するところが大きい.植物ならば,分化した細胞も環境を変えて培養すれば完全な個体になる.動物になるとそうはいかないが,怪我をしたときに

は，分裂をやめていた細胞が再び分裂を開始し怪我をなおす．

　個人と社会の関係も同様である．人はその環境で育つうちに，社会が期待する一つの役割を果たすように，制限をうけ，変えられてゆく．こうして社会全体は一定の秩序を保ち，安定した発展をとげる．日本では，学校教育がこのために非常に大きな役割を果たしてきた．この成功のおかげで，今日の日本は世界に羨まれる産業社会になったといえる．

　しかし，生物が危急の際には休眠の細胞を増殖させるように，あるいは個体の死滅にそなえて生殖細胞を通じて次代の個体を作るように，人間の社会にも環境の変化に直ちに対応し得る人間，あるいは必要な場合には社会の変革を指導し得る人間がいなければ，その社会の永続は期待できない．今日の日本の社会はこのような活動を行なう人々の存在を認め，学問の自由という形で制度的な保証も与えている．

　すべての研究者は，社会のためこのような役割を果たすことが期待されている．数学の研究者も例外ではない．そこで求められているのは，学校教育で教わるような過去の延長ではなく，未知の未来への展望である．それを得るため，研究者たるものは，すべての束縛条件を解き放ち，本来の自己をとりもどさなければならない．そのためには，あるいは自ら求めて，良き市民であるよりは少しはずれた所に自分を置かなければならないかもしれない．自らを信ずる人間のみが大きな能力を発揮することができるのである．過去に研究者として大成した人々の回想録などを読むと，その人たちを導いたものは，結局はある種の選民意識とそれと表裏をなす自己の拡大であったようである．私がさきに自分は選ばれた人であるという意識をもてと書いたのはこの意味からである．

　戦後のアメリカ社会は，これを万人に及ぼし，すべての個人の尊

厳と解放を説いた．これはいささか無理があり，40年にわたる実験の結果は良かったとはいえないようである．生物のすべての細胞が，各自ばらばらに自己の能力を発揮した状態はまさしく癌であり，当然の結果であったといえる．

それならば，社会の条件に応じ一定の役割を果たすべき人々と，一応そこからはなれて自己の欲求のみに従うことが許される人々を分かつものは何か．どちらが社会のためより有益か，実績によって判定するのが公正である．数学の研究者については，博士号がとれるかとれないかを判定の基準としてよい．博士号がとれるまでは秘かに，とれた後は公然と，自らの力をたのんで努力するがよい．研究の成否を決するのは最後は意力である．

現代の博士は，中世ヨーロッパのギルドのマイスター，日本の諸芸の家元と結局は同じものである．それを得たもののみが自由を享受できる．その自由な活動によって得た成果を社会は期待している．

後　記

New Math 運動については傍観者としての記憶のみに従って書いたので，根本的な誤解があるかもしれない．個人の感想としてお読みいただければ幸いである．

ここで紹介した東京大学理学部数学科のカリキュラムは，本文で書いたように，約30年間基本はかわらず続いてきたものであるが，最近，これについてゆけずセミナー開始が遅れる学生が毎年10人を超えるようになり，現在，カリキュラムをやさしくすることを検討中である．学習指導要領と同じで，小改訂ごとに内容が増えてきたことも原因の一つと思うが，学生全般の意欲の低下がより大きな原因である．日本の教育は重大な問題をかかえている．

数学しながら学ぶ

飯 高　茂

何てったって数学

数学の持つ鋭い魅力は人に伝えようとしてできるものではない．数学は面白いから面白いのであって，説明する必要など少しもないのである．数学の魅力を伝えようとしていかに数学が世に役立っているかを力説してみても，それではちっとも面白さが分からない．むしろ苦しみが増してしまう．「これこれの役に立つから，お前もっと数学をやりなさい」という言い方をされると，「受験に役だつから数学をとにかく勉強しなさい」と言われるのと同じで，義務感のみを感じさせる．人を窒息させるそのような言い方はもうやめよう．

少女の名はエリー

夏休み中に読んだ本の一つにカール・セーガンの『コンタクト』(高見，池訳，新潮社，1986年刊) がある．"第1章 超越数" という章題にまずおどろかされた．女主人公エリーが，日本でいえば中学生になったときの体験が述べられている．以下に20頁からの引用をする．

　　　　＊　　＊　　＊　　＊　　＊

7年生になったとき，学校で"パイ"のことをおそわった．それはギリシャ語の文字で，イギリスにあるストーンヘンジの石造物に形が似ている．つまり，垂直の2本の柱の上に，横棒がのっている——文字に書くと，π．円周をその円の直径で割って得られる

数値,それがパイだ.家に帰ったエリーは,さっそくマヨネーズの壜のふたを外し,そのまわりに糸を巻きつけてから真っすぐのばして,長さを定規で計った.同じようにして直径を計り,最初の数字をそれで割ってみた.答えは3.21.

翌日数学のヴァイスブロード先生はこう説明した——πはおおよそ22/7で,約3.1416になる.もっと正確に答をだそうとすると,小数点以下は同じ数字のパターンをくり返さずに,どこまでも果てしなくつづくのだ,と.

果てしなくか,とエリーは思った.彼女は手をあげた.新しい学年がはじまったばかりで,手をあげるのはそれが初めてだった.

「あのう,小数点以下がどこまでも果てしなくつづく,っていうことは,どうしてわかるんですか?」

「そういうことになっているからさ」ぶっきらぼうな口調で先生は答えた.

「でも,どうして? どうしてわかるんですか? どうして,小数点以下を果てしなく計算することができるんですか?」

「アロウェイ君」——彼は出欠簿を見ていた——「それは愚劣な質問だね.きみは大切な授業の時間を無駄にしているよ」

* * * * *

私はこう想像する,エリーの体験はカール・セーガンの体験そのままだ(または彼の高名な伴侶アン・ドリューアン女史の経験にちがいない)と.

すべての円についてその周と直径の比は同じであること,そして,その比は決して循環することのない無限に続く数字列になること,この二つの事実を初めて知らされたときの感動は非常なものである.女の子エリーは果てしなく規則性の見えない数字が続くこと

に驚嘆しかつその理由を知ろうとする．エリーの感動する様はわたくしの中一のときの経験と類似している．私は初め円周率は22/7だと思いそれを小数に展開した．そして本当の3.14159…とすぐに食い違うのであきれてしまった．

エリーは先生が頼りにならないと悟ると，自転車でちかくの大学の図書館にいき，数学に関する本を読みあさるのである．エリーの先生は絵にかいたように愚劣である．しかし大学の図書館はこんな女の子にも極めて開放的なことに私はひどく感心させられる．

鋭い数学の感性のあるエリーと，全くそれのないヴァイスブロード先生との対比も鮮やかである．こんな先生に数学を習うエリーも気の毒というべきであるが，逆に先生の方に数学的感受性が豊富にあり，生徒の方にはそれが欠けているという図式もやや困ったものである．

先生の方が一方的に感動し，声を荒げて「どうです．数学ではこういうこともあるのです．不思議でしょう」というと，生徒は「先生，そんなこといっても試験に関係ないでしょう」といって無視する，こういう風景もありそうである．

じつはこういった風景は大学でよく見受けられる．大学の数学教師は皆数学のプロだから，すばらしい数学の受容体験をもち，それをあからさまに伝えようとして失敗し少しずつ無気力になっていくのである．

「手をかえ品をかえ数学の面白さをわからせようとしても学生は試験の点しか気にしない．全然だめだ」ということになる．

大学で数学を教える側の意見をいわせていただければ，数学に対する率直な感動を普通教育で摘みとることなく，必要ならいつでもエリーのような数学少女や数学少年を大学に送っていただきたいということである．

天才少年 O 君のこと

かりに O 君とよぶが、実在の少年であった。彼は中学の 1 年のときから数学の定理を発見し、O の第一定理、O の第二定理等と命名したというのだから、天才とよぶにふさわしい。

O の第一定理は、直角三角形の各辺に相似形をかき、その面積を大きさの順にならべ A, B, C とおくと、$A = B + C$ になる、というのである。

注意 ここでの相似形は、不規則な形のものでもよい。例えば富士山をかいてもよい（右の絵）。

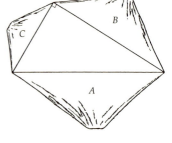

A, B, C の富士山をならべてみても $A = B + C$ が一向に見えてこない。しかし、証明は簡単にできてしまう。数学というのはえらいものだ。

そう考えると、このことを発見した自分がかわいくもみえ、しばらく幸せな気持ちにひたれたのであろう。

証明を与えてしまうと、不思議さが当然さに昇格してつまらなくなる。

［証明］ 辺長を順に a, b, c とすると相似形の面積は辺長の二乗に比例するから、k を比例定数とすると
$$A = ka^2, \quad B = kb^2, \quad C = kc^2.$$
ピタゴラスの定理により、$a^2 = b^2 + c^2$. よって
$$A = B + C. \qquad \text{終}$$

「なんだこんなことなのか、つまらない」と軽蔑するのはたやすいが、もう少しよく見てみよう。

もっとも簡単な相似形は、正方形であろう。このときは $k = 1$ な

のでO君の定理はピタゴラスの定理そのものである．$k=1$ のときに証明しておけば，一般の場合はそれから導かれる．特別の場合がそのまま一般の場合を包含するのは，数学でしばしば見うけられる．

正方形を各辺の上に立てて，大きい正方形の面積が，中位の正方形の面積と小さい方の正方形の面積の和になることを作図して示すのが，古典的なピタゴラスの定理の証明である．しからば，正方形よりも簡単な，正三角形を各辺にのせた場合を直接に証明してみようとすると簡単にはできそうもない．しかし，正三角形でなく，ある種の三角形をとればうまくいく．すなわち，直角から，斜辺に垂線をおろし，できた二つの三角形と元の三角形に注目する．

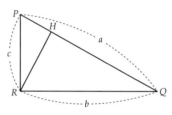

鋭角の等しい直角三角形は相似形である．したがって
$$\triangle RHP \backsim \triangle QHR \backsim \triangle QRP.$$
そして，面積は
$$\triangle RHP + \triangle QHR = \triangle QRP,$$
である．ここで
$$PR = c, \quad QR = b, \quad QP = a$$
とおけば，k を比例定数にすると
$$\triangle RHP = kc^2, \quad \triangle QHR = kb^2, \quad \triangle QRP = ka^2$$
となり
$$c^2 + b^2 = a^2.$$

これはピタゴラスの定理のうまい証明である．（面積と相似形の概念に基づく証明であるが，彌永昌吉先生に教えていただいた．）

相似形に着目するなら，その比例から直ちにピタゴラスの定理が

でる．この証明の方はよく知られているし，自然に自分から発見してしまう人も多い．

$$\frac{斜辺}{短辺} = \frac{PR}{PH} = \frac{PQ}{PR}, \quad \therefore \quad PH = \frac{PR^2}{PQ},$$

$$\frac{斜辺}{長辺} = \frac{QR}{QH} = \frac{PQ}{QR}, \quad \therefore \quad QH = \frac{QR^2}{PQ}.$$

上式を $PQ=PH+QH$ にいれると
$$PQ^2 = PR^2+QR^2.$$

この証明も鮮やかであり，自分でみつけたときは息ができなかった．

ピタゴラスの定理の変った応用はヒポクラテスの月形の問題であろう．図のように月形を二つつくる．直角三角形の面積は他の中，小の2辺の上に作った二つの月形の面積の和

直角三角形 = 中月形+小月形

という関係があるというのである．中学3年の教科書の練習問題にもよく取り上げられているから，御存知の方も多いだろう．

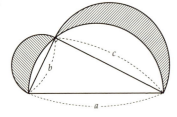

ピタゴラスの数

ピタゴラスの定理の逆が成立することは簡単に確かめられる．そして，その応用として直角を野外で作るのに有用なあの '3,4,5 の法' が正当化される．すなわち，12等分の目盛りを付けた紐をとり，それから辺長が3,4,5になるようにして三角形を作れば，簡単に屋外で直角が作れるというわけである．もし60度の角を作りたいなら，もっと簡単であって '1,1,1 の法' による．しかし45度の

角をこのように安直には作れない．まず正方形を作って対角線から45度を作ることになる．

それにしても'3,4,5の法'で直角ができるのは不思議である．(3 5 7)とか(2 6 9)とかでなく(3 4 5)なのだから覚えやすい．忘れようもないのである．ここで不思議というのは，数学の奥義にふれた感動ではなく，ミーハー的な驚きである．

(3 4 5)のように直角三角形の辺長になりうる整数値の組をピタゴラスの数という．いいかえると，
$$a^2 = b^2 + c^2$$
を満たす正の整数値$(a\,b\,c)$をピタゴラスの数とよぶ．

(6 8 10)もその一例だが，(3 4 5)から2倍して作ったものだからつまらない．ピタゴラスの数の定義にa,b,cの最大公約数=1を付け加えておけば，このように下らない組は排除できる．一見つまらない工夫にみえるが，枝葉を切りとり問題の本質を見る態度は，問題を考える第一歩という以上に重要なことである．

(5 12 13)はこの意味でのピタゴラスの数の一例である．これで直角を作るには，30等分の目盛りをつけることからはじめねばならないので実用的とはいえない．そういう野外での実用を離れて，とにかくいろいろなピタゴラスの数を作って，それを眺めてみたい．それにはパソコンを使ってBASICでプログラムを書けば簡単にできそうだ．よしやろう！

BASICでかいたプログラム

方針　探索するb,cの範囲をまず設定する．N0までとしよう．
　　　b,cを1からN0まで，刻み幅1で動かす．($b<c$)
　　　b^2+c^2の平方根が整数かどうかを判定する．もし整数なら，それをaとおけばよい．念のため次式

$$a^2 = b^2 + c^2$$

を検算する．

(a, b, c) の最大公約数を求め，それが1なら $(a\,b\,c)$ がピタゴラスの数である．

プログラムの方針がたっても，中年の，そして疲れ気味の私は，面倒だと考えてしまうが，7年前パソコンが解り出して，夢中の頃なら息をつく暇を惜しんでプログラムを実際に書いたろう．未熟で失敗の多いときは，それだけ熱中できる．いまは仕事として，ただやるだけである．

```
40  'a$=" pythg1" :save a$:
50  '/* N88 BASIC
70  ' DEFDBL X-Z
100 N0=100:'
110 '
200 FOR B=1 TO N0
220     FOR C=B+1 TO N0
230 '
300     Z=B*B+C*C:
350         GOSUB *SQRTINT
380     IF A=0 THEN  GOTO *NEXTCB
390         GOSUB *PRINTABC
395         GOSUB *CHECKABC
400 *NEXTCB
410     NEXT C
420 NEXT B
800     END
820 '
900 '/****  SUBROUTINE  ****/
1000 *SQRTINT:X=SQR (Z)
1050 IF X=INT (X) THEN A=X ELSE A=0
1100          RETURN
1200 '
1210 '/***  print a, b  c  ***/
1215 *PRINTABC
1220 PRINT " a = " ;A;
1230 PRINT " b = " ;B;
1240 PRINT " c = " ;C
1250      RETURN
1300 '
1310 '/***  check a, b  c  ***/
1320 *CHECKABC
```

```
1330 IF A*A-Z<>0 THEN PRINT " ERROR"
1350     RETURN
```

（現在はNECのパソコンPC9801のワープロで直接打稿している．上のプログラムを実行するのには，足許で寝ている別のパソコンを用いる．書いたプログラムは，2度コンバーターをとおして，ワープロにいれる．）

最大公約数=1のルーチンは面倒だから後回しにすると，上記のようなプログラムが15分でできた．しかも，書式が整っていて美しい，と自讃するのである．

さてこのプログラムをRUNさせよう．十数分後に，ぞろぞろ数が出る．

$$a=5, \quad b=3, \quad c=4,$$
$$a=10, \quad b=6, \quad c=8$$

は許せるが，そのつぎは大きく飛んで

$$a=17, \quad b=8, \quad c=15$$

になったのは，どういうわけだろう．よく知られたピタゴラスの数

$$a=13, \quad b=5, \quad c=12$$

が抜けている．折角 *CHECKABC という検算までしたのに，もれがおきた．この理由は，Zが整数の二乗数かどうかの判定が不正確だったからに違いない．これは面倒なことにまきこまれた．どうしよう？　嘆くべきではない！　われわれはむしろ幸運だった．なにしろ少し計算をしたところで，前から良く知っている例と矛盾したのだから，今なら直せる．こういう誤差がつきもののBASICでプログラムしていると用心深くならざるをえない．ミスが出るのも教育的というべきではないか．そこで，倍精度の指定をしてやれば，すなわち

70 DEFDBL X-Z(すなわち行70の'を取る)

をかき加えれば，たちまちにして，

$$a = 5, \quad b = 3, \quad c = 4,$$
$$a = 13, \quad b = 5, \quad c = 12,$$
$$a = 10, \quad b = 6, \quad c = 8$$

とでてきて，ほっとする．やっとでてきた(5 12 13)に親しみを感じてしまう．しかし，ここでやめては意味がない．われわれの調査は何も知られているものの確認ではない，未知のものを，範囲を限って全て捜そうというので，こんな姑息な解決でおわりとしてはいけない．

何故，はじめに，(13 5 12)が除外されたかを考えてみよう．

まず実験から行う．理屈と理論は後からついてくるという立場に立とう．

$b=5$，$c=12$ とすると

$$Z = 5\cdot 5 + 12\cdot 12 = 169$$

そして，SQR(169)=13．だから，サブルーチン *SQRTINT をとおすとき，正確に A=13 となりそうである．

実験のための別のプログラム

```
1000 Z=169
1100 PRINT SQR(Z*Z)-Z
```

を作り RUN させると，1.90735E−06 という値を返してくる．なんと正の極く小さい値が出てくるのだ．

Z=1000000 にすると，6.10352E−05 がえられる．これも Z にくらべると極端に小さいから，安心である．

そこで，与えられた整数 Z の平方根をまず計算し，それに少し（例えば 0.1）をおまけし，その整数部分 X の平方が Z になれば Z が平方数である，と考えて，次のように修正する．

```
1000 *SQRTINT:X=INT(SQR(Z)+.1)
1050 IF X*X=Z THEN A=X ELSE A=0
1100            RETURN
```

すると,倍精度数の指定無しでも,(13 12 5)がでてくる.

N0=100とすると,さらに(a,b,c)の最大公約数=1という条件下で表1にあるように18とおりのピタゴラスの数が出てくる.

表1 ピタゴラス数(本文中のプログラムを改良してある)

$a=5$	$b=3$	$c=4$	$a=29$	$b=20$	$c=21$
$a=13$	$b=5$	$c=12$	$a=101$	$b=20$	$c=99$
$a=25$	$b=7$	$c=24$	$a=53$	$b=28$	$c=45$
$a=17$	$b=8$	$c=15$	$a=65$	$b=33$	$c=56$
$a=41$	$b=9$	$c=40$	$a=85$	$b=36$	$c=77$
$a=61$	$b=11$	$c=60$	$a=89$	$b=39$	$c=80$
$a=37$	$b=12$	$c=35$	$a=73$	$b=48$	$c=55$
$a=85$	$b=13$	$c=84$	$a=109$	$b=60$	$c=91$
$a=65$	$b=16$	$c=63$	$a=97$	$b=65$	$c=72$

数の観察

これはパソコンによる数値実験である.この18個の数値の組を見つめていても何もわからない.「いや,わかった.a,b,cの内の一つだけは偶数だ」と,あなたは叫ぶだろう.そんなことは,古代ギリシャ人ならずとも,すぐにわかることである.もう少し深く考えてみよう.

(1) まず,a,b,cのうち,どれか一つだけが偶数であることに注目する.

それは,偶数+奇数=奇数,等々のことからわかる.

a,bが奇数とするとき,$a^2-b^2=c^2$と直して,因数分解

$$(a+b)(a-b) = c^2$$

を行う.

(2) $a+b$ と $a-b$ の最大公約数 $=2$ を示す.

$a+b$, $a-b$ の最大公約数を k とすると,
$$a+b = k\alpha, \quad a-b = k\beta$$
とかける.
$$2a = k(\alpha+\beta), \quad 2b = k(\alpha-\beta)$$
であり, $2a, 2b$ の最大公約数 $=2$ により, $k=2$.

(3) $2\alpha \cdot 2\beta = c^2$ によれば, $c=2\delta$ とかける.
すなわち,
$$\alpha \cdot \beta = \delta^2.$$

(4) α, β には共通の因数が 1 しかないから, 素因数分解の一意性により, $\alpha=m^2$, $\beta=n^2$, $\delta=mn$ とかける. よって,

*) $a=m^2+n^2$, $b=m^2-n^2$, $c=2mn$.

もし, a と c が奇数ならば
$$a^2-c^2 = b^2$$
と変形して上とまったく同じ議論を行えばよい. 簡単のためには $b>c$ という条件を撤廃して, a,b が奇数になるように, a,b,c を選んでやればよい.

かくしてえられた, 式 *) がピタゴラスの数の一般的表示を与える.

ここで m,n は互いに素な数であることを忘れてはいけない.

前節では, プログラムをかいて, b,c が 100 までのピタゴラスの数を求めた. 式 *) を用いればこれらを, はるかに簡単に出すことができる.

反　　省

さて, ピタゴラスの数についての一般公式 *) を知らないとしよう. それでも, 因数分解の一意性を用い, さらにいくらかの考察をすれば自然に公式 *) が導かれる. そのような工夫は, 手計算だけ

でピタゴラスの数を求めるのが大変だからどうしてもせざるをえないのである．実際，偶数，奇数の考察から始めると，極く素直に公式*)に至る．そしてこの公式によれば大量かつ正確なピタゴラスの数が得られる．

今の時代はパソコンがどこにでも，ごろごろしている．そして，BASICという，安易かつ教育的(または非教育的)言語が使えるのである．もっとも簡単なBASICなら5千円の電卓にでものっている．数値計算だけなら簡単なBASICで充分なので，それを利用すると，ピタゴラスの数を100組求めるプログラムなどは造作もない．1時間もかけずにできるのである．しかし，不用意なプログラムを書くと，(5 12 13)すら見落としてしまうのである(前々節を見かえす)．次の課題としてピタゴラスの数を$b, c < 10000$の範囲まで求めてみよう．また10万以下のとき，ピタゴラスの数はいくつあるか？　との疑問をもち，記録を作ることに関心が移るかもしれない．しかし，このような方向は数学の本質的発展方向とは大きく異なっている．パソコンのために，数理科学好きな少年少女の数学問題へのアプローチが変り，変質するかもしれない．それは，望ましい方向への変質ばかりではないだろう．

パソコンBASICでも威力は充分あるし，それを使いこなすには，それなりの努力が必要である．それにつられてしまうと，結局は本質的でないところに全精力を消費してしまうことになりかねない．

四則計算の練習ばかりするのは，時間の浪費だ．こんなつまらないことはなるべく少なくして，電卓に任せ，余った時間を理論的思考のみにあてようという考えがある．これだけきくと，大変理想的で，考え方は正しいのに計算ミスで満点をどうしてもとれなかった私も，つい賛成したくなるのである．しかし，四則計算が覚つかないようでは，文字や複雑な分数式の計算ができない．本来ノート

でする各種文字式計算を実行するには、四則計算がすぐにできるほどに習熟している必要がある。文字式計算のための四則計算は電卓に代行させようとしても、そんなことは面倒でしていられない。また分数や根号を含む計算は電卓やBASICの苦手とするところである。苦手を克服するのも張合いのあるところなのだが、所詮BASICは非力な言語なので、あまり多くをやらせるべきではない。

伝統的な算数-数学教育で行われてきたものを、簡単に廃することはできない。四則計算の軽視も、それがこうじれば、理論的思考能力が衰え、退化し、電算機の修理もできなくなるかもしれない。そういえば、前述のセーガンの小説『コンタクト』にかかれた宇宙世界では、諸星の人々も、理由もわからぬまま遺産としての巨大な宇宙の制御装置を操作し、使用するだけしかできない存在になっているのである。

空間への一般化

ピタゴラスの定理は平面幾何の定理である。これを空間の定理に直すことは簡単である。ピタゴラスの定理を長方形の対角

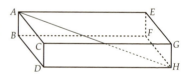

線と辺長の関係と理解すると、空間図形での一般化を考えやすいであろう。すなわち直方体の対角線と各稜の関係ととらえ直すのである。

対角線は AH、各稜は AB, BF, FH である。

$$AH^2 = AB^2 + BF^2 + FH^2$$

が成立することを示そう。

$$AF^2 = AB^2 + BF^2, \quad AH^2 = AF^2 + FH^2$$

が、ピタゴラスの定理から成立するからこの二つをあわせればよい

のである．

ついでに，4次元の世界ではどうか？　一般にn次元の世界ではピタゴラスの定理にあたるものを，どう捉えたらよいのだろうか？それをつきつめて考えると，n次元空間での距離をまだ理解していない，いいかえれば，定義していないことにきづくのである．

高次元空間

n次元の空間といっても，別に難しいものではない．平面に座標を入れると，平面上の点Pが座標(x,y)で表された．そして，数の対(x,y)は平面の点を示した．3次元の空間でも同じことである．すなわち，
$$P \longleftrightarrow (x,y,z)$$
が対応した．4次元以上の世界の点が何かは直観的にはよくわからなくても，数の組を考えることは簡単にできる．そこで，n個の数の組
$$(a_1,\cdots,a_n)$$
をn次元空間の点と定義してしまうのである．

かくして，n次元の空間の性質を，実際に見られないまでも数で定義されたからには数の計算を通して理解できる．しかし，n次元空間とはいえあるのは点だけでは考えを拡げようがない．2点間の距離を定義することにしよう．2点
$$P=(a_1,\cdots,a_n),\quad Q=(b_1,\cdots,b_n)$$
の距離は
$$\sum_{i=1}^{n}(a_i-b_i)^2$$
の正の平方根で定義する．そして記号で$d(P,Q)$とかく．

この定義で$n=2$のときを考えてみれば，ピタゴラスの定理の教

える距離の公式そのままである．だから，

> n 次元空間の直方体の対角線の長さの 2 乗は n 個ある各稜の長さの 2 乗の和に等しい

という形にピタゴラスの定理が一般化される．しかしこういう風にいっても少しも感激しない．

この形になることを目標に，距離を定義したのだから，こうなるのも当然なのである．しかし，目標の通りにできたことを喜ぶこともできよう．

n 次元の空間でも，次の不等式が成立する．3 点 P, Q, R について，

$$d(P, R) \leq d(P, Q) + d(Q, R).$$

さらに，= の成立するときは，この 3 点が一直線上にあるときである．このような式は，距離の定義が単なる 2 乗の和だから簡単に証明できてしまう．（実際，これは，コーシー–シュワルツの不等式と同等である．）

数ある数学の定理で日常生活に役立つ唯一つの定理が三角形の 2 辺の和が他の 1 辺より長いという定理なのだそうである．すなわち，寄り道をすれば遠くなるという当然の理のことである．それが，全く日常的ではない n 次元の世界でも成立することは，やや人を安心させるではないか．

また，n 次元空間での交わる 2 直線のなす角も内積をもとに簡単に定義でき，それから，n 次元空間でのピタゴラスの定理が定式化され，いとも簡単に証明される．

再びパソコンに頼む

われわれの世界ではパソコンが自由に使えるから，ピタゴラスの

数も拡張してみるといい．すなわち
$$a^2 = b^2+c^2+d^2$$
を満たす，正の整数 a,b,c,d で最大公約数 $=1$ のものを多く求めたい．

今度は，ピタゴラス数を与える公式などはない．しかし，プログラムの方はこの場合にも簡単に対応できる．一般公式の知られていないときには，いろいろ試みるしかない．数値例が豊富にあれば，考えやすいであろう．

この場合にも前記のプログラムは簡単に修正可能である．それはわざわざここに書くまでもないほど簡単なことではあるが，200行から800行までの主要部をかいてみよう．

225, 300, 390, 395, 400, 405 の各行が修正または付け加えられている．しかも，サブルーチンの *PRINTABC の内容がわずかに修正されて *PRINTABCD と変更されている．*PRINTABCD, *CHECKABCD の内容は読者の自由に任せてここでは書いていない．

```
200 FOR B=2 TO N0
220     FOR C=B TO N0
225         FOR D=C TO N0
230
300             Z=B*B+C*C+D*D
350             GOSUB *SQRTINT
380             IF A=0 THEN  GOTO *NEXTDCB
390             GOSUB *PRINTABCD
395             GOSUB *CHECKABCD
400 *NEXTDCB
405         NEXT D
410     NEXT C
420 NEXT B
800 END
```

結果は表2にみる通りである．

この実用的価値は，中学や高校の試験問題作成の材料に使えることにある．

ここで，ピタゴラスの数を求めた方法をそのまま使って，一般公

表2 3次元ピタゴラス数

$a=7$	$b=2$	$c=3$	$d=6$
$a=15$	$b=2$	$c=5$	$d=14$
$a=11$	$b=2$	$c=6$	$d=9$
$a=15$	$b=2$	$c=10$	$d=11$
$a=13$	$b=3$	$c=4$	$d=12$
$a=23$	$b=3$	$c=14$	$d=18$
$a=9$	$b=4$	$c=4$	$d=7$
$a=21$	$b=4$	$c=5$	$d=20$
$a=21$	$b=4$	$c=8$	$d=19$
$a=21$	$b=4$	$c=13$	$d=16$
$a=11$	$b=6$	$c=6$	$d=7$
$a=19$	$b=6$	$c=6$	$d=17$
$a=19$	$b=6$	$c=10$	$d=15$
$a=23$	$b=6$	$c=13$	$d=18$
$a=17$	$b=8$	$c=9$	$d=12$
$a=21$	$b=8$	$c=11$	$d=16$
$a=25$	$b=9$	$c=12$	$d=20$

式を得ることは難しい．しかし，プログラムの方はごく些細な変更で出来るのだから，どちらにも，とりえというものはあるものである．

一般公式の方は，いわゆる2次曲面のパラメター表示を得るという方向で考えるとうまくいく．それは，ピタゴラス数のもつ幾何学上の意味の反省にたたないと説明が上すべりになるから，ここでは控えさせていただくことにしよう．

かの有名なフェルマーの定理

このような，次元をあげる一般化とともに，次数をあげる一般化も考えるとよい．既に17世紀において有名な数学者フェルマーはこのような一般化を考えていたのである．いやフェルマーが今日でも有名なのはこの故である．有名な難問故にフェルマーは有名であり，有名なフェルマーの出した難問故にこの問題が有名である．

> フェルマーの大定理
> $n \geq 3$ のとき
> $$a^n = b^n + c^n$$
> を満たす正整数 a, b, c はない

　この問題を何故,解かねばならないか？　それは,問題が提出されたからだ.未解決の問題でなく,フェルマーの大定理とか最終定理とか呼ばれることすらあるのだから,とにかく解かねばならないであろう.

　最もやさしい場合は $n=4$ のときで,
$$a^4 = b^4 + c^4$$
に正整数解のないことが,ピタゴラス数の表示を用いて,初等的に示される.驚くなかれ,これがフェルマー自身の解答であるという.

　もし $n \geq 3$ となる奇数の素数について, a, b, c の非存在が示されれば,すべての3以上の数についてもいえる.

　実際に,もし n が 2^k の形なら, $n = 4 \times 2^{k-2}$ とかけ, $m = 2^{k-2}$
$$(a^m)^4 = (b^m)^4 + (c^m)^4$$
とかいてみると, $(a\ b\ c)$ が n のときの解なら, $(a^m\ b^m\ c^m)$ が $n=4$ のときの解にならざるをえないから,矛盾になってしまう.

　一方, n が3より大の奇素数 p でわれて, $n=pm$ とかければ同様にして, p のときの解の非存在に帰着される.このフェルマーの定理ほど話題を提供しつづけた問題はない.アマとプロの数学者を300年以上にわたって捕えた問題は他にはない.しかし歴史の長さだけなら,角の3等分,立方体の倍積,円積問題というギリシャ数学の三大問題の方が千年以上の差で勝利を得る.

　これらの問題は近世数学の発展の中ですべて不可能という形で

完全な解決に到達している.しかも,これらが,ギリシャ,アラビア,中世の数学の段階では決してとけないことが明らかにされたという点で,まことに画期的な解決であった.もし,三大問題のどれかでも,解があればよほどのことのない限り近世以前の数学者が解決していたに違いない.しかし,正多角形の作図問題は17角形をガウスが整数論の深い研究に関連した形で解くまでは,何人もできなかったし,できなくて当然であった,といってよい.フェルマーの問題のレベルがどのへんかは,解決がつかない以上論じてもしかたがない.反例が見つかれば,それは驚異である.しかし数学にとって脅威にはならない.50年後に本格的な数学の進歩があってフェルマーの問題がとかれ,20世紀の数学者が苦労してもできなかったのは当然であろう,と総括されるかもしれない.

高次元化の道

フェルマーの定理自身は,ワイルスとテーラーにより1995年に証明された.証明は20世紀数学の多くの成果に依拠するものできわめて難解なものである.フェルマーが証明できなかったことは明白である.

ここで,問題を変更しフェルマーの定理に一見似た問題を考えてみる.

> フェルマーの大定理の類似
> $n \geq 3$ のとき
> $$a^n = b^n + c^n$$
> を満たす多項式 $a(t), b(t), c(t)$ はない

ただし,これらの多項式に共通の因子はないとする.実はこの問題は因数分解の一意性を用いるだけで,全く簡単にとける.この定

理を私がきいたのは多分学部4年か大学院に入ったばかりのことであったろう．そのとき生意気にも，因数分解を用いて，数学的帰納法によるという地道なやりかたはせずに，「だって種数が正になるから，当然でしょう」といって胸をはったものであった．

　整数の代りに多項式で考えてみる．すると，整数のときより，はるかに簡明になり，目に見えて議論が進む．こうして，整数の理論の難しさから逃れて，多項式の幾何学，すなわち代数幾何を選ぶようになった．それから，20年以上もたってしまった．

　私が始めたころの代数幾何は本当に簡明な世界だったのに，理論があまりにも高速に発展し，数論，微分幾何，代数解析等とより緊密に関係しあうようになり，今や相当に複雑な様相を呈してきてしまった．もう一度あの頃のよき時代，何をしても許されるやさしい時代がこないかと，つい妄想をたくましくしてしまう．

　多項式の場合はフェルマーの定理の類似が容易にとける．そこで項の数をh個にして
$$a_1^n = a_2^n + a_3^n + \cdots + a_h^n$$
をみたす，$h-2$変数の多項式があるか？（支配的解という条件が自然につくのだが）とといかけよう．$n \geq h$にならないことが，種数の計算でわかる．

　しかし，$4 \leq n \leq h-1$のときはどうかがどうにもわからない．これは代数幾何でもとけない難問なのだが，現在日本で主になされている研究が大団円を迎える形で終結すれば，この場合には本質的な多項式解があることになり，完全な一般化という形でフェルマーの定理の類似が極めて強い形で成立する．

　50年後ということではない．5年後，おそくても10年後にはこの問題が完全に解けることを期待している．こうしてみると，フェルマーの定理の偉大さがわかる．

300年も命が新鮮に保たれる問題は稀有の存在である．

もうひとひねり

n も一般化したらどうだろうか？

> 一般化された問題
> $p, q, r \geqq 2$ の整数にたいして
> $$a^p = b^q + c^r$$
> を満たす2変数の多項式はあるか

これは，みかけ上は無理な一般化にみえるが，2変数多項式の幾何の立場からは極く自然な問題なのである．完全な解答があり

$$1 < \frac{1}{p} + \frac{1}{q} + \frac{1}{r}$$

のときにかぎり本質的な2変数多項式解がある，がその答である．証明も難しくない．

さらに，これは簡単なことであるが，上の条件を満たすとき，

$$(p\,q\,r) \text{ は } (2\,2\,m), (2\,3\,3), (2\,3\,4), (2\,3\,5)$$

に限る．

整数の問題に比べると，多項式しかも複素数の多項式を扱う問題はパソコンでの数値実験が絶望的なほど難しい．例えば，上記の四つの場合の多項式解をみつけることは計算機のよくするところではない．

それなら，整数解で類似の問題を考えてみよう．

一般化された問題を整数で考えてみる．もし数学の調和性，神秘性を信じるなら，少なくともこの整数解は余りないと信じたくなるのだが，ここでは数値計算をしてみてそれから，理論的に考えてみたい，というへり下った気持ちになってみよう．こういう

表3 $p=2$, $q=3$, $r=3$

$a=$ 3	$b=$ 1	$c=$ 2	$a=$ 648	$b=$ 36	$c=$ 72
$a=$ 4	$b=$ 2	$c=$ 2	$a=1824$	$b=$ 44	$c=148$
$a=$ 312	$b=$ 2	$c=$ 46	$a=1029$	$b=$ 49	$c=$ 98
$a=$ 24	$b=$ 4	$c=$ 8	$a=$ 500	$b=$ 50	$c=$ 50
$a=$ 98	$b=$ 7	$c=$ 21	$a=$ 671	$b=$ 56	$c=$ 65
$a=$ 32	$b=$ 8	$c=$ 8	$a=1261$	$b=$ 57	$c=112$
$a=2496$	$b=$ 8	$c=184$	$a=2646$	$b=$ 63	$c=189$
$a=$ 81	$b=$ 9	$c=$ 18	$a=1536$	$b=$ 64	$c=128$
$a=$ 525	$b=10$	$c=$ 65	$a=1014$	$b=$ 65	$c=$ 91
$a=$ 228	$b=11$	$c=$ 37	$a=1183$	$b=$ 65	$c=104$
$a=$ 588	$b=14$	$c=$ 70	$a=1225$	$b=$ 70	$c=105$
$a=$ 192	$b=16$	$c=$ 32	$a=$ 864	$b=$ 72	$c=$ 72
$a=$ 108	$b=18$	$c=$ 18	$a=2187$	$b=$ 81	$c=162$
$a=$ 168	$b=22$	$c=$ 26	$a=1323$	$b=$ 84	$c=105$
$a=$ 375	$b=25$	$c=$ 50	$a=1344$	$b=$ 88	$c=104$
$a=$ 784	$b=28$	$c=$ 84	$a=1372$	$b=$ 98	$c=$ 98
$a=$ 256	$b=32$	$c=$ 32	$a=3000$	$b=100$	$c=200$
$a=$ 847	$b=33$	$c=$ 88	$a=1098$	$b=$ 27	$c=$ 33

ときに先ほどのBASICプログラムがものをいう．すぐにプログラムを修正すれば，たとえば$p=2$, $q=3$, $r=3$のときに使える．結果は面白いように正整数解がみつかる．$p=2$, $q=3$, $r=4$のときでも，$b<100$で解が一つある．表3の$p=2$, $q=3$, $r=5$のときでも解があるに違いないが，探索する範囲を広げねばならない．5乗数の計算だからたちまちにして巨大な数になり，誤差が生じてくるので注意しないと解をみつけ損なうはめになる．私の始めの目論見は，$p=2$, $q=3$, $r=7$の場合に整数解をパソコンで簡単に見つけることだったのだが，なかなか簡単にはできそうにない．さあどうしよう？ かくして未完のまま本稿を終えよう．続きは読者が数学を学びながら書くとよいと思う．

"いいかえ流"勉強法

岩 堀 長 慶

　数学の学び方といっても種々ある筈である．分野に応じて自分の個性にうまく合うような仕方を苦心して，もしうまく行くと，分りにくかった事項がいつのまにか分ってしまうこともある．（なかなかうまく行かぬこともあるけれども．）

　そこで与えられた問題をいいかえて別の形に直すことを先ず試みてみる．いくつもの形にいいかえられることもあるし，なかなか別の形に直せないこともある．しかしうまく自分と相性のよい形に直せると，興味も深まり，少し実験を繰返しているうちに問題が解けて，充足した満足感が味わえることになる．問題を解くだけでなく，数学の本を読んでいる時にも分らない所へ来たら，自分流のいいかえを試みているうちに難点を突破できることもよく起ることである．

　これらの"いいかえ流"の解決法の実例を以下にすこし述べて，読者の参考に供したい．

例1　対 称 群

　1 から n までの自然数からなる集合 $\{1, 2, \cdots, n\}$ を Ω と書くことにする．Ω から Ω への全単射写像 f（すなわち Ω の置換），すなわち，性質

　（イ）　$f(\Omega)=\Omega$,

　（ロ）　$i \in \Omega$, $j \in \Omega$, $i \neq j$　ならば　$f(i) \neq f(j)$

をもつような f の全体のなす集合を $S(\Omega)$（または S_n）と書く．（実

は(イ)か(ロ)の一方を f が満たせば，他方も満たすことは容易に分る．従って例えば(イ)だけ仮定すればよい．しかし分り易くするため(イ)と(ロ)の両方を上に書いた．) すると $S(\Omega)$ は次の演算で群となる：

$f \in S(\Omega)$, $g \in S(\Omega)$ に対しその積 $h=fg$ を写像の合成

$$h(i) = f(g(i)) \quad (i = 1, 2, \cdots, n)$$

で定義する．すると h も $S(\Omega)$ の元となり，上の乗法は結合律を満たす．(すなわち，$f, g, h \in S(\Omega)$ ならば

$$f(gh) = (fg)h$$

である．) $e \in S(\Omega)$ を

$$e(i) = i \quad (i = 1, 2, \cdots, n)$$

により定義すれば，$ef=fe$ がすべての $f \in S(\Omega)$ について成り立つ．つまり e は乗法に関し単位元である．次に各 $f \in S(\Omega)$ に対し，$fg=e$ を満たす $g \in S(\Omega)$，すなわち

$$fg(i) = i \quad (i = 1, 2, \cdots, n)$$

を満たす $g \in S(\Omega)$ がちょうど一つ存在する．この g を f^{-1} と書き，f の逆元といい，f^{-1} と書く．すると

$$ff^{-1} = f^{-1}f = e$$

の成立もすぐ分る．これで $S(\Omega)$ は上記の積演算で群をなすことが分る．$S(\Omega)$ 中には何個の元があるか——これも直ぐ分る．$f \in S(\Omega)$ は詳しく表示すれば

$$f = \begin{pmatrix} 1 & 2 & \cdots & n \\ f(1) & f(2) & \cdots & f(n) \end{pmatrix}$$

というパターンとなる．$f(1), f(2), \cdots, f(n)$ は $1, 2, \cdots, n$ の並べかえ (順列) である．従って $S(\Omega)$ の元と $1, 2, \cdots, n$ の順列とが1対1に対応し，後者の総数が $n!$ であるから，集合 $S(\Omega)$ は $n!$ 個の元からなる．すなわち群 $S(\Omega)$ の位数 $|S(\Omega)|$ は $n!$ である．例えば

n	1	2	3	4	5	6	7	8
$|S(\Omega)|$	1	2	6	24	120	720	5040	40320

となる．$S(\Omega)(=S_n)$ は n 次対称群と呼ばれる群で，数学の諸分野にしばしば登場するものである．

さて，n 次対称群 $S(\Omega)$ の生成系 $\{f_1, f_2, \cdots, f_r\}$ を考える．生成系というのは，$S(\Omega)$ の任意の元 f が $f_1, \cdots, f_r$ 達のいくつかの積の形に書ける——という意味である．生成系のとり方はいろいろあるが，行列式の話などによく登場するのは，$S(\Omega)$ 中の互換の全体のなす生成系である．ここで互換というのは $S(\Omega)$ の元 f であって次の性質をもつもののことである：Ω 中に相異なる2元 i, j があって，i と j 以外の Ω の元 k に対しては $f(k)=k$ となり，さらに $f(i)=j$, $f(j)=i$ を満たすような写像 f のことである．この f を精密には i と j の互換といい，普通，記号 (i, j) で表わす．（従って，$(i, j)=(j, i)$ である．）

$S(\Omega)$ の任意の元 f がいくつかの互換の積の形に書けることは容易にわかる．（$1, 2, \cdots, n$ の並べかえをするには，二つずつのとりかえを何回か実行すればよい！）

実は互換全体をとらずに，その一部である次の $n-1$ 個の互換（これらを隣接互換という）

$$(1, 2), (2, 3), \cdots, (n-1, n)$$

だけでも $S(\Omega)$ の生成系となる．何故なら $i<j$ のとき互換 (i, j) は次のように隣接互換の積に書けるからである．

$$(i, j) = (i, i+1)(i+1, i+2)\cdots(j-1, j)(j-2, j-1)\cdots(i+1, i+2)(i, i+1).$$

そこで次のような問題を考えて見る．与えられた $f \in S(\Omega)$ を隣接互換の積の形 $f=g_1 g_2 \cdots g_s$（どの g_i も隣接互換）に書くときの s の最

小値を f の長さといい，$l(f)$ と書くことにする．f を与えて $l(f)$ を計算する公式はどのようなものか？（ただし，f が $S(\Omega)$ の単位元 e のときは，$l(e)=0$ とおくことにする．）

少し実験してみると，

$n=1$ のとき　$l(e)=0$．

$n=2$ のとき　$l(e)=0$, $l((12))=1$．

$n=3$ のとき　$f \in S_3$ を順列 $(f(1), f(2), f(3))$ で表わして $l(f)$ の表を作ると次のようになる．

$f(1), f(2), f(3)$	1, 2, 3	2, 1, 3	1, 3, 2	2, 3, 1	3, 1, 2	3, 2, 1
$l(f)$	0	1	1	2	2	3

では f から $l(f)$ を知るにはどうしたらよいか？　そこで "いいかえ流" をして見る．それが次の例 2 である．

例 2　アミダクジ

自然数 n に対し，平面上に n 本の垂線を次図のようにひく．例えば $n=5$ ならば

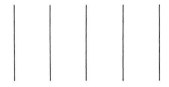

となる．垂線の上部に左から右へ向って順に $1, 2, \cdots, n$ と書き込む．そして，隣接した垂線間をつなぐ水平線分を何本でもよいから書き込む．ただし水平線分の高さは互いに異なるものとする．例えば

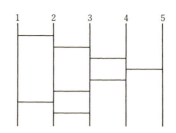

はその一例である．これをアミダクジというのはよく知られていることであろう．アミダクジが与えられたとき，上端の各番号から出発して垂直に下降し，水平線分(これを水平橋といった方が感じが出るが)にぶつかったら，その橋を渡って隣りの垂直線分に行き，そこでまた垂直下降を始める……ということを繰返して，最後に到達した下端に，出発点(上端)の番号を記入する．例えば上図ならば

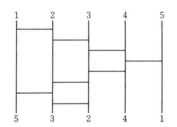

となる．アミダクジのことは小学生でも大てい知っているが，下端に並ぶ数字は上端の $1, 2, \cdots, n$ の順列である．これも証明は水平橋の個数に関する帰納法を使えばすぐわかる．

例3 アミダクジと対称群

実はアミダクジの話は例1の対称群 $S(\Omega)=S_n$ とその生成系 $\{(1,2),(2,3),\cdots,(n-1,n)\}$ の話と全く同じものである．例えば例2の最後のアミダクジは，S_5 の元

$$f = \begin{pmatrix} 1 & 2 & 3 & 4 & 5 \\ 5 & 3 & 2 & 4 & 1 \end{pmatrix}$$

を上の生成系を使って書いていることに他ならない.それを実験してみよう.上例のアミダクジの水平橋を上から下へ向かって横一列に並べる.ただし水平橋の上端の隣接2数に注目し,その2数の定める隣接互換をその水平橋の代りに書き込む.上例のアミダクジならば

$$(12)(23)(34)(45)(34)(23)(12)(23)$$
$$\text{上} \longrightarrow \text{下}$$

となる.これを S_5 の元として計算してみると,上の f に一致していることが確かめられる.このことは一般にも成立していることが示せるので,アミダクジとは S_n の元を隣接互換 $(12),(23),\cdots,(n-1,n)$ の積の形で書くことに他ならないというわけである.従ってアミダクジにからむ問題はすべて,対称群 S_n と生成系 $(12),(23),\cdots,(n-1,n)$ にからむ問題に翻訳される.逆方向の翻訳も同様である.このような問題のうち面白そうなものを若干述べて見よう.

問1 5本の垂直線をもつアミダクジの上端と下端の数列がそれぞれ1 2 3 4 5,5 4 3 2 1であったとする.水平橋を適当に引いてこの結果を生ずるようにアミダクジを作るとき,水平橋の総数の最小値は何か?

これは対称群の問題に直すと,S_5 の元

$$f = \begin{pmatrix} 1 & 2 & 3 & 4 & 5 \\ 5 & 4 & 3 & 2 & 1 \end{pmatrix}$$

の長さ $l(f)$(生成系 $(12),(23),(34),(45)$ に関する)は何かという問題が化けているだけである.一般に S_n の元 f の $l(f)$ を与える式を(証明は略すので考えてみられたい)次に書いておこう.数列 $f(1),\cdots,f(n)$ 中の2数の対 $\{f(i),f(j)\}$(ただし $i<j$ とする)に対して $f(i)>f(j)$

となっているとき，対 $\{f(i), f(j)\}$ は逆順であるということにする．そして，逆順である対の個数を $L(f)$ と書くことにする．するとすべての $f \in S_n$ に対して

$$l(f) = L(f)$$

となる．例えば，上例の S_5 の元 f では $L(f)=10$ となる．従って，f を実現するアミダクジの水平橋の最小値は 10 である．例えば，次の 10 本の水平橋で実現される．

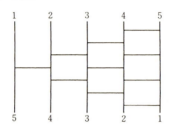

問 2 垂直線の本数が n の与えられたアミダクジ(対応する S_n の元を f とする)の水平橋の個数を N とする．$N>l(f)$ のときに，水平橋のうち適当な $N-l(f)$ 個を消し去って，アミダクジの答が変らぬように出来るか？ もしそうならば，消し方の具体的方法如何？

これも答は yes である．具体的方法を実例で説明しよう．（しかし証明は略す．）

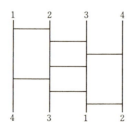

この場合は

$$f = \begin{pmatrix} 1 & 2 & 3 & 4 \\ 4 & 3 & 1 & 2 \end{pmatrix}$$

であるから,$l(f)=L(f)=5$,N は 7 だから 7−5=2 本の水平橋を適当に消しても答が変わらないように出来る.ではその 2 本の水平橋のみつけ方は? それには次のようにする.上段の 1 と 2 が下降して行く道を抜き出して曲線的に表示すると

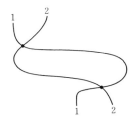

となっている.•印は 1 と 2 とが "出会う" 橋である.1 と 2 とは 2 度出会っている.この 2 本の橋を消しても 1 と 2 との行先は(通路が変るだけで)変らない.他の 3, 4, 5 はこの 2 本の橋を通行しないから,橋の消失は結果の変化を生じない!

というわけで,この 2 本の橋を実際消してみると

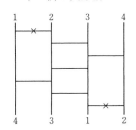

となり,確かに答は変らない.$l(f)=5$ なので,もうこれ以上は消せない.

S_4 内の現象として再記すると,上の初めの図は
$$f = (12)(23)(34)(23)(12)(23)(34)$$

となる．この f の表示式の左端の (12) と右端の (34) を消してもやはり f となる：

$$f = (23)(34)(23)(12)(23).$$

* * * * *

以上述べたことは，実は数学的には対称群 S_n が生成系 (12), (23), $\cdots$, $(n-1, n)$ に関してコクスター群であるという数学的現象の"いいかえ流"の手法での解説である．ではコクスター群とは何か——が気になる読者もいると思われるので，コクスター群の定義(いろいろの流儀があるが，感覚的に分り易いもの)と実例を若干述べておこう．

コクスター群とは，群 G とその生成系 S の対 (G, S) であって，次の性質をもつものをいう：(1) S の元の位数はすべて $=2$ である．(すなわち，$a \in S$ は $a \neq e$, $a^2 = e$ を満たす．e は G の単位元．) (2) G の元 a の(S に関する)長さ $l(a)$ を次のように定義する：$a = e$ のときは $l(e) = 0$, $a \neq e$ のときは $a = s_1 s_2 \cdots s_r$ ($s_1, \cdots, s_r$ は S の元)の形に書いた時の r の最小値が $l(a)$ である．すると G の元 a の表示 $a = s_1 \cdots s_r$ において，もし $r > l(a)$ ならば，適当な番号 i と j (ただし $1 \leq i < j \leq r$)をとると

$$a = s_1 \cdots \hat{s}_i \cdots \hat{s}_j \cdots s_r \quad (\wedge \text{ は消し去るという意味})$$

となる．

コクスター群の例1. $G = S_n$, $S = \{(12), (23), \cdots, (n-1, n)\}$.

例2. 左右対称アミダクジのなす群．ここで左右対称アミダクジとはアミダクジであって，(1) 垂線の本数は偶数 $2n$, (2) 上端の番号を左から右へ $1, 2, \cdots, n, n', (n-1)', \cdots, 2', 1'$ とつけ，水平橋は次の性質をもつ：

（イ） n と n' の間は自由．

（ロ） $1 \leq i < i+1 \leq n$ に対し i と $i+1$ を結ぶ水平橋があれば，同じ高

さに i' と $(i+1)'$ を結ぶ水平橋がある．

(ハ) 隣接番号の水平橋は必ず異なる高さをもつ．

例えば $n=3$ として次図は左右対称アミダクジである．

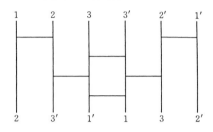

これは群論的にいうと，'n 次正方行列であって，各行各列に 0 でない成分がちょうど1個ずつあり，しかもその成分は 1 か -1 である'ものの全体を G とし，S として

$$S_1 = \begin{bmatrix} \boxed{\begin{matrix} 0 & 1 \\ 1 & 0 \end{matrix}} & & & \\ & 1 & & \\ & & \ddots & \\ & & & 1 \end{bmatrix}, \quad S_2 = \begin{bmatrix} 1 & 0 & 0 & & & \\ 0 & \boxed{\begin{matrix} 0 & 1 \\ 1 & 0 \end{matrix}} & & & \\ 0 & & & & & \\ & & & 1 & & \\ & & & & \ddots & \\ & & & & & 1 \end{bmatrix}, \cdots,$$

$$S_{n-1} = \begin{bmatrix} \boxed{\begin{matrix} 1 & & \\ & \ddots & \\ & & 1 \end{matrix}} & & \\ & \boxed{\begin{matrix} 0 & 1 \\ 1 & 0 \end{matrix}} \end{bmatrix}, \quad S_n = \begin{bmatrix} 1 & & & \\ & \ddots & & \\ & & 1 & \\ & & & -1 \end{bmatrix}.$$

(空白部の成分はすべて 0)をとった対 (G,S) である．(例 1 は A_{n-1} 型のコクスター群，例 2 は B_n 型のコクスター群と呼ばれている．)

実はコクスター群の中にはワイル群と呼ばれるものがある．上の例 1, 2 のコクスター群はワイル群である．ワイル群は半単純リー環(およびリー群)の理論に年中出現する群である．これについての

詳細は岩波講座「基礎数学」の『Lie 群』を読まれるとよい．アミダクジ的な入り方も面白いと思って上に書いた次第である．これと関連した話を"いいかえ流"の手法で次にしてみよう．

＊　　＊　　＊　　＊　　＊

例4　或る種の固有値問題

次に話題を少し変えて行列の固有値問題の形で問を出すことにする．いま n 次行列 C_n $(n=2,3,\cdots)$ を

$$C_n = \begin{bmatrix} 0 & 2 & & & & \\ 1 & 0 & 1 & & \text{\huge 0} & \\ & 1 & 0 & 1 & & \\ & & 1 & 0 & \ddots & \\ & \text{\huge 0} & & \ddots & \ddots & 1 \\ & & & & 1 & 0 \end{bmatrix}$$

で定義する．従って

$$C_2 = \begin{bmatrix} 0 & 2 \\ 1 & 0 \end{bmatrix}, \quad C_3 = \begin{bmatrix} 0 & 2 & 0 \\ 1 & 0 & 1 \\ 0 & 1 & 0 \end{bmatrix}, \quad C_4 = \begin{bmatrix} 0 & 2 & 0 & 0 \\ 1 & 0 & 1 & 0 \\ 0 & 1 & 0 & 1 \\ 0 & 0 & 1 & 0 \end{bmatrix}$$

等々である．行列 C_n の固有値をすべて求めよ——という問題を考えよう．C_n の固有多項式を $f_n(t)$ とおく．すなわち

$$f_n(t) = \det(tI_n - C_n) \quad (I_n \text{ は } n \text{ 次単位行列})$$

である．$n=2,3,4$ で計算してみよう：

$$f_2(t) = t^2-2, \quad f_3(t) = t^3-3t, \quad f_4(t) = t^4-4t^2+2,$$

余因子展開を用いれば漸化式

$$f_n(t) = tf_{n-1}(t) - f_{n-2}(t) \quad (n = 4, 5, \cdots)$$

が直ぐわかる．しかしこれだけから $f_n(t)$ の根を見抜くのは少々むつかしい．

そこで次のように新変数 x を導入する：
$$t = x + \frac{1}{x}.$$
すると，とりあえず $f_2(t), f_3(t), f_4(t)$ に代入して
$$f_2(t) = x^2 + x^{-2}, \quad f_3(t) = x^3 + x^{-3}, \quad f_4(t) = x^4 + x^{-4}$$
がわかる．すると，
$$f_n(t) = x^n + x^{-n}$$
という予想が自然に生ずる．これは n での帰納法で確かめられる．実際 $n-1$ 迄成立とすると，$f_n(t)$ の漸化式を用いて，
$$\begin{aligned}f_n(t) &= (x+x^{-1})(x^{n-1}+x^{1-n}) - (x^{n-2}+x^{2-n}) \\ &= x^n + x^{n-2} + x^{2-n} + x^{-n} - x^{n-2} - x^{2-n} \\ &= x^n + x^{-n}\end{aligned}$$
となる．従って，$f_n(t)=0$ の根は
$$x^n + x^{-n} = 0$$
の根，すなわち，
$$x^{2n} = -1$$
の根を知れば自然に得られる．この方程式の根は
$$\alpha_k = e^{\frac{2\pi i}{4n}k} \quad (k = 1, 3, 5, \cdots, 4n-1)$$
の $2n$ 個である．$t = x + x^{-1}$ の x に α_k を代入すると，相異なるものはちょうど n 個生じ，それらは
$$\alpha_k + \alpha_k^{-1} = 2\cos\frac{\pi}{2n}k \quad (k = 1, 3, \cdots, 2n-1)$$
である．これで $f_n(t)$ は上の n 個の相異なる根をもつことがわかった．

しかし読者が気にするのは，一体どうして $t=x+x^{-1}$ とおくことに気付いたのか——という点であろう．それは多項式の列 $\{f_n\}$ の漸化式と初期条件 $f_2(t)=t^2-2$ のおかげである．（実をいうとこの多項式列は B_n 型および C_n 型の複素単純リー環のカルタン行列の固有多項式の列なのである．）そのことを故意に秘めて，多項式列の根の決定問題の形にしてみたのである．同様なことを A_n 型で行なうと行列

$$A_n = \begin{bmatrix} 0 & 1 & & & \\ 1 & 0 & 1 & & \mathbf{0} \\ & 1 & 0 & \ddots & \\ \mathbf{0} & & \ddots & \ddots & 1 \\ & & & 1 & 0 \end{bmatrix} \quad (n=2,3,4,\cdots)$$

の固有値をすべて求めよ——という問題となる．これは $g_n(t)=\det(tI_n-A_n)$ とおくと，$n=2,3,4,5$ に対して

$$g_2(t) = t^2-1, \quad g_3(t) = t^3-2t, \quad g_4(t) = t^4-3t^2+1$$

となる．この場合にも漸化式

$$g_n(t) = tg_{n-1}(t)-g_{n-2}(t) \quad (n=4,5,\cdots)$$

が $f_n(t)$ のときと同様に得られる．そして新変数 x を $t=x+x^{-1}$ により導入して $g_2(t), g_3(t), \cdots$ を計算して見ると

$$g_2(t) = x^2+1+x^{-2}, \quad g_3(t) = x^3+x+x^{-1}+x^{-3},$$
$$g_4(t) = x^4+x^2+1+x^{-2}+x^{-4}$$

となる．従って今度は

$$g_n(t) = x^n+x^{n-2}+\cdots+x^{2-n}+x^{-n}$$

と予想される．これも $f_n(t)$ と同様に，n に関する帰納法で直ぐ示せる．よって $g_n(t)=0$ の根を求めるには，

$$x^n+x^{n-2}+\cdots+x^{-n} = 0$$

の根を求めればよい．上式両辺に x^n を掛けて

$$x^{2n}+x^{2n-2}+x^{2n-4}+\cdots+x^2+1 = 0$$

となる．よって $x^2=y$ とおくと，上式は

(*) $$y^n+y^{n-1}+\cdots+y+1 = 0$$

となる．左辺は $y^{n+1}-1$ を $y-1$ で割った式だから，(*)の根は

$$y = e^{\frac{2\pi i}{n+1}k} \quad (k = 1, 2, \cdots, n).$$

よって

$$x = \pm e^{\frac{\pi i}{n+1}k} \quad (k = 1, 2, \cdots, n).$$

従って

$$t = x+x^{-1} = \pm 2\cos\frac{\pi}{n+1}k \quad (k = 1, 2, \cdots, n)$$

となる．しかし $k+k'=n+1$ ならば

$$\cos\frac{\pi}{n+1}k' = -\cos\frac{\pi}{n+1}k$$

であるから，上の $\pm$ は取り除ける．よって $g_n(t)=0$ の根は

$$2\cos\frac{\pi}{n+1}k \quad (k = 1, 2, \cdots, n)$$

の n 個となる．($g_n(t)$ は実はチェビシェフ多項式と本質的には同じものである．)

* * * * *

次にまた別の"いいかえ流"を述べよう．それは実はリー環論では有名なリーの定理をタネにして，ある特別な場合を取り出して行列の問題化してみたものである．

例5 行列問題

n 次複素行列 A, B の間に $AB-BA=\alpha A$ (α は 0 でない一つの複素数)なる関係が成り立てば，$A^n=0$ となることを示せ．

この問題を解くために，くどいかも知れないが，先ず線型代数学

で必ず学ぶ常識の一つであるハミルトン–ケーリーの定理を想起することから始めよう．それは一般に，複素 n 次行列 $T=(t_{ij})$ があるとき，T の固有多項式

$$f(x) = \det(xI-T) \quad (I \text{ は } n \text{ 次単位行列})$$
$$= x^n + a_1 x^{n-1} + \cdots + a_n$$

を考え，変数 x の所に行列 T を代入する．すなわち

$$T^n + a_1 T^{n-1} + \cdots + a_n I$$

という行列を作り，これを $f(T)$ とおく．すると必ず

$$f(T) = 0 \quad (\text{零行列})$$

が成り立つ——というのがハミルトン–ケーリーの定理である．

さて，行列 T の固有値を $\alpha_1, \cdots, \alpha_n$ とおくと，これも行列理論の常識であるが，固有多項式 $f(x)$ は

$$f(x) = (x-\alpha_1)(x-\alpha_2)\cdots(x-\alpha_n)$$

と書かれる．従って，$\alpha_1, \cdots, \alpha_n$ がすべて 0 に等しいならば

$$f(x) = x^n$$

となる．よってこのときにはハミルトン–ケーリーの定理により，

$$f(T) = T^n = 0$$

となる．

このような事情が判明すれば，例 5 に述べた問題を解くには，$AB-BA=\alpha A$ ($\alpha \neq 0$) のとき，A の固有値がすべて 0 になることがいえれば，上述の"常識事項"を用いて $A^n=0$ がわかり，証明が終了することになる．

では，例 5 の条件の下に，A の固有値を $\alpha_1, \cdots, \alpha_n$ とおくとき

$$(*) \qquad \alpha_1 = \alpha_2 = \cdots = \alpha_n = 0$$

を証明するにはどうしたらよいか？——これが例 5 の問のキーポイントである．(*)を証明するための基本的方法は，これも常識事項であるが，$\alpha_1, \cdots, \alpha_n$ の基本対称式，すなわち

$$(**)\begin{cases} s_1 = \alpha_1+\alpha_2+\cdots+\alpha_n \\ s_2 = \sum_{i<j} \alpha_i\alpha_j \\ s_3 = \sum_{i<j<k} \alpha_i\alpha_j\alpha_k \\ \cdots \\ s_n = \alpha_1\alpha_2\cdots\alpha_n \end{cases}$$

が皆 0 に等しいことを示せばよい．何故なら変数 y の多項式
$$g(y) = (y-\alpha_1)(y-\alpha_2)\cdots(y-\alpha_n)$$
を展開すれば，$\alpha_1, \alpha_2, \cdots, \alpha_n$ の基本対称式を用いて
$$g(y) = y^n - s_1 y^{n-1} + s_2 y^{n-2} - s_3 y^{n-3} + \cdots + (-1)^n s_n$$
となるから，$s_1 = s_2 = \cdots = s_n = 0$ が成り立てば
$$g(y) = y^n$$
となる．従って $g(y)=0$ の根は 0 のみである．よって
$$\alpha_1 = \alpha_2 = \cdots = \alpha_n = 0$$
となり，($*$)が示され，証明が完了する．

というわけで，例 5 の問題を解くには($**$)に登場する $s_1, s_2, \cdots, s_n$ がすべて 0 であることを示せばよい——という"いいかえ流"が登場して来た．しかし例 5 の問題の条件下で($**$)を示すのはそれほど易しくはない．

そこで更に"いいかえ流"を進める．それは($**$)に登場する基本対称式 $s_1, s_2, \cdots, s_n$ の代りに，もっと"使い易い身代り"という感じの対称式を探すのが次のキーポイントである．いま，

$$(\textbf{***})\begin{cases} t_1 = \alpha_1+\alpha_2+\cdots+\alpha_n & (= s_1) \\ t_2 = \alpha_1{}^2+\alpha_2{}^2+\cdots+\alpha_n{}^2 & (= \text{平方和}) \\ t_3 = \alpha_1{}^3+\alpha_2{}^3+\cdots+\alpha_n{}^3 & (= \text{立方和}) \\ \cdots \\ t_n = \alpha_1{}^n+\alpha_2{}^n+\cdots+\alpha_n{}^n & (= n \text{乗の和}) \end{cases}$$

という別の対称式系を考えて見る．すると，$s_1, s_2, \cdots, s_n$ と $t_1, t_2, \cdots, t_n$ の間には実は有名な関係式(ニュートンの関係式と呼ばれている)がある．それは次の形である．

$$(\text{☆})\begin{cases} t_1-s_1 = 0 \\ t_2-t_1 s_1+2 s_2 = 0 \\ t_3-t_2 s_1+t_1 s_2-3 s_3 = 0 \\ \cdots \\ t_n-t_{n-1} s_1+t_{n-2} s_2-\cdots+t_1 s_{n-1}-(-1)^n s_n = 0 \end{cases}$$

(☆)の証明(古典的な方法として有名なもの)を述べておこう．いま

$$F(x) = (1-\alpha_1 x)(1-\alpha_2 x)\cdots(1-\alpha_n x)$$

とおくと，

$$\log F(x) = \sum_{j=1}^{n} \log(1-\alpha_j x)$$

となるから，両辺を x で微分して

$$(\text{☆☆})\quad \frac{F'(x)}{F(x)} = \sum_{j=1}^{n} \frac{-\alpha_j}{1-\alpha_j x} = \sum_{j=1}^{n} -\alpha_j(1+\alpha_j x+\alpha_j{}^2 x^2+\cdots)$$

となる．一方，$F(x)$ の定義式を展開すると

$$F(x) = 1-s_1 x+s_2 x^2-\cdots+(-1)^n s_n x^n$$

となる．よって

$$F'(x) = -s_1+2 s_2 x-3 s_3 x^2+\cdots+(-1)^n \cdot n s_n x^{n-1}$$

となるから，これを(☆☆)の式へ代入して(分母を払った形で，か

つ両辺に -1 を掛けた形で),次の等式が得られる.

$$s_1 - 2s_2 x + 3s_3 x^2 + \cdots + (-1)^{n-1} n s_n x^{n-1}$$
$$= (1 - s_1 x + s_2 x^2 - \cdots + (-1)^n s_n x^n) \cdot (t_1 + t_2 x + t_3 x^2 + \cdots).$$

(ここで一般の $k \geq n$ でも $t_k = \alpha_1^k + \cdots + \alpha_n^k$ とおいた.) この両式の両辺の $1, x, x^2, \cdots$ の係数を比較すれば,簡単な計算で正に目的の関係式(☆)が得られることがわかる.

さて(☆)が出て見れば $s_1 = \cdots = s_n = 0$ を示すには
$$t_1 = t_2 = \cdots = t_n = 0$$
をいえば十分であることが分る.((☆)の式を上から下へ順々に眺めて行けば,$t_1 = t_2 = \cdots = t_n = 0$ により次々に $s_1 = 0, s_2 = 0, \cdots, s_n = 0$ が得られるから.)

そこで,例5の問題中の行列 A の固有値 $\alpha_1, \cdots, \alpha_n$ と上の $t_1, t_2, \cdots, t_n$ の関係は一体何であるのか?——を考えよう.しかしこれも次の基本事項を想起すれば一発でわかってしまう.すなわち '行列 A の固有値が $\alpha_1, \alpha_2, \cdots, \alpha_n$ であるならば,

$$\begin{cases} \text{行列 } A^2 \text{ の固有値は } \alpha_1^2, \alpha_2^2, \cdots, \alpha_n^2 \\ \text{行列 } A^3 \text{ の固有値は } \alpha_1^3, \alpha_2^3, \cdots, \alpha_n^3 \\ \cdots\cdots \\ \text{行列 } A^n \text{ の固有値は } \alpha_1^n, \alpha_2^n, \cdots, \alpha_n^n \end{cases}$$

となる'——という事項である.ところで行列 X の固有値の和は X のトレース(trace)と呼ばれる量で,通常これを $\mathrm{Tr}(X)$ と書く.この記号を使えば上記の事実は

$$\begin{cases} \mathrm{Tr}(A) = \alpha_1 + \alpha_2 + \cdots + \alpha_n = t_1 \\ \mathrm{Tr}(A^2) = \alpha_1^2 + \alpha_2^2 + \cdots + \alpha_n^2 = t_2 \\ \cdots \\ \mathrm{Tr}(A^n) = \alpha_1^n + \alpha_2^n + \cdots + \alpha_n^n = t_n \end{cases}$$

と書ける．よって目的の等式 $t_1=\cdots=t_n=0$ を示すには

($\circledcirc$) $\qquad \text{Tr}(A) = \text{Tr}(A^2) = \cdots = \text{Tr}(A^n) = 0$

を示せばよい訳である．今迄の説明をまとめていえば，例5の問を解くには($\circledcirc$)を示せばよい——という形に"いいかえ"がなされた訳である．そこで($\circledcirc$)を与えられた条件式 $AB-BA=\alpha A$ $(\alpha\neq 0)$ から導くにはどうしたらよいか？

これはもう行列算の常識の世界に入りこんだ状態なのであるが，($\circledcirc$)を退治するために最後にもう一つの常識事項を述べておこう．

それは一般に'n 次行列 $X=(x_{ij})$ と $Y=(y_{ij})$ があるとき，

$$\text{Tr}(XY) = \text{Tr}(YX)$$

が成り立つ．'という定理である．何故なら上式の

$$\text{左辺} = \sum_{i=1}^{n}\left(\sum_{j=1}^{n} x_{ij}y_{ji}\right), \quad \text{右辺} = \sum_{p=1}^{n}\left(\sum_{q=1}^{n} y_{pq}x_{qp}\right)$$

となり，両式の右辺をよく見れば左辺=右辺の成立がわかる．これで

$$\text{Tr}(XY-YX) = \text{Tr}(XY)-\text{Tr}(YX) = 0$$

の成立も示された．これを与式 $\alpha A=AB-BA$ に適用して両辺のトレースを比べると，

$$\alpha\text{Tr}(A) = 0, \quad \therefore \quad \text{Tr}(A) = 0$$

が出る．次に

$$\begin{aligned}\alpha A^2 &= \alpha A\cdot A = (AB-BA)A \\ &= ABA-BAA \\ &= A(BA)-(BA)A\end{aligned}$$

より，$A=X$, $BA=Y$ と思えば，$\alpha\text{Tr}(A^2)=0$ が出る．$\therefore \text{Tr}(A^2)=0$．以下同様に

$$\alpha A^{k+1} = \alpha A \cdot A^k = (AB-BA)A^k$$
$$= ABA^k - BA^k A$$
$$= A(BA^k) - (BA^k)A$$

だからやはり αA^{k+1} は $XY-YX$ の形になり，$\mathrm{Tr}(A^{k+1})=0$ $(k=0,1,\cdots,n-1)$ が出る．これで(◎)が示されて，例5が解決した．

この例5と同種の問題で，もう少し難しい，しかも初めて眺める人には不思議な感じを与えるものが作れる．その原料はやっぱりリー環論から来ている．それも $sl(2,\mathbb{C})$ の表現論という面白いところから出ているのである．専門的な話の方は岩波講座「基礎数学」の中に登場するので，形だけは全く大学の初年級でもわかる"行列問題の形"で述べて見よう．

例6 行列問題の続き

n 次複素行列 A, B, C が関係式

$$\begin{cases} AB-BA = 2B \\ AC-CA = -2C \\ BC-CB = A \end{cases}$$

を満たすならば，行列 A の固有値はすべて整数であることを示せ．

これも行列算式だけをよりどころにして，行列 A の固有値の形が"整数"となるという面白い事実を示すのがこの例の狙いである．以下に解答を述べよう．(実はこの解答はリー環論中で表現論としてよく使われる方法をすこしいいかえて，行列の言葉で語っているだけなのである．)

まず例5により，上の B と C がベキ零行列となることがわかる．いま λ を A の固有値として，固有ベクトル u をとり $(u \neq 0)$

$$Au = \lambda u$$

ならしめる．この λ が整数であることを示せばよい．与えられた関係式から $v=Bu$ に対して

$$Av = ABu = BAu+2Bu = (\lambda+2)Bu = (\lambda+2)v.$$

よって $v\neq 0$ なら $\lambda+2$ も A の固有値となる．このときは $w=Bv$ とおくと上と同様にして $Aw=(\lambda+4)w$ となる．よって $w\neq 0$ なら $\lambda+4$ が A の固有値となる．以下これを繰返して行くと，B がベキ零行列だから，

$$u, Bu, B^2u, \cdots, B^ku \neq 0, \quad B^{k+1}u = 0$$

となる整数 k ($k\geq 0$) がある．よって初めから

$$Au = \lambda u, \quad Bu = 0, \quad u \neq 0$$

となる A の固有ベクトル u があるとしてよい．すると，$v=Cu$ は

$$Av = ACu = CAu-2Cu = (\lambda-2)Cu = (\lambda-2)v$$

となる．以下同様にして

$$AC^ju = (\lambda-2j)C^ju \quad (j = 0, 1, \cdots)$$

がわかる．C はベキ零行列だから

$$u, Cu, C^2u, \cdots, C^su \neq 0, \quad C^{s+1}u = 0$$

となる整数 s ($s\geq 0$) がある．さて $BC-CB=A$ より

$$Bu = 0$$

$$BCu = CBu+Au = \lambda u$$

$$BC^2u = CB(Cu)+A(Cu) = \lambda Cu+(\lambda-2)Cu = (\lambda+(\lambda-2))Cu$$

$$BC^3u = CB(C^2u)+A(C^2u) = (\lambda+(\lambda-2)+(\lambda-4))C^2u$$

$$\cdots$$

と計算が進行する．ところが $C^{s+1}u=0$ だから，

$$0 = BC^{s+1}u = (\lambda+(\lambda-2)+\cdots+(\lambda-2s))C^su$$

に到達する．$C^su\neq 0$ により，この式から

$$\lambda+(\lambda-2)+\cdots+(\lambda-2s) = 0,$$
$$\therefore \quad (s+1)\lambda - 2\frac{s(s+1)}{2} = 0, \quad \therefore \quad \lambda = s \quad (\because \quad s+1 \neq 0)$$

となり，λ は整数である．これで証明が完了した．この証明は行列算しか使っていないが，その裏にかくれているアイデアはリー環の表現論中の常識的な事実なのである．

＊　＊　＊　＊　＊

例7　パスカル三角形

こんどはリー環論からはなれて，問題の変形という話をしてみる．パスカル三角形というものは読者は皆御存知の通り

```
                1
              1   1
            1   2   1
          1   3   3   1
        1   4  [6]  [4]  1
      1   5  10  [10]  5   1
      ……                    ……
```

の形で作られるものである．上図のワク中の 10 は左上の 6 と右上の 4 の和として作られている．他の数も同様である．そして上から数えて第 n 段目の数を左から右に眺めて行くと二項係数

$$\binom{n}{0}, \binom{n}{1}, \binom{n}{2}, \cdots, \binom{n}{n}$$

が並んでいる．ではこのパスカル三角形の多項式版とでもいうものはないのだろうか？

実はそれが実在しているのである．まず多項式版の説明を判り易くするために，パスカル三角形を碁盤状の表に直してみる．すると

岩堀 長慶

行番号＼列番号	0	1	2	$\overset{j}{3}$	4	5
0	1	1	1	1	1	1
1	1	2	3	4	5	6
$i)$ 2	1	3	6 →	10	15	21
3	1	4	10	20	35	56
4	1	5	15	35	70	

のようになる．行番号 i，列番号 j の横の行と縦の列との交叉点に登場する数を a_{ij} とおけば，a_{ij} が二項係数

$$\binom{i+j}{j}$$

となっている．上表の 6+4=10 の性質を一般形で書けば，

$$a_{i,j-1}+a_{i-1,j} = a_{ij}$$

となる．

そこでこの表の多項式版を次のように作る．まず下表

変数	1	x	$\overset{j}{x^2}$	x^3	x^4	x^5
行番号＼列番号	0	1	2	3	4	5
0	1	1	1	1	1	1
$i)$ 1	1					
2	1					
3	1					
4	1					

を作り，第 i 行と第 j 行の交叉する空白欄に多項式 $F_{ij}(x)$ を次の規則で書き込むことにする．

（イ）　$i=0$，または　$j=0$　ならば　$F_{ij}(x)=1$.

（ロ）　$i>0$，かつ　$j>0$　ならば
$$F_{ij}(x) = F_{i,j-1}(x)+x^j F_{i-1,j}(x).$$

少し $F_{ij}(x)$ の計算を隅の方から実験してみよう．

1	x	x^2	x^3
1	1	1	1
1	$1+x$	$1+x+x^2$	$1+x+x^2+x^3$
1	$1+x+x^2$	$(1+x^2)(1+x+x^2)$	$(1+x^2)(1+x+\cdots+x^4)$

しかし $F_{ij}(x)$ の式が一般にどうなるかは初めてこの表を見る人にはちょっと見当がつかないであろう．ただカンのよい人は $i>0$, $j>0$ なら，$F_{ij}(x)=0$ の根はすべて 1 のベキ根らしい——と感ずるであろう．実はその通りなのである．しかし例5で大分ページを食ってしまったので，$F_{ij}(x)$ の計算を説明する余地がない．そこで答だけを式に書いておく．

$$F_{ij}(x) = \frac{(x^{i+j}-1)(x^{i+j-1}-1)\cdots(x^{i+1}-1)}{(x^j-1)(x^{j-1}-1)\cdots(x-1)}.$$

（$i=0$ または $j=0$ ならば $F_{ij}(x)=1$ とする．）これが（イ），（ロ）を満たすことはすこしガンバッテ計算すればわかる．ついでにすこしいえば，$F_{ij}(x)$ は有理式の形であるが，分子は分母で割り切れて多項式となる．

$$F_{ij}(x) = \prod_{k=1}^{i+1}(x^k-1) \Big/ \prod_{l=1}^{j}(x^l-1)\cdot \prod_{m=1}^{i}(x^m-1)$$

とも書けるので，i と j を交換しても変らない：
$$F_{ij}(x) = F_{ji}(x),$$
そして，$x=1$ とおくと

$$F_{ij}(1) = \binom{i+j}{j} = \binom{i+j}{i}$$

となり，F_{ij}の値は二項係数となる．普通にはxの代りに文字qを使い，

$$F_{ij}(q) \quad \text{を} \quad \begin{bmatrix} i+j \\ j \end{bmatrix}_q \quad \text{または} \quad \begin{bmatrix} i+j \\ j \end{bmatrix}$$

と書く．これはガウスの二項係数と呼ばれている有名な式である．これの応用は組合せ論や数論の世界で広く使われているが，残念ながら紙数もなくなったので，ガウスの二項係数のもつ種々の意味については岩波講座「基礎数学」の中を探して頂きたい．いろいろな所にこれが顔を出すことに読者は興味をおぼえられると思う．

以上で数学の学び方の一つの方法——"いいかえ流"の話を終えることにする．読者も新しい問題にぶつかったならば，自分と相性のいい"いいかえ"を作って解決を試みられんことをすすめたい．数学の諸問題が思いがけぬ位多くの顔を持っていることを実感すると，解決に向かって夢中になって努力する気が自然に満ちてくるものである．

論理を追う前にイメージを持て

田村 一郎

Ⅰ. イメージを持つこと

数学における論理について

建築物に骨組みがあって全体を支えているように，学問ではそれがどんな学問にせよ，論理が骨組みとなっていて，内容の正当性を主張すると同時に，正常な頭脳の持ち主ならば誰にでも理解できる形をとっている．とくに数学では論理が少しのすきもない抜き差しならないものとして全体をつらぬいている．或る程度以上の数学を学ぶとき，先ずその前に立ちはだかるのは論理で，この門を通りぬけないと中へ入り込めない．だから数学を学ぶということの中には論理をマスターすることが含まれていて，このことはそれ自身非常に重要なことである．一度これをマスターしてしまえば数学以外のところでも非常に有用である．

数年前，或るパソコンの入門書を読んだことがある．その本は前半と後半の2部に分かれていて，Ａ氏とＢ氏の2人が別々に執筆していた．たしか2人とも大学の工学部出身で，大手のコンピューター会社に勤めている人であった．Ａ氏が書いたパソコンの初等的解説はスムーズに抵抗なく読めたのだが，Ｂ氏が書いた後半のグラフィックス入門の部分にくると文章がどうつながるか分らず全体の構成もガタガタで，私の頭が狂ったのではないかという錯覚におそわれた．このとき，Ａ氏は多分大学のとき数学の優等生であり，Ｂ氏はやっとこ落第をまぬかれた人ではないかと思ったことであった．

かつて哲学の或る学派が使っていた論理などとは違って，数学で使われる論理は，理解するのに容易であり，一度そのコツを飲み込んでしまえば自由にどんどん間違いなく使える種類のものである．むしろ，それに溺れて，論理の構成そのものが数学であるかのような錯覚に落ち入っている人が少なからずいるように思える．しかし，論理は数学を組立てるのには非常に重要であるが，数学の一番美味しい中味は論理ではない．

定理と例について

セミナーで学生が定理を一つ証明すると，私はすぐにその定理の例を聞くことにしている．その問に対してまともな答が返ってくると，今度はその定理が成立しないような例を聞く．例を考えることによって，その定理がどんな内容をもち，またその定理の限界がどこにあるかが，学生に具体的に理解できると思うからである．演習問題を解くというのも同じ意味で重要である．

ところが学生の中には定理の証明は間違いなくフォローしても，全く例を考えていないのがいて驚かされることがある．証明の論理にはもちろん精緻な美しさがありまた知的な喜びを感じさせる部分もあろうが，その中に没入してしまうのは余りにもアカデミックにすぎよう．定理を具体的なイメージを浮かべつつ理解することによって，楽しく数学を学ぶことが出来るし，とくに研究者にとっては新しい定理を考える切っ掛けも得られる．

イメージを持つことの手段として，図を描くということは非常に効果がある．ことに幾何学の場合にはうまく図を描けるか描けないかは，自分自身の理解のためと，人にそれをつたえるための両方で重要である．私の経験でも，セミナーでどんどん伸びる学生はそれにともなって図を描くことがうまくなっていくのが普通である．

数学の一冊の本にはかなりの量がつめこまれていることが多い．講座「基礎数学」についても数学の各分野にわたって，膨大な量が含まれている．しかし数学を学ぶには必ずしもその全体を学ぶ必要はない．その一部でもそれについて生き生きとした理解が得られれば，他の部分の理解も容易になるし，また自分で研究を進めるにはそれで十分であることも多い．生き生きとした理解を得るためには上に述べたように，自分なりのイメージを構成しながら読み進むのがよいと思う．そのためには例をしらべたり演習問題をやるというのがよい手助けになるが，自分自身で自分の考えを自分なりに展開していくのが何よりも大切である．

　とは言っても，数学は長い歴史を持つ学問であって，それを現代的にフォーミュレイトすると，どうしてもアカデミックな形をとらざるをえない．当初の問題意識はその中に埋もれがちで，生々しいイメージを構成しにくい面が出てくる．

　定理の意図するものを分かりやすくとらえる一つの方法はその原点に立ちもどって問題を見なおすことで，歴史的に溯って，発生期における状態を考えることはそのための有効な手段である．

　以下，完成された形で書かれている本のスタイルと相補う意味で，位相幾何学と微分位相幾何学をその発生期のオイラー数とベクトル場の指数にもどって見なおしてみよう．

II．オイラー数から位相幾何学へ

多様体としての2次元球面と2次元トーラス

　2次元球面 $S^2=\{(x,y,z)\in\mathbb{R}^3; x^2+y^2+z^2=1\}$ は2次元 C^∞ 多様体である（図 1(a)）．また二つの円周 $S^1=\{(x,y)\in\mathbb{R}^2; x^2+y^2=1\}$ の積空間 $T^2=S^1\times S^1$ は2次元トーラスであって，これも2次元 C^∞ 多様体である．どちらもコンパクトで境界のない多様体である．T^2 を3次

194 田村一郎

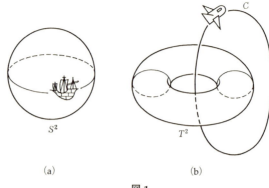

図1

元ユークリッド空間 $\mathbb{R}^3$ の中に図1(b)のように表すことができる．

　この二つの2次元多様体 S^2 と T^2 とが位相的に異る多様体であることをどのようにして示せるか考えてみよう．

　図1(a), (b)を見比べて，すぐ思いつくのは，T^2 については図1(b)のようにトーラスの輪をくぐりぬけるような閉曲線 C があるが，S^2 ではそのような閉曲線がとれないということである．しかしこの考え方には問題がある．

　それは閉曲線 C が多様体 T^2 の中にではなくその外にとったものだからである．S^2 と T^2 とが異るものであることは，図1(a), (b)のように書いてしまえば一目瞭然だと主張する人がいるかも知れないが，外の入れものは一意的でないから外のものを使うときはそれが多様体そのものの性質かどうか検討する必要がある．例えば T^2 を4次元ユークリッド空間 $\mathbb{R}^4$ の中に図1(b)と同様におけば，それをくぐりぬけるような閉曲線は存在しないから上の閉曲線 C の存在はトーラス自身の性質ではない．

　この間の事情は次の譬えから明らかであろう．もしもコロンブス以前にスペース・シャトルがあって，地球が球形であることを疑う

人がいれば，それに乗せて宇宙空間から地球を見せてやればたしかに球形だということを納得したであろう．しかし，地球上にいて地球が球形であることを知ることは容易でなかった．

2次元多様体上にある「もの」でS^2とT^2の区別を言うことが必要なのである．多様体の定義にしたがえば，2次元多様体は局所的に2次元平面ということで，その一部にとどまっていたのではS^2とT^2は区別できない．

オイラー数

上に述べたように，同じ次元の多様体は局所的には同じであるから，二つの同次元の多様体が区別できるということは大域的に見てその二つがちがうということである．大域的視点に立って考えるところに多様体論の特色がある．

大域的に見て(あるいは位相的に見てといってもよいが)異ることを言うためにはじめて導入されたのはオイラー数(オイラー–ポアンカレ標数ともいう)である．

多様体は局所的には同じだから，大域的にそれがちがうことをいうには，局所的の部分部分のつながり方が全体でどうなっているかを見る必要がある．そのためにまず考えられるのは，多様体を局所的なものに分割し分割されたものを見なおすことである．

コンパクトで境界のない2次元C^∞多様体Mに頂点と呼ばれる有限個の点p_i $(i=1,2,\cdots,a)$とエッジと呼ばれる有限個の曲線l_i $(i=1,2,\cdots,b)$があって，次の条件を満たしているとき，これをMの胞体分割といいKなどと書くことにする：

（ⅰ）　各エッジl_i $(i=1,2,\cdots,b)$は閉区間$[0,1]$と同相である(すなわち自己交叉をもたない)．

（ⅱ）　各エッジl_iの両端は頂点であって，異る点である．

(iii) l_i, l_j を二つの異るエッジとすると，共通部分 $l_i \cap l_j$ は空であるかそうでなければ一つの頂点である．

(iv) $M - \bigcup_{i=1}^{b} l_i$ の連結成分を A_i ($i=1, 2, \cdots, c$) とすると各 A_i は2次元ディスク D^2 の内部 $\{(x, y) \in \mathbb{R}^2 ; |x|^2 + |y|^2 < 1\}$ と同相である．A_i を面という．面 A_i の閉包を $\bar{A}_i$ と書くとき，$\bar{A}_i - A_i$ は有限個のエッジの和集合となっている．

例えば，図 2 (a) は正 8 面体を利用した S^2 の胞体分割であり，(b) は正 12 面体を利用した S^2 の胞体分割である．

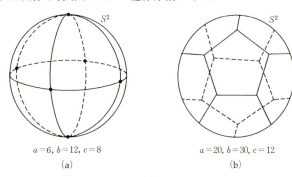

$a = 6, b = 12, c = 8$
(a)

$a = 20, b = 30, c = 12$
(b)

図 2

M の胞体分割 K に対して

(頂点の数) − (エッジの数) + (面の数) = $a - b + c$

をオイラー数といい，$\chi(K)$ と書く．図 2 (a), (b) についてオイラー数は両方とも 2 である．

次に 2 次元球面については，どんな胞体分割をとってもそのオイラー数が 2 であることを示そう．そのためには胞体分割の細分についてしらべる必要がある．

一般に M の一つの胞体分割 K が与えられているとき，次の二つの操作を有限回ほどこすと新しい胞体分割がえられる．このようにしてえられた胞体分割を K の細分という．

(1) 一つのエッジ l_i に一点 p を，p が K のエッジでないようにとり，l_i を二つのなめらかな曲線 l_i', l_i'' に分ける．このようにして p を新たに頂点に加え，l_i の代わりに二つのエッジ l_i' と l_i'' を加える（図3(a)）．

(2) 一つの面 A_i について，$\bar{A}_i - A_i$ に属する二つの頂点 p_j, p_k を A_i の中の（自己交叉のない）曲線 l で結び，$A_i - l$ の連結成分を A_i', A_i'' とする．このようにして，エッジに新たに l を加え，また面として A_i の代わりに A_i', A_i'' を加える（図3(b)）．

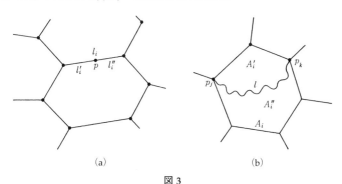

図3

操作(1)では頂点の数が1つ，エッジの数も1つ増え，面の数は変わらないからオイラー数は変わらない．操作(2)では頂点の数は変わらず，エッジの数が1つ，面の数が1つ増えるから，やはりオイラー数は変わらない．したがって，オイラー数は細分によって不変な量である．

2次元球面 S^2 の胞体分割のオイラー数の不変性

一般に M の胞体分割 K が与えられたとき，そのオイラー数を計算するには頂点とエッジと面の数をしらべればいいのだから，エッジを図4(a)から(b)のように形のすっきりしたものにしてもオイ

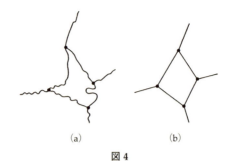

図 4

ラー数は変わらない．

S^2 を 3 次元ユークリッド空間の単位球面 $S^2=\{(x,y,z)\in\mathbb{R}^3; x^2+y^2+z^2=1\}$ と見るとき，$\mathbb{R}^3$ の原点を通る 2 次元平面と S^2 との交わりを S^2 の大円という．S^2 の胞体分割の一つのエッジはその十分小さい一部分をとれば，大円の一部で近似できる．このことから K の細分 K' をとり，K' のエッジを上述のようにすっきりした形にした胞体分割 K'' を考えることにして，K'' のエッジは大円の一部になっているとする．K'' は K の細分 K' と同じ数の頂点，エッジ，面をもつから，オイラー数は

$$\chi(K'') = \chi(K)$$

である．

さて，K_1, K_2 を S^2 の二つの胞体分割とする．K_i ($i=1,2$) の細分 K_i' でエッジをすっきりさせて，エッジが大円の一部であるようにした胞体分割を K_i'' とすれば，前述のように

$$\chi(K_1) = \chi(K_1''), \quad \chi(K_2) = \chi(K_2'')$$

である．いま，K_1'' のエッジ $l^{(1)}$ と K_2'' のエッジ $l^{(2)}$ を重ね合せてみると，どちらも大円の一部であるから $l^{(1)} \cap l^{(2)}$ が空でなければ，$l^{(1)} \cap l^{(2)}$ は 1 点であるか，2 点であるか，あるいはまた区間と同相で大円の一部になっているかのいずれかである．したがって，K_1''

と K_2'' のエッジ全体を考え，それらが交わるところを頂点とし，その頂点によって K_1'' および K_2'' のエッジを小さなエッジに分けることにすれば，新しく S^2 の胞体分割 $\hat{K}$ がえられる．$\hat{K}$ は K_1'' および K_2'' のどちらに対してもその細分となっているから，

$$\chi(\hat{K}) = \chi(K_1''), \quad \chi(\hat{K}) = \chi(K_2'')$$

であって，この式と上の式とから

$$\chi(K_1) = \chi(K_2)$$

がえられ，S^2 の胞体分割 K のオイラー数 $\chi(K)$ は K のとり方によらないことがわかった．したがってこの $\chi(K)$ は S^2 に固有なもので，S^2 のオイラー数と呼ばれ $\chi(S^2)$ と書かれる．図2の胞体分割から，

$$\chi(S^2) = 2$$

である．

トーラス T^2 のオイラー数

次にトーラス T^2 のオイラー数について考えよう．トーラスは図5のように正方形の上辺と下辺，右辺と左辺を同一視することによって得られる．そこで図5(a)のように頂点とエッジをきめれば，これは T^2 の胞体分割である．トーラスを図5(b)のように表わしてみればすぐ分かるように，正方形の四隅の点はすべて同一視されて一つの点 p となり，上辺と下辺の中点も同一視されて一つの点 p' となっている．したがってこの胞体分割の頂点は p, p' の二つである．同様にして，エッジは $l_1, l_2, l_3, l_4, l_5, l_6$ の6個である．面の個数は4であるから，この胞体分割 K のオイラー数は

$$\chi(K) = 2-6+4 = 0$$

である．

図5(a)の正方形で上辺と下辺とを同一視すると，図6(a)のよう

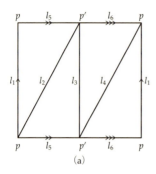
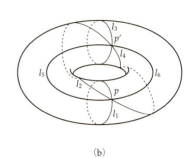

図 5

に円筒 $S^1 \times [0,1]$ ができる.この円筒の中ほどのところを脹らまして,それが球面の一部になっているようにする.すなわち,S^2 の部分集合 D, D' を2次元ディスクと同相なようにとり,S^2 から D と D' の内部を除いたものを円筒 $S^1 \times [0,1]$ と思うわけである(図6 (b)).

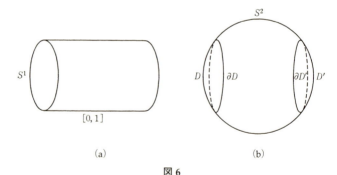

図 6

トーラス $T^2 = S^1 \times S^1$ に胞体分割 K が与えられたときに,図5(b) のエッジ l_1 がつくる閉曲線 C を考えると,T^2 をこの C で切り開くと円筒になる.K に属するエッジと閉曲線 C との交点を新たに頂点に加え,その頂点で一つのエッジがいくつかに分割されるときは

初めのエッジをそのいくつかに分割された曲線でおきかえる．さらにCが交点で分割されるときそれらを新たにエッジとして加えると，$T^2=S^1 \times S^1$ の胞体分割 K' がえられる（図7）．K' は K の細分である．したがって，オイラー数について $\chi(K)=\chi(K')$ が成り立つ．

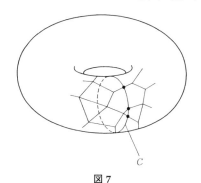

図7

いま，T^2 を C で切り開くと円筒 $S^1 \times [0,1]$ ができて，この円筒を図6(b)のように見做すと，胞体分割 K' は2次元球面 S^2 の胞体分割 $\bar{K}$ を与える．D と D' の内部は $\bar{K}$ の面であり，D と D' の境界 ∂D と $\partial D'$ を分割している $\bar{K}$ のエッジは共に C からきているから同じ状態になっている．

球面 S^2 の胞体分割の場合と同様に，D と D' の部分はそのままにして $\bar{K}$ の細分をとり，そのエッジをすっきりした形にすることにより，S^2 の胞体分割 $\bar{K}'$ で，$\bar{K}'$ は $\bar{K}$ の細分と同じ数の頂点，エッジ，面をもち，$\bar{K}'$ のエッジは ∂D と $\partial D'$ の部分を除いて大円の一部になっているものがえられる．∂D と $\partial D'$ を同一視すれば，この $\bar{K}'$ から T^2 の胞体分割 K'' がえられるが，K'' は K' の或る細分と同じ数の頂点，エッジ，面をもつから，
$$\chi(K) = \chi(K'')$$
である．

ここで、K_1, K_2 を T^2 の二つの胞体分割としよう。K_i ($i=1,2$) から上述のように S^2 の胞体分割 $\bar{K}_1', \bar{K}_2'$ をつくり、さらにこれから T^2 の胞体分割 K_1'', K_2'' をつくる。球面 S^2 の場合と同じように、$\bar{K}_1'$ と $\bar{K}_2'$ とから両方のエッジをすべて考えて、それらの交点には新しく頂点をつくり、また、一つのエッジが頂点でいくつかの部分に分かれるときは、はじめのエッジをいくつかの小さいエッジでおきかえると、S^2 の胞体分割 $\hat{K}$ をうる。$\hat{K}$ は $\bar{K}_1'$ および $\bar{K}_2'$ のどちらについてもその細分になっている。$\hat{K}$ から T^2 の胞体分割 K''' がえられる。この K''' について、明らかに

$$\chi(K_1) = \chi(K'''), \quad \chi(K_2) = \chi(K''')$$

となっているからトーラス T^2 のオイラー数が胞体分割のとり方によらないことがわかる。したがって、その値を T^2 のオイラー数といい $\chi(T^2)$ と書く。図5の例から、

$$\chi(T^2) = 0$$

である。

2次元球面 S^2 と2次元トーラス T^2 のオイラー数の違い

S^2 のオイラー数 $\chi(S^2)$ は2であり、T^2 のオイラー数は0であることがわかった。もしも、S^2 と T^2 とが位相的に同じであるとすると、S^2 から T^2 への同相写像

$$f : S^2 \longrightarrow T^2,$$

すなわち f は1対1で上への写像であり、f および逆写像 f^{-1} は連続なものがある。このとき、S^2 の一つの胞体分割 K をとり、K の頂点を $p_1, p_2, \cdots, p_a$、エッジを $l_1, l_2, \cdots, l_b$、面を $A_1, A_2, \cdots, A_c$ とすると、T^2 に $f(p_1), f(p_2), \cdots, f(p_a)$ を頂点、$f(l_1), f(l_2), \cdots, f(l_b)$ をエッジ、$f(A_1), f(A_2), \cdots, f(A_c)$ を面とする胞体分割があることになり、$\chi(S^2) = \chi(T^2)$ でなければならない。しかし、$\chi(S^2) = 2$ であり $\chi(T^2) =$

0 であるからこれは矛盾．すなわち S^2 と T^2 は位相的にすなわち大域的に異ることが示せたことになる．

閉曲面のオイラー数

トーラス T^2 に 2 次元ディスク D^2 を考え，T^2 から D^2 の内部をとり除いたものを T' とする（図 8(a)）．また，T^2 にたがいに共通点を持たない二つの 2 次元ディスク D_1^2, D_2^2 をとり，T^2 から D_1^2 と D_2^2 の内部をとり除いたものを T'' とする（図 8(b)）．

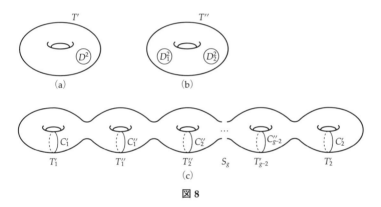

図 8

T^2 の胞体分割で D^2 の内部が一つの面となっているものをとりそれを K_1 とし，K_1 から D^2 の内部である面を取り去ったものを L' とすると，L' は T' の胞体分割である．この場合にも，L' のオイラー数 $\chi(L')$ を（頂点の数）−（エッジの数）+（面の数）と定めれば，L' は面の数が K より一つ少ないだけで，頂点の数とエッジの数は同じだから，$\chi(K)=0$ から
$$\chi(L') = -1$$
となる．

また，T^2 の胞体分割で D_1^2 と D_2^2 の内部がそれぞれ面になって

いるものをとり，それを K_2 とし，K_2 から $D_1{}^2$ と $D_2{}^2$ の内部である面二つを取り去ったものを L'' とすると，L'' は T'' の胞体分割であって，そのオイラー数 $\chi(L'')$ は

$$\chi(L'') = -2$$

である．

ここで必要があれば細分をとることにして，L' の ∂D^2 における頂点とエッジの数と，L'' の $\partial D_i{}^2$ ($i=1,2$) における頂点とエッジの数とがすべて同じで，対応するエッジの長さがそれぞれ等しいようにしておく．$\partial D^2, \partial D_i{}^2$ ($i=1,2$) はすべて S^1 と同相であるから，そこに含まれる頂点の数とエッジの数とは常に同じであることを注意しておく．

いま，$g \geq 2$ とし，T' の二つのコピーを T_1', T_2' とし，T'' の $(g-2)$ 個のコピーを $T_1'', T_2'', \cdots, T_{g-2}''$ とする．T_1' の ∂D^2 と T_1'' の $\partial D_1{}^2$ とを同一視し，T_1'' の $\partial D_2{}^2$ と T_2'' の $\partial D_1{}^2$ とを同一視するというふうに，T_i'' の $\partial D_2{}^2$ と T_{i+1}'' の $\partial D_1{}^2$ とを同一視し ($i=1,2,\cdots,g-3$)，最後に T_{g-2}'' の $\partial D_2{}^2$ と T_2' の ∂D^2 を同一視すれば，コンパクトで境界のない2次元 C^∞ 多様体がえられる（図8(c)）．これを S_g と書くことにする．S_0 は S^2 であり，S_1 は T^2 であるとする．

T_1', T_2' にそれぞれ胞体分割 L' を考え，T_i'' ($i=1,2,\cdots,g-2$) にそれぞれ胞体分割 L'' を考えると，全体として S_g の胞体分割 $\hat{K}$ がえられる．$\hat{K}$ の面の数は明らかに，

($\hat{K}$ の面の数) $= 2 \times (L'$ の面の数$) + (g-2)(L''$ の面の数$)$

である．また，$\hat{K}$ のエッジの数は，それぞれつなぎ合せた ∂D^2, $\partial D_1{}^2, \partial D_2{}^2$ の部分が重複して入っているから，そこに含まれているエッジの数を d とすると，

($\hat{K}$ のエッジの数) $= 2 \times (L'$ のエッジの数$) + (g-2)(L''$ のエッジの数$)$
$\phantom{(\hat{K} のエッジの数) =} - d(g-1)$

である．同様に

  $(\hat{K}$ の頂点の数$) = 2\times(L'$ の頂点の数$)+(g-2)(L''$ の頂点の数$)$
  $\qquad -d(g-1)$

が成り立つ．これらのことから $\hat{K}$ のオイラー数 $\chi(\hat{K})$ は

  $\chi(\hat{K}) = (\hat{K}$ の頂点の数$)-(\hat{K}$ のエッジの数$)+(\hat{K}$ の面の数$)$
  $\qquad = 2\chi(L')+(g-2)\chi(L'')$
  $\qquad = 2-2g$

であることがわかる．

次に，S_g $(g\geqq 2)$ についてもオイラー数は胞体分割のとり方によらないことを示そう．図8(c)のように S_g に閉曲線 C_1', C_2' および C_i'' $(i=1,2,\cdots,g-2)$ をとり，この g 本の閉曲線で S_g を切り開くと，$S_1=T^2$ の場合と同様に位相的には図9のように，2次元球面から $2g$ 個のディスク D_1, D_1', D_2, D_2' および D_i'', D_i''' $(i=1,2,\cdots,g-2)$ の内部を取り去ったものができる．∂D_i と $\partial D_i'$ $(i=1,2)$ を同一視し，$\partial D_i''$ と $\partial D_i'''$ $(i=1,2,\cdots,g-2)$ を同一視したものが S_g である．

S_g の一つの胞体分割が与えられたとき，各 C_1', C_2' および C_i'' $(i=1,2,\cdots,g-2)$ について，図7と同様な操作をすれば，図9の図形の胞体分割がえられる．これに T^2 の場合と全く同様な考察をす

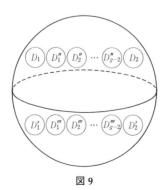

図9

れば，S_g の胞体分割のオイラー数は胞体分割のとり方によらないことがわかる．したがって，S_g のオイラー数 $\chi(S_g)$ について
$$\chi(S_g) = 2-2g$$
が成り立つ．

このことは，S^2 と T^2 の場合と全く同様に，S_g ($g=0,1,\cdots$) は，g が異れば互いに位相的に異る図形であることを示すものである．

向きづけ可能な2次元多様体

ここで胞体分割と向きづけ可能との関係について述べておこう．2次元多様体 M の一点 p において十分小さな円周を描き，それに向きを(たとえば時計廻りと反対に)定める．この円周を少しずつ移動して，またもとの点 p にかえってきたとき，円周につけた向きがどのような通り道をとおってきても変らないとき，M は向きづけ可能であるという．メービウスの帯では図10(a)のように向きが変ってしまう．(たとえば図10(a)の紙でつくったメービウスの帯に円周を描くとすると，その紙の表面にではなく，十分浸透力のあるインクで裏にまでしみとおるように描かなければいけない．円周は表面にではなく，そのものの中にとるものだからである．)したがってメービウスの帯は向きづけ可能ではない．これに反して，S^2 や T^2，一般に S_g は向きづけ可能である．向きづけ可能でコンパクトで境界のない2次元 C^∞ 多様体は S_g のどれかと位相的に同じになる．コンパクトで境界のない向きづけ可能な2次元 C^∞ 多様体には胞体分割 K で，K の各面 A_i に向きをきめて，すなわち $\partial A_i = \bar{A}_i - A_i$ にたとえば時計廻りと反対の向きをきめて，K の一つのエッジ l が $\bar{A}_i$ と $\bar{A}_j$ とに含まれているとき，$\bar{A}_i$ から l にきまる向きと $\bar{A}_j$ から l にきまる向きが逆になっているようにとれる(図10(b))．

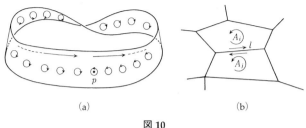

図 10

高次元のオイラー数とホモロジー群

これまで2次元多様体のオイラー数について述べてきたが,もっと高い次元の多様体にオイラー数を考えることができるだろうか.オイラー数を定義するにはまず胞体分割を導入しなければならないが,胞体分割を高い次元に拡張することはむずかしいことでない.したがって,n次元多様体の胞体分割Kに対して,i次元の面の数をa_iとして,2次元多様体の場合のように,オイラー数$\chi(K)$を

$$\chi(K) = (-1)^n a_n + (-1)^{n-1} a_{n-1} + \cdots + (-1)^1 a_1 + a_0$$

で定義することができる.しかし,このオイラー数が位相的に意味を持つことを証明するのはむずかしい.前述の2次元多様体ではそこに出てくる面は高々2次元だから球面の大円といったもので処理できたのであるが,もっと高い次元ではそうはいかない.このために胞体分割から位相不変なものを求めることを,もっと一般的な状況の下で考えなおさなければならない.このようなことが可能かどうかはやってみなければわからないが,2次元多様体についてオイラー数がたしかに存在し,それが多様体を特徴づけるのに役立っていることから,一般の次元でも何か数学的に意味のあることが出てくるのではないかと考えても不自然なことではない.

実際,胞体分割を多様体に一つの組合せ的構造を導入したものと

考え，群という代数的概念の導入によって，ホモロジー群というものを導入し，これによって数よりももっと強力な群による位相不変な量が得られるのである．上述のオイラー数はこのホモロジー群で書きあらわされ，したがって位相不変な量である．

III. ベクトル場の特異点から微分位相幾何学へ

ベクトル場の特異点

前章では2次元多様体を一つの位相空間と見てその大域的構造を考えたが，ここでは多様体の接ベクトルの持つ性質について考えることにする．

2次元ユークリッド空間 $\mathbb{R}^2$ の開集合 U の各点 q にベクトル $v(q)$ が与えられているとする（図11(a)）．$v(q)$ は q から出る有向線分である．このような $\{v(q); q \in U\}$ を U 上のベクトル場といい X などと書く．$v(q)$ の x 軸，y 軸に関する成分をそれぞれ $v^{(1)}(q), v^{(2)}(q)$ とす

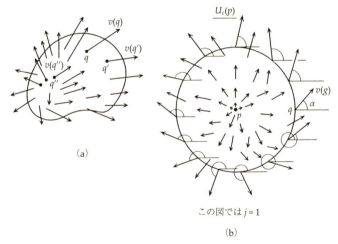

(a)

この図では $j=1$

(b)

図11

ると，q に $v^{(1)}(q)$ を対応させ，また q に $v^{(2)}(q)$ を対応させることにより，U で定義された二つの関数

$$v^{(1)}: U \longrightarrow \mathbb{R}, \quad v^{(2)}: U \longrightarrow \mathbb{R}$$

がえられる．この二つの関数 $v^{(1)}, v^{(2)}$ が連続であるとき $X=\{v(q); q \in U\}$ を連続ベクトル場という．

$v(q)$ が 0 ベクトルであるとき，q を X の特異点という．U の一点 p に対して，$U_\varepsilon(p)=\{x\in\mathbb{R}^2; d(x,p)<\varepsilon\}$ を p の ε 近傍という．ここで，$\varepsilon>0$ であり，d は $\mathbb{R}^2$ の距離である．ε を十分小さくとれば，$U_\varepsilon(p) \subset U$ である．

$p\in U$ が X の特異点であって，或る $\varepsilon>0$ に対して，$U_\varepsilon(p)-p$ の任意の点 q では $v(q)$ は 0 ベクトルでないとき，p を X の孤立特異点という（図 11 (b)）．

いま，X を U で定義された連続ベクトル場で，p は X の孤立特異点であり，$\bar{U}_\varepsilon(p)=\{q\in U; d(p,q)\leq\varepsilon\}$ が U に含まれているとする．$\bar{U}_\varepsilon(p)$ の境界 $\bar{U}_\varepsilon(p)-U_\varepsilon(p)$ 上の一点 q において，ベクトル $v(q)$ が x 軸と平行な直線となす角 α を考える（図 11 (b)）．この q が境界に沿って（たとえば時計の針と反対方向に）動くときの角 α の変化を連続的に見てやると，一回転してもとの点 q にもどるとき，この間に行われた角の変化は 2π の整数倍である（図 11 (b)）．この変化が q の回転方向を正として $2\pi j$（j は整数）であるとき，孤立特異点 p の指数は j であるという．指数が ε のとり方によらないできまることはすぐ分る．

図 12 において，孤立特異点を中心とした円を描いて図 11 (b) と同様に円上の点についてベクトルと x 軸と平行な直線との間の角の変化を見てやれば，孤立特異点の指数は，(a) は 1，(b) は 1，(c) は 0，(d) は 1，(e) は -1，(f) は -2 である．

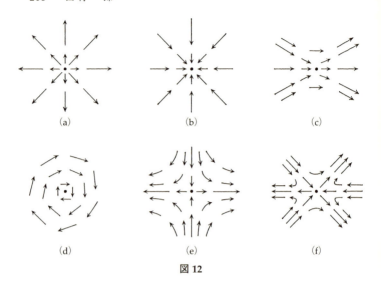

図 12

2次元多様体上の連続ベクトル場

M をコンパクトで境界のない向きづけ可能な 2 次元 C^∞ 多様体とする.q を M の一点とするとき,q における M の接ベクトルとはどのように定義されるだろうか.$\mathbb{R}^2$ の場合とはちがって M には有向線分という概念を入れるわけにはいかない.しかし,M には曲線を定義することができる.p を通る C^∞ 曲線に対して p における接線をとれば,これが p における接ベクトルである.$\mathbb{R}^2$ のベクトルについても有向線分でなくこのように C^∞ 曲線の接線でベクトルがえられるのは明らかである.(M を図 1 のように 3 次元ユークリッド空間 $\mathbb{R}^3$ の中において,$\mathbb{R}^3$ の有向線分で M に接するものをとると,接ベクトルは直感できるものとなるが,前にも述べたように M の内部だけで定義をするのがのぞましいのである.)

M の各点 q において,q の接ベクトル $v(q)$ が指定されていると

き，$X=\{v(q); q \in M\}$ を M 上のベクトル場という．M は局所的に 2 次元ユークリッド空間 $\mathbb{R}^2$ の開集合であって，M の開集合 V に $\mathbb{R}^2$ の開集合 U が対応しているとすると，この対応によって X の V 上の部分から U のベクトル場 X_U がきまる．X_U が連続ベクトル場であるとき，X は V で連続であるという．M に上述のような V をどのようにとっても X は V で連続であるとき，X を M 上の連続ベクトル場という．また，V の一点 p で $v(p)$ が 0 ベクトルで V の任意の点 q に対して，$q \neq p$ ならば $v(q)$ が 0 ベクトルでないような V があるとき，p は X の孤立特異点という．

X を M 上の連続ベクトル場であって，その特異点は有限個で $p_1, p_2, \cdots, p_m$ であるとする．したがって p_k ($k=1, 2, \cdots, m$) はすべて孤立特異点である．各 p_k に対して，$p_k \in V_k$ と V_k に対応する $\mathbb{R}^2$ の開集合 U_k を上述のようにとると，X の V_k の部分から U_k 上の連続ベクトル場 X_{U_k} がきまる．p_k に U_k の点 p_k' が対応しているとするとき，X_{U_k} に関する p_k' の指数を X に関する p_k の指数という．これが U_k のとり方によらないことは容易に示せる．いま，この指数が j_k であるとしよう．このとき，$\sum_{k=1}^{m} j_k$ をベクトル場 X の指数といい，$\mathrm{Ind}(X)$ と書く．

この $\mathrm{Ind}(X)$ が実は上述のようなベクトル場のとり方によらず M によってきまることが次のように証明できる．

$X=\{v(q); q \in M\}$, $X'=\{v'(q); q \in M\}$ を M 上の連続ベクトル場で特異点が有限個であるものとする．M の胞体分割 K を（各面が十分小さいように必要があれば細分して）次の条件を満たすようにとる．

（ⅰ）K のエッジ上には X および X' の特異点はない．

（ⅱ）K の一つの面は X の特異点を高々一つしか含まないし，X' の特異点も高々一つしか含まない．

いま，A を K の一つの面とし A の境界 $\partial A = \bar{A} - A$ を考える．∂A

上の点 q が ∂A 上を一周するときの $v(q)$ の角の連続的な変化が, q が一周してきたとき $2\pi j_A$ だけ変化したとしよう. このとき, もしも A が X の特異点を含んでいればその特異点の指数が j_A であり, A が X の特異点を含んでいないときは j_A は 0 である. また, X' についても同様で, 変化は A に含まれる X' の特異点の指数を $j_{A'}$ とするとき, $2\pi j_{A'}$ である.

∂A の点 q が ∂A 上を一周するときに $v(q)$ と $v'(q)$ とがなす角の連続的変化を見ていけば(図 13), 一周してきたときその変化が $2\pi J$ であるとすると,

$$J_A = j_A - j_{A'}$$

となっている.

したがって, 前述のことから

$$\sum_A J_A = \mathrm{Ind}(X) - \mathrm{Ind}(X')$$

が成り立つ. ただし左辺は K の面 A すべてについての和である. しかし, 上の定義からこれはむしろ ∂A に関する和というのが適切である.

K の一つのエッジ l は二つの面の境界になっている(図 13). M

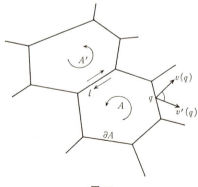

図 13

は向きづけ可能だから，図13のAとA'を図のように向きづけると，それからlに導入される向きは逆になる．したがって，lのところの和が$\sum_A$で2回出てくるが，このことからこの二つは打ち消してしまい，すべてのエッジについての和を考えると，結局

$$\sum_A J_A = 0$$

となる．したがって

$$\mathrm{Ind}(X) = \mathrm{Ind}(X')$$

であって，$\mathrm{Ind}(X)$はXのとり方によらないことが言えた．したがってこれを$\mathrm{Ind}(M)$と書くことができる．

S^2およびT^2には図14に示すような連続ベクトル場がある．S^2の図14(a)のベクトル場は二つの特異点p_+, p_-をもち，図12(d)から指数はそれぞれ1であるから，

$$\mathrm{Ind}(S^2) = 2$$

となる．一方，T^2について図14(b)は特異点のないベクトル場だから

$$\mathrm{Ind}(T^2) = 0$$

である．

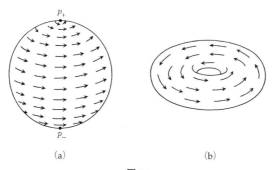

図 14

ベクトル場の指数とオイラー数

前節と同様に，M をコンパクトで境界のない向きづけ可能な 2 次元 C^∞ 多様体とする．M の一つの胞体分割 K をとる．

K の各エッジ l_i に両端とは異る点 q_i をとり，各 l_i 上で両端の二つの頂点 p_j, p_j' および q_i のみが特異点であり，方向としては q_i から両端へ向う連続ベクトル場をとる（図 15(a)）．

さらに，各面 A_i に一点 z_i をとり，A_i において z_i のみが特異点であり，方向としては境界 $\partial A_i = \bar{A}_i - A_i$ に向い ∂A_i では上にきめたベクトル場になるように連続ベクトル場をつくる（図 15(b)）．このようにして出来た連続ベクトル場を X とすると，X の特異点は K の頂点 $p_1, p_2, \cdots, p_a$ と $q_1, q_2, \cdots, q_b$（ただし b はエッジの数），および $z_1, z_2, \cdots, z_c$（ただし c は面の数）である．さらに，p_i における指数は図 12(b) から 1 であり，q_i における指数は図 12(e) から -1 であり，z_i における指数は図 12(a) から 1 である．よって，

$$\mathrm{Ind}(X) = a - b + c = \chi(M),$$

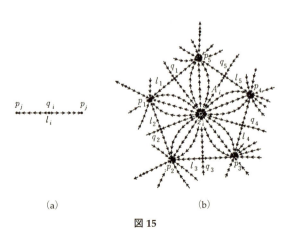

(a)　　　　　　　　(b)

図 15

したがって
$$\mathrm{Ind}(M) = \chi(M)$$
が成立することが分った．

ベクトル場の指数と多様体の特性類

連続ベクトル場の指数を考えるということは，多様体の接ベクトル・バンドル(多様体の各点における接平面すべての和集合を考えたもの)の性質をしらべるということで，多様体そのものの幾何学的性質を示すものである．前節でえられた等式 $\mathrm{Ind}(X)=\chi(M)$ はそれが M の位相不変量 $\chi(M)$ で表わされることを示したもので，多様体の位相と接ベクトル・バンドルという性格が違う二つのものの間に等式が成立つことを示したという意味で多様体の位相幾何学の原型である．一般の次元の多様体には，その接ベクトル・バンドルを記述するためのいろいろな特性類があり，ここに述べた $\mathrm{Ind}(X)$ はそのもっとも簡単なものである．それらの特性類の研究は多様体の位相幾何学すなわち微分位相幾何学でもっとも重要なものの一つである．

むすび

数学を学ぶときに，対象の原点にもどってそこに含まれている「もの」は何であるかを確認し，正しいイメージを持つということの例として，オイラー数とベクトル場の特異点の指数の場合について述べてきた．他の場合についても，本に書かれている「こと」にまどわされることなく，常に書かれている「もの」を直視し対象についていきいきしたイメージをもつことが重要である．

或るレベル以上のゴルファーはティー・グラウンドに立つとき，単にナイス・ショットをするというだけでなく，そのホールを攻略

するイメージをもつ．そのイメージは常に実現されるものではないが，そうすることによって，進歩が約束される．数学においても，イメージを持ちつつ学ぶことは自分を鍛えつつ着実に前進する正しい方法であり，このことは特に研究者にとって欠くべからざるものである．正しいイメージには論理が必ずあとからついてくる．

数 学 事 始

服部晶夫

はじめに

数学者にとって最も名誉ある賞であるフィールズ賞(Fields Medal)は,4年に1度開かれる国際数学者会議(International Congress of Mathematicians=ICM)で2人ないし4人の若い数学者に贈られるものである.この賞の特徴は受賞者に40歳という年齢制限を設けていることであろう.これまでの数度にわたる受賞者は,殆ど,受賞後もその受賞にふさわしい業績をあげ,それがこの賞の重味を増しているということができる.

昨年1986年のICMはアメリカ,カリフォルニア大学バークレイ校で開かれ,ドナルドソン(Simon Donaldson),ファルティングス(Gerd Faltings),フリードマン(Michael Freedman)の3人がフィールズ賞を受賞した.この3人は,ともに,前回のICMの頃以後に画期的な業績をあげた人達で,今回の受賞は当然であるというのが大方の見方であろう.

今回の受賞者の平均年齢が過去に比べて一段と低いのがすぐ目につく.とくに,ドナルドソンはまだ20代だが,既にイギリス,オックスフォード大学教授である.彼が27歳で教授に選ばれたとき,日本の新聞にもそのことが報道された.記憶によると,オックスフォード大学では史上最年少の教授が誕生したが,オックスフォードといつも並び称されるケンブリッジ大学では,かのアイザック・ニュートンが26歳で教授となったのが記録であるということであった.

ファルティングスも現在プリンストン大学教授であるが，2年ほど前来日したプリンストン大学の当時の主任教授が，他の数大学との競争に勝って，ドイツから彼を引き抜いたと得意げに話をしていたのを思い出す．

彼らの場合はあくまで非常に特別の現象であるとみなければならないが，いずれにせよ，経験の比較的浅い段階で非常に優れた業績をあげる学者の例が，他の学問領域に比べ，数学で特に多く見られるようである．このことが，数学という学問の性格に由来するものであることは明らかだが，また，それにかかわる一人一人の数学者の才能と微妙にからみあっていることも明らかである．

この本の題は『数学の学び方』となっている．これはいわば編集部からの課題であるが，実は"学び方"について書くというのは大変な難問である．日本語の"学ぶ"は，ものを習う(英語の learn)という意味と，勉強する，研究する(英語の study)という意味の両方をもっていると考えられるが，学び方という語感にはどうも前者の意味あいが強くこめられているようである．

職業がら，筆者が日頃接するのは，将来，数学を研究しようと志す若者が多い．現在の学制では，学生は4年間の大学学部に続いて，2年間の大学院修士課程，3年間の大学院博士課程を修めることになっている．数学専攻の場合，だいたい学部4年と修士2年の間に基礎知識を身につけ，ある程度の研究能力を備えるようになる．少くとも，それがたてまえであり，実際その段階で活潑な研究活動を始める人もいる．

このように，将来，研究者をめざす人にとっては，"学び方"の重要さはいくら強調してもしきれない程のものである．永年にわたって蓄積された数学の成果は厖大なものである．もちろん，その中には現在でも基本的なものもあり，逆に今では全くかえりみられな

いものもある．まず，出発点として，そのような基本的成果を身につけること，しかも，単なる知識としてではなく，いつでも自由に使いこなせる血となり肉となった知識として身につけることが必要である．同時に，自分で問題を見出すあるいは作り出す能力を養ってゆくことが必要である．よい問題を見出すためには，よい仕事に対する価値感覚が備わっていかなければならない．最後に，自分の作った研究プランを実行し，完成する集中力や持続力を鍛えてゆかねばならない．その他にも，数えあげれば言及すべき要素が多いであろう．

しかも，このような訓練をできるだけ短い期間で達成することが望ましい．こう考えると，研究者志望の若者はずいぶん厳しい条件を背負っていることがよく分る．このような若者にとって，指導者の良し悪しは重要な分れ目になる点で，われわれ経験者は自戒すべきであるといつも考えてはいるが，やはり最終的には本人次第であることは動かせない事実である．

よくきかれる感想として，「日本では知識の習得に重点がおかれ過ぎている．自分自身の問題や目標をもたないで，むやみに広く知識を求めようとだけしている．それが独創性の芽を摘む結果になっている」というのがある．たしかに，この感想は当っている場合が多い．"学び方"を考えるとき，念頭におくべき点であろう．

さて，前置きがやや長くなった．この講座の読者はむしろ数学の専門家志望以外の人が大部分であろう．しかし，数学を使う立場の人，数学を楽しむ立場の人であれ，数学に対するある程度の傾斜をもった人が大部分であることも確かであろう．そのような読者に対しても，先に述べたような"学び方"に対する姿勢が根本的に変ることはないが，やはりそれに応じた視点の変化があるのは当然である．おそらく，どうすれば要領よく知識を習得できるか知りたいと

いう類の希望が読者側からは多いであろう．ところが，このような意味あいでも，"学び方"について書くというのは難問である．

　上の意味で"学び方"を問われれば，対応して"教え方"も問題になる筈である．本来，教師というのは教育のプロであるべきものだが，これに対して満足な答を用意している教師は案外少いのではないだろうか．先日，筆者の同僚の一人が講義を始める前に学生からとったアンケートを見せてもらった．相手の学生は，学部2年生で，3年からは数学，物理，情報の各学科へ進むことが内定している人達である．アンケートの問はいくつかあったが，その中で講義に対する希望をきくものがあった．それに対する答の中には，あまり講義に対する期待はないといった冷めた感想が述べられているのが意外に多かった．どうやら，過去の経験から講義は必ずしも理解し易いものではない，自分で勉強しなければ本当には理解できないと悟っているがためであるらしい．自分で勉強しなければだめだというのは確かに真実であるが，多くの答の調子では，力点はそこにあるのではなく，むしろ講義が上手な教師は少いという方が強調されているようで，愕然とさせられた．

　こちらの講義が下手なせいか，本人が自分で勉強しないかの是非はともかく，学生の中に，学びつつある理論に対し，あたかも五里霧中手さぐりのまま進んでいるかの如き学習を行っている人が案外多い．例えば，ある理論の解説書を読むとしよう．常識的にはテキストはいくつかの章に分れているであろう．後の章は前の章を踏み台にして更に高い段階に進んでゆくが，常に一列に進んでゆくとは限らない．進む過程が何個所かで枝分れすることもある．理論を理解するための一つの重要な点は，理論全体がどのように組み立てられているかを理解することである．学習の途中の段階では全体の構成まではわからないかもしれない．しかし，それを絶えず念頭にお

きながら進むことが大切である．そうでないと，だんだん迷路の奥深くにはいりこんでゆくのと同じような状態になる．

また，理論の進行に応じて，いろいろな概念や定理が現れてくる．それらの間には，おのずから重要さの程度に強弱がある．それらを識別することを心掛けながら読むことも大切であろう．それは，理論全体の構成を理解することにつながる．

さらに，一つ一つの定理について考えてみよう．定理の証明で重要なのは，その発想や骨組みである．一たん証明を知った後に，その証明を自分で再構成できることは証明を完全に理解したことの証左であるが，そのためには，証明の骨格をふまえておくことがポイントであろう．そうすれば，残りの詳細は自分で肉附けすることも可能であろうし，場合によってはテキストを再参照してもよい．

さきに，五里霧中で進むといったのは，上に述べたような作業を全く行わずに，テキストの内容も最初からの順に平板に受けとめてゆく結果，途中で，来た道も進むべき道も見えなくなったような状態をいったつもりである．

テキストを読むとき，定理の証明は絶対に見ないで，全部自分でつけよとか，章の順序を逆にして最終章から読み始めよとか，やや逆説的な説を唱える人もいるが，これも意図するところは上記と同じであろう．

ついでながら，定理に対していつも例をできるだけ多く同時に考えることも，理解を深める役に立つものである．テキストによってはあまり例をあげないものもあるが，そのような場合には自分で典型例を探すことを薦めたい．

"学び方"については，抽象的には多くのことをいうことができよう．上に述べたのは，まとめると，学習の各段階を，いつも完全な透明度で明晰に理解し，着実に一歩一歩前進することの大切さで

ある.

これ以上,抽象的な言辞を弄しても,次第に内容が空疎になるばかりであろう.以下,節を代え,具体的なことについて,少し触れてみたい.そこで,指数関数を題材にとり,数学における特徴的な考え方をできるだけ多く例示することを試みてみよう.

$e^{i\theta}=\cos\theta+i\sin\theta$

先に引用したアンケートの中に,「これまでに学んだ定理や理論の中で特に興味をもったもの」についての問があった.それに対する答は案外少く,また,答はまちまちであった.その中で,等式

(1) $\qquad e^{i\theta} = \cos\theta + i\sin\theta$

に非常に驚いた,それを美しいと思ったという趣旨の回答が2通含まれていた.著者自身の経験に照らしてみて,この感覚はごく自然なものだと思われる.このようなきっかけが重なって,人は次第に数学にひきいれられてゆく.おそらく,これは多くの人の経験であり,これからも多くの人の経験であり続けるであろう.

ところで,等式(1)をどのように説明するのか.例えば,読者として大学初年級の微積分までを学んでいる人を想定しよう.したがって,級数の収束,テイラー展開は一応知っているが,関数論は知らないものとする.

まず(1)の左辺をみる.指数関数 e^x の変数 x は実数全体を動くものとしてとらえられているが,その定義を"自然に"拡張して,複素数を変数とする指数関数を定義する.すぐ後にわかるように,関数の値も複素数になる.その拡張の基礎になるのは e^x のテイラー展開

$$e^x = 1+x+\frac{x^2}{2!}+\frac{x^3}{3!}+\cdots+\frac{x^n}{n!}+\cdots$$

である．すなわち，複素数 z に対しては

(2) $$e^z = 1+z+\frac{z^2}{2!}+\frac{z^3}{3!}+\cdots+\frac{z^n}{n!}+\cdots$$

と定義するのである．等式(1)は，このように e^z を定義すると，実数 θ に対して $e^{i\theta}$ が右辺の値に等しいことを主張している．

意味がわかれば証明は簡単である．(2)に $z=i\theta$ を代入し，その値を実部と虚部に分けてみてみる．簡単な計算により，

$$\begin{aligned}e^{i\theta} &= 1+i\theta+\frac{(i\theta)^2}{2!}+\frac{(i\theta)^3}{3!}+\frac{(i\theta)^4}{4!}+\frac{(i\theta)^5}{5!}+\cdots\\&= 1-\frac{\theta^2}{2!}+\frac{\theta^4}{4!}-\cdots+i\left(\theta-\frac{\theta^3}{3!}+\frac{\theta^5}{5!}-\cdots\right)\end{aligned}$$

となる．ここで，$\cos\theta$ と $\sin\theta$ のテイラー展開

$$\cos\theta = 1-\frac{\theta^2}{2!}+\frac{\theta^4}{4!}-\cdots,$$
$$\sin\theta = \theta-\frac{\theta^3}{3!}+\frac{\theta^5}{5!}-\cdots$$

を思い出せば，

$$e^{i\theta} = \cos\theta+i\sin\theta$$

が得られ，証明は終る．

以上の説明は，形式的な計算だけに終始していて，現れている級数の収束などについては全く触れていない．したがって，解析の試験の答案としては落第である．しかし，証明を完全にするために追加すべき注意は級数に関する基礎事項に属するもので難しいものではない．例えば，等式

$$1+i\theta+\frac{(i\theta)^2}{2!}+\frac{(i\theta)^3}{3!}+\cdots$$
$$=\left(1+\frac{(i\theta)^2}{2!}+\cdots\right)+\left(i\theta+\frac{(i\theta)^3}{3!}+\cdots\right)$$

は収束を考えにいれて成立するのである．

 最初にこの例をひいたのは，やや標語的に，自分で納得のゆく証明は大事にしようといいたいためであった．たとえ，その証明が不完全であっても，それは定理の理解に役立つものである．また，不完全な部分を補う作業を行えば，それは定理の理解をいっそう深める役に立つだろう．あえていえば，不完全でも納得のゆく証明には，最後には完全な意味をつけることができると信じてよい．

 同じ精神にたてば，複素数 z, w に対し，等式

(3) $$e^{z+w} = e^z e^w$$

も容易に確かめられる．すなわち

$$\begin{aligned}
e^z e^w &= \left(1+z+\frac{z^2}{2!}+\frac{z^3}{3!}+\cdots\right)\left(1+w+\frac{w^2}{2!}+\frac{w^3}{3!}+\cdots\right) \\
&= 1+(z+w)+\frac{1}{2!}(z^2+2zw+w^2)+\frac{1}{3!}(z^3+3z^2w+3zw^2+w^3)+\cdots \\
&= 1+(z+w)+\frac{1}{2!}(z+w)^2+\frac{1}{3!}(z+w)^3+\cdots \\
&= e^{z+w}
\end{aligned}$$

である．

 z, w が実数の範囲で(3)が成り立つことは指数関数の最も重要な性質であったが，複素数の範囲まで定義域を拡げてもそれが成り立つようにできたことは，そもそもの e^z の定義が自然なものであったことの一つの証拠である．標語として，「自然なものはすべてよし」である．

定数係数の線型常微分方程式

同じ材料を用いてもう少し考察を進めてみよう．微分方程式

(4) $$y' = y$$

の一般解は

$$y = Ae^x$$

の形であることは高校でも学んだことである．ただし，高校では，解を求めるのに，ふつう求積法を用いていると思われるが，求積法の正当性は実は解の一意性（初期条件の下での）により保証されるものであり，高校ではその点をきちんとおさえていないことに注意しなければならない．解の一意性は(4)よりも一般の形の微分方程式に対しても成り立つものであるが，(4)に対しては次のようにして，直接に確かめることができる．

$u(x)$ を(4)の解としよう．すなわち，$u(x)$ は x の微分可能な関数で

(5) $$u'(x) = u(x)$$

を満たしているものとする．そのとき，

$$v(x) = u(x)e^{-x}$$

とおくと，

$$v'(x) = u'(x)e^{-x} - u(x)e^{-x}$$

であるから，(5)により

$$v'(x) = 0$$

となる．

したがって，$v(x) = A$ の形でなければならない．すなわち

$$u(x) = Ae^x$$

の形となる．ここで，定数 A は，初期条件 $A = u(0)$ として与えられることに注意しよう．

以上の考察により，微分方程式(4)に対する理解は完全にできた

のであるが,ここでは,巾級数展開を用いて考え直してみよう.
(4)の解 $u(x)$ が

(6) $$u(x) = a_0 + a_1 x + \frac{a_2}{2!}x^2 + \frac{a_3}{3!}x^3 + \cdots$$

と巾級数に展開されると仮定しよう.

$$u'(x) = a_1 + a_2 x + \frac{a_3}{2!}x^2 + \cdots$$

であるから,(5)が満たされるためには

$$a_0 = a_1,\ a_1 = a_2,\ a_2 = a_3, \cdots$$

となることが必要かつ十分である.すなわち,(6)が微分方程式(4)の解となるためには,$A = a_0$ とおいて,

$$u(x) = A\left(1 + x + \frac{x^2}{2!} + \frac{x^3}{3!} + \cdots\right)$$
$$= Ae^x$$

の形であることが必要十分である.

こうして,解が巾級数に展開されることを容認すれば(あるいは,そのような関数の範囲内だけで解を考えれば),非常に簡単な解法を得た.実は,上の考え方を少し補正して,同じ精神に基いた完全な証明を得ることも容易である.

全く同様の考え方により,

$$y' = \lambda y$$

の一般解が

$$y = Ae^{\lambda x}$$

の形であることの証明を得ることができる.なお,この場合,λ が複素数であっても,複素数値をとる関数まで範囲を拡げて考えれば,結論は同じであることに注意しておく.

上の例では少し簡単過ぎたので,同じ考え方にたって,次の微分

方程式
(7) $$y'' = y$$
を考察しよう．この方程式の一般解は
(8) $$y = Ae^x + Be^{-x}$$
であることはよく知られている．また，微分方程式
(9) $$y'' = -y$$
の一般解は
(10) $$y = A\cos x + B\sin x$$
であることも知られている．また，たとえ，それが既知でないとしても，(8)の右辺が(7)の解であり，(10)の右辺が(9)の解であることは容易にわかる．そのことと，(4)の解を求めたときの感覚から，一般解が上の形であることは見当がつく．それを実際に確かめてみよう．

少し一般化して，微分方程式
(11) $$y'' + b_1 y' + b_2 y = 0$$
を考えよう．前の(6)のように，解 $u(x)$ が
$$u(x) = a_0 + a_1 x + \frac{a_2}{2!} x^2 + \cdots$$
と展開されるとすると，
$$u'(x) = a_1 + a_2 x + \frac{a_3}{2!} x^2 + \cdots,$$
$$u''(x) = a_2 + a_3 x + \frac{a_4}{2!} x^2 + \cdots$$
であるから，$u(x)$ が(11)の解であるための条件は
(12) $$\begin{cases} a_2 + b_1 a_1 + b_2 a_0 = 0 \\ a_3 + b_1 a_2 + b_2 a_1 = 0 \\ a_4 + b_1 a_3 + b_2 a_2 = 0 \\ \cdots\cdots \end{cases}$$

である．(12)は a_0 と a_1 を定めると，残りの $a_2, a_3, \cdots$ はそれにより定まること，また，a_0 と a_1 は任意にとれることを示している．すなわち，解の"自由度"は 2 である．このことをもう少し正確にいうと次のようになる．

(12)は無限個の未知数 $a_0, a_1, a_2, a_3, \cdots$ に関する連立 1 次方程式であるから，その解の全体は線型空間になり，その次元がちょうど 2 になるのである．その基底は 2 個の特別解であるが，それは例えば次のように作ればよい．(12)の代りに，微分方程式(11)の解の言葉で述べる．(実は，(12)の解に対応する形式的巾級数(6)の収束の問題が残っているが，ここではこれを容認する．) $a_0=1$, $a_1=0$ に対応する解を $u_1(x)$, $a_0=0$, $a_1=1$ に対応する解を $u_2(x)$ とすると，$u_1(x), u_2(x)$ は(11)の解の基底である．すなわち，(11)の任意の解は

$$u(x) = A_1 u_1(x) + A_2 u_2(x)$$

の形に一意的に書ける．

基底のとり方はいろいろある．一般に，$a_0=\alpha$, $a_1=\beta$ に対応する解を $v_1(x)$, $a_0=\gamma$, $a_1=\delta$ に対応する解を $v_2(x)$ としたとき，$v_1(x), v_2(x)$ が基底になるための条件は

$$(13) \qquad \begin{vmatrix} \alpha & \beta \\ \gamma & \delta \end{vmatrix} \neq 0$$

であることはすぐわかる．

例として方程式(7)をとろう．この場合は(11)で $b_1=0$, $b_2=-1$ とおいたものであるから，(12)は

$$a_2 - a_0 = 0$$
$$a_3 - a_1 = 0$$
$$\cdots\cdots$$

となる．そこで，$a_0=1$, $a_1=1$ とおくと，

$$a_0 = a_1 = a_2 = \cdots = 1$$

だから,対応する解は

$$e^x = 1+x+\frac{x^2}{2!}+\cdots$$

であり,$a_0=1$, $a_1=-1$ とおくと,

$$a_0 = a_2 = a_4 = \cdots = 1, \quad a_1 = a_3 = a_5 = \cdots = -1$$

だから,対応する解は

$$e^{-x} = 1-x+\frac{x^2}{2!}-\frac{x^3}{3!}+\cdots$$

である.しかも

$$\begin{vmatrix} 1 & 1 \\ 1 & -1 \end{vmatrix} \neq 0$$

だから,e^x と e^{-x} は1次独立で,一般解は(8),すなわち,

$$Ae^x+Be^{-x}$$

の形となる.

同様の考察により,(9)の一般解が(10)の形であることも確かめられる.(なれていない読者はぜひ自分で試みてほしい.自ら試みること,それも"学び方"の基本の一つである.)

さて,一般の定数係数の2階線型常微分方程式(11)にもどろう.収束の問題を認めれば,われわれの考え方で解の自由度が2であることはわかった.残るのは収束の問題だが,単に収束性を証明するだけではまだ理論の理解にとっては不十分である.解の基底がどのような関数であるかが,一般的にはまだわかっていないからである.(7)や(9)のような特別の形に対しては,e^x と e^{-x} や $\cos x$ と $\sin x$ のように,よくわかっている関数が基底にとれた.一般の場合はどうであろうか.これについては節を改めて考えることにしよう.

微分作用素

微分は関数 $y(x)$ に対してその導関数 $y'(x)$ を対応させる写像であると考えることができる.すなわち,連続的に微分可能な関数の全体を C^1,連続な関数の全体を C^0 とすると,微分は $y(x) \in C^1$ に $y'(x) \in C^0$ を対応させる写像

$$D : C^1 \longrightarrow C^0$$

とみなすことができる.C^1, C^0 は線型空間であり,D は線型写像であることに注意しよう.同様に,写像

$$D-\lambda : C^1 \longrightarrow C^0$$

は $y(x)$ に $y'(x)-\lambda y(x)$ を対応させるものである.これら D, $D-\lambda$ を(1階の)微分作用素という.

上のようにみたとき,微分方程式(4)を解くことは

$$\mathrm{Ker}(D-1) = \{y(x); (D-1)y(x)=0\}$$

を求めることであり,もっと一般に,微分方程式

$$y' = \lambda y$$

を解くことは $\mathrm{Ker}(D-\lambda)$ を求めることである.

このような考え方は数学の一つの特徴である.それは一見ペダンティックな抽象化のようにみえるが,実は使い方によっては強力な武器になる.2階の方程式の場合にもこれを応用することができる.

まず,2回連続的に微分可能な関数の全体を C^2 とすると,D は写像 $D: C^2 \to C^1$ ともみることができる($C^2 \subset C^1 \subset C^0$ に注意せよ).すると,合成写像

$$D^2 = D \circ D : C^2 \longrightarrow C^1 \longrightarrow C^0$$

は y に y'' を対応させる線型写像である.同様に,線型写像

$$D^2 + b_1 D + b_2 : C^2 \longrightarrow C^0$$

を考えることができる.これは関数 y に $y''+b_1 y+b_2$ を対応させる

ものであり，やはり(2階の)微分作用素とよばれる．したがって，方程式(11)を解くことは
$$\mathrm{Ker}(D^2+b_1D+b_2)$$
を求めることにほかならない．

ここで，t に関する多項式 $t^2+b_1t+b_2$ を考えよう．複素数の範囲で考えれば

(14) $$t^2+b_1t+b_2 = (t-\lambda)(t-\mu)$$

と因数分解される．すなわち，
$$b_1 = -(\lambda+\mu), \quad b_2 = \lambda\mu$$
である．これを用いると，
$$(D-\lambda)\circ(D-\mu) = D^2-(\lambda+\mu)D+\lambda\mu = D^2+b_1D+b_2$$
であり，また同様に，
$$(D-\mu)\circ(D-\lambda) = D^2+b_1D+b_2$$
である．

以下，簡単のため，$\lambda\neq\mu$ と仮定しよう．そのとき，$e^{\lambda x}, e^{\mu x}$ はともに(11)の解である．実際
$$(D^2+b_1D+b_2)e^{\lambda x} = (D-\mu)((D-\lambda)e^{\lambda x}) = 0$$
であり，同様に
$$(D^2+b_1D+b_2)e^{\mu x} = (D-\lambda)((D-\mu)e^{\mu x}) = 0$$
である．

しかも，$e^{\lambda x}$ と $e^{\mu x}$ は1次独立である．それをみるには，例えば，$e^{\lambda x}, e^{\mu x}$ をそれぞれ(6)のように巾級数に展開すると，$e^{\lambda x}$ では $a_0=1, a_1=\lambda$，$e^{\mu x}$ では $a_0=1, a_1=\mu$ に注意する．
$$\begin{vmatrix} 1 & \lambda \\ 1 & \mu \end{vmatrix} = \mu-\lambda \neq 0$$
であるから，(13)により $e^{\lambda x}$ と $e^{\mu x}$ は1次独立である．

例として，方程式(7)をとる．これに対応する微分作用素は

$$D^2-1 = (D-1)(D+1)$$

である．したがって，一般解は

$$Ae^x + Be^{-x}$$

の形である．

方程式(9)に対応する微分作用素は

$$D^2+1 = (D-i)(D+i)$$

である．したがって，一般解は

$$Ae^{ix} + Be^{-ix}$$

の形である．なお，

$$e^{ix} = \cos x + i \sin x,$$
$$e^{-ix} = \cos x - i \sin x$$

を上に代入して整理することにより，一般解は

$$A' \cos x + B' \sin x$$

の形にも書ける．これは既に知っている結果と一致する．

上の考察の特徴の一つは複素数値をとる関数にまで範囲を拡げたことである．このように，必要があれば関数や空間の範囲を拡げて考えるのは数学ではよく行われる．そのことにより，最初の範囲だけでは得られない思いがけない効果や展望が得られることがある．

方程式(11)で b_1, b_2 が実数である場合に，実数値をとる関数の範囲で独立な解が二つとれる．方程式(9)の場合にならって，読者自ら試みられたい．

以上では，2次方程式(14)の二つの解 λ, μ が異なる場合に限って考えた．$\lambda = \mu$，すなわち

$$D^2 + b_1 D + b_2 = (D-\lambda)^2$$

の場合には，一般解は

$$Ae^{\lambda x} + Bxe^{\lambda x}$$

の形になる．これも読者自ら試みられたい．

これで，定数係数の2階の線型常微分方程式を完全に理解したことになる．ここまでくると，一般の階数の定数係数線型常微分方程式の一般解を求めることも容易である．もちろん，これは標準的な教材で，多くの教科書で扱われていることであるが，それらを参照しないで，自分ですべてを構成してみることをここでも読者にすすめたい．

$e^{x+y}=e^x e^y$

等式
$$(15) \qquad e^{x+y} = e^x e^y$$
を考えよう．この等式は x,y が複素数でも成り立つことを(3)で確かめたが，ここでは，さしあたり，x,y は実数の範囲を動くものとする．

　実数の全体を $\mathbb{R}$，正の実数の全体を $\mathbb{R}_+$ と書こう．$\mathbb{R}$ では和 $x+y$ を考え，$\mathbb{R}_+$ では積 xy を考える．群の定義を知っていれば，$\mathbb{R}$ は演算 $x+y$ により，$\mathbb{R}_+$ は演算 xy により群となる．$\mathbb{R}$ の単位元は 0，$\mathbb{R}_+$ の単位元は 1 であり，両方ともアーベル群(可換群)である．$E(x)=e^x$ とおいて，関数 e^x を写像 $E:\mathbb{R}\to\mathbb{R}_+$ とみなすことにする．そのとき，等式(15)は
$$E(x+y) = E(x)E(y)$$
と書き直される．これは，写像 E が群の演算を保つこと，すなわち，群の準同型になることを示している．また，E は $\mathbb{R}$ から $\mathbb{R}_+$ の上への1対1の写像であることにも注意しておく．さらに，$a>0$ に対し，対応 $x\mapsto a^x$ はやはり $\mathbb{R}$ から $\mathbb{R}_+$ への準同型で，$a\ne 1$ ならば1対1の写像であることも同様である．

　さて，一般に $\mathbb{R}$ から $\mathbb{R}_+$ への準同型写像はどのような形をしているであろうか．いま，$f:\mathbb{R}\to\mathbb{R}_+$ を準同型とする．したがって，任

意の実数 x, y に対し
(16) $$f(x+y) = f(x)f(y)$$
が成り立っている.$a = f(1)$ とおこう.

まず,
$$f(2) = f(1+1) = f(1)f(1) = a^2$$
である.以下,帰納的に(正確には数学的帰納法を用いて),自然数 m に対し
(17) $$f(m) = a^m$$
となることがわかる.

次に,
$$a = f(1) = f(1+0) = f(1)f(0) = af(0)$$
であるから,$a \neq 0$ に注意して,
(18) $$f(0) = 1 = a^0$$
を得る.

今度は,任意の自然数 m に対し
$$1 = f(0) = f(m+(-m)) = f(m)f(-m)$$
$$= a^m f(-m)$$
が成り立つことから,
(19) $$f(-m) = 1/a^m = a^{-m}$$
を得る.よって,(17), (18), (19)をあわせて,任意の整数 n に対し
(20) $$f(n) = a^n$$
となることがわかった.

次に,有理数 $x = \dfrac{n}{m}$ に対し $f(x)$ を考えよう.ここで $m > 0$ とする.(17)を導いたのと同様の考察から,
$$f(n) = f(mx) = f(x)^m$$
を得るが,$f(n) = a^n$ であったから,上式から

$$f(x) = (f(a))^{\frac{1}{m}} = a^{\frac{n}{m}} = a^x$$

でなければならない．

結局，任意の有理数 x に対して

(21) $$f(x) = a^x$$

が成り立たねばならぬことが示された．

ここまでくると，任意の実数 x に対して(21)が成り立つのではないかと予想する人がいるかもしれない．しかし，この場合の答は否定的である．準同型であるという仮定だけではこれまで以上のことは何もいえない．$\mathbb{R}$ を有理数体 $\mathbb{Q}$ 上の線型空間とみなし，その基底 $\{x_\lambda\}$ をとったとき，上の議論と同様に，準同型 $f: \mathbb{R} \to \mathbb{R}_+$ は各 λ に対する $f(x_\lambda)$ の値で定まり，また，$a_\lambda \in \mathbb{R}_+$ を任意に与えたとき，$f(x_\lambda) = a_\lambda$ となるような準同型 f が存在するからである．

したがって，これまで以上の結論を求めるためには，f に対し何か追加条件をおかねばならない．

最も自然な条件としては f の連続性がある．すなわち，$f: \mathbb{R} \to \mathbb{R}_+$ が連続な準同型ならば，任意の x に対し(21)が成り立ち，f は $a = f(1)$ だけで定まることになる．このことは，実質的には高校での指数関数の定義に採用されている．詳しくは次の通りである．

実数 x に対して，x に収束する有理数列 $x_1, x_2, x_3, \cdots$ をとる．有理数に対しては(21)が成り立っていたから，

$$f(x_n) = a^{x_n}$$

である．一方，f が連続だから，$f(x_n)$ は $f(x)$ に収束し，また，a^{x_n} は a^x に収束する．よって，

$$f(x) = a^x$$

を得る．

ここで注意しなければならないのは，高校での指数関数 a^x の定義が次の点をあいまいにしていることである．第一点は，実数 x

に対し，x に収束する有理数列 $x_1, x_2, x_3, \cdots$ をとったとき，$a^{x_1}, a^{x_2}, a^{x_3}, \cdots$ が収束すること．第二点は，$x_1, x_2, x_3, \cdots$ と $x_1', x_2', x_3', \cdots$ とがともに x に収束するとき，$a^{x_1}, a^{x_2}, a^{x_3}, \cdots$ と $a^{x_1'}, a^{x_2'}, a^{x_3'}, \cdots$ の収束する先が等しいこと．この二点はともに a^x の($\mathbb{Q}$ 上での)広義一様連続性により保証されることである．これらの点に初めて気がついた読者は自分で検証されたい．

いずれにせよ，連続な準同型という仮定から，解析的で1対1の関数 a^x (ただし $a \neq 1$) が得られたことは著しいことであるといわねばならない．なお，数学ではある制限をみたす対象をすべて求め，適当に色分けすることを目標とするいわゆる分類問題がある．連続な準同型 $\mathbb{R} \to \mathbb{R}_+$ については，上のように簡明な分類が得られたことになる．

被覆空間

θ が実数であるとき，$e^{i\theta} = \cos\theta + i\sin\theta$ は絶対値が1の複素数である．しかも，θ が実数全体を動けば，$e^{i\theta}$ は絶対値1の複素数の全体 S^1 の上を動く．複素平面上で考えれば，S^1 は原点を中心とする長さ1の円周である．$z, w \in S^1$ ならば，$zw \in S^1$ であり，その積により S^1 は群になる．

いま，$\exp(\theta) = e^{i\theta}$ とおいて，写像 $\exp : \mathbb{R} \to S^1$ を考えよう．(3)から

$$\exp(\theta + \varphi) = \exp(\theta)\exp(\varphi)$$

となるから，$\exp$ は群 $\mathbb{R}$ から群 S^1 への準同型であり，しかも連続である．しかし，1対1ではない．各点 $z \in S^1$ に対し，$\exp$ による z の逆像 $\exp^{-1}(z)$ は

$$\{\theta + 2\pi k ; k : 整数\}$$

の形である．これは，通常，「複素数 z の偏角は 2π の整数倍を除

いて定まる」と表現されている事実である.

$z \in S^1$ に対して,その偏角 θ のとり方には上のように自由度がある.しかも,そのとり方を一定のしかたで規定する理論的根拠はなく,また z に応じて θ が連続に動くようにとることは,z が S^1 全体の上を動くときは不可能である.例えば通常,偏角 θ は $0 \leq \theta < 2\pi$ となるようにとることが多いが,これは便宜的なもので必然的なものではない.また,そのようにとると,θ が図のように $1 \in S^1$ から出発して,左廻りに S^1 上を動いたとき,θ は 0 から次第に増大し,第 4 象限から z が 1 に近づくと,θ は次第に 2π に近づいてゆく.したがって,連続性を保とうとする限り,$z=1$ において θ は不連続にならざるを得ない.

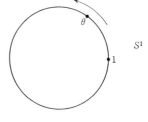

しかし,一方,$z_0 \in S^1$ に対し,その偏角 θ_0 を一つ定めておくと,z が z_0 の近くの範囲を動いたとき,z の偏角 θ が z について連続に動き,$z=z_0$ では $\theta=\theta_0$ となるようにとることができ,しかもそのとり方は一意的であることは容易に確かめられる.

上のことは,通常,次のように述べられている.$\exp^{-1}$ を $\log$ と書くと,$\log$ はふつうの意味の写像 $S^1 \to \mathbb{R}$ ではなく,いわゆる多価写像である.しかし,一点 $z_0 \in S^1$ と $\theta_0 \in \exp^{-1}(z_0)$ を定めると,z_0 の近くでは連続写像 $\theta = \log z$ で,$\theta_0 = \log z_0$ となるものが一意的に定まる.これを多価関数 $\log$ の z_0 のまわりでの一つの枝という.

上に述べた $\exp: \mathbb{R} \to S^1$ と $\log = \exp^{-1}$ の関係は被覆空間とよばれるものの典型的な例である.被覆空間は数学の多くの分野に現れる重要な概念である.他の例として,$E: \mathbb{C} \to \mathbb{C}^*$ をあげよう.ここで,$\mathbb{C}$ は複素数全体,$\mathbb{C}^* = \mathbb{C} - \{0\}$ で

$$E(z) = e^z$$

である.

また,d を 0 でない整数とし,$\pi: S^1 \to S^1$ を
$$\pi(z) = z^d$$
で定義すると,他の被覆空間の例が得られる.これらが上の exp: $\mathbb{R} \to S^1$ と類似の性質を持っていることは読者自ら確かめられたい.

回　転

最初の材料

(1) $$e^{i\theta} = \cos\theta + i\sin\theta$$

に戻ろう.等式

$$e^{i(\theta+\varphi)} = e^{i\theta}e^{i\varphi}$$

と(1)から

$\cos(\theta+\varphi)+i\sin(\theta+\varphi)$
$= (\cos\theta+i\sin\theta)(\cos\varphi+i\sin\varphi)$
$= \cos\theta\cos\varphi - \sin\theta\sin\varphi + i(\cos\theta\sin\varphi + \sin\theta\cos\varphi)$

を得る.これを実部と虚部に分けて

$$\cos(\theta+\varphi) = \cos\theta\cos\varphi - \sin\theta\sin\varphi,$$
$$\sin(\theta+\varphi) = \cos\theta\sin\varphi + \sin\theta\cos\varphi$$

が得られる.これは三角関数の加法公式に他ならない.上の論法は複素数を用いた加法公式の証明としてよく引用されるものである.

また,複素数を複素平面上の点と考えたとき,点 z に対し点 $e^{i\theta}z$ を対応させる写像は,原点を中心とした角 θ の回転に他ならない.すなわち,$z=x+iy$ とすると,

$e^{i\theta}z = (\cos\theta+i\sin\theta)(x+iy)$
$\qquad = x\cos\theta - y\sin\theta + i(x\sin\theta + y\cos\theta)$

となる.この対応は行列を用いると

(22) $$\begin{pmatrix} x \\ y \end{pmatrix} \longrightarrow \begin{pmatrix} \cos\theta & -\sin\theta \\ \sin\theta & \cos\theta \end{pmatrix} \begin{pmatrix} x \\ y \end{pmatrix}$$

と表される．

さて，平面図形において回転に関して不変な性質を考えよう．簡単な例として，図の平行四辺形の面積 S を考えると，それは

(23) $$S = \sqrt{\begin{vmatrix} x_1 & x_2 \\ y_1 & y_2 \end{vmatrix}^2} \,(= |x_1 y_2 - x_2 y_1|)$$

で与えられる．このことの証明はいろいろ考えられるが，ここでは次のように証明する．

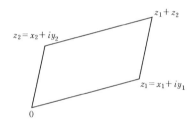

まず，$|z_1| = \sqrt{x_1{}^2 + y_1{}^2} = 1$ としてよい．実際，(23)の両辺は z_1 を r 倍 $(r>0)$ するといずれも r 倍されるから，初めから z_1 の代りに $z_1/|z_1|$ に対して(23)を証明すればよい．したがって，z_1^{-1} を掛ける操作は回転を施すこととみなしてよい．

そこで，上図の平行四辺形に回転 z_1^{-1} を施した下図の平行四辺形

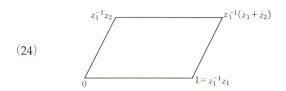

(24)

の面積を考えると,その面積は元の平行四辺形の面積 S に等しい.一方
$$z_1^{-1}z_2 = (x_1-iy_1)(x_2+iy_2) = x_1x_2+y_1y_2+i(x_1y_2-x_2y_1)$$
であるから,

$$\begin{aligned}S &= \text{平行四辺形(24)の面積} \\ &= \text{平行四辺形(24)の高さ} \\ &= |x_1y_2-x_2y_1|\end{aligned}$$

となる.これで(23)は証明された.

この証明は次のように見直すこともできる.すなわち,まず平面上の二つのベクトル
$$\boldsymbol{a}_1 = \begin{pmatrix} x_1 \\ y_1 \end{pmatrix}, \quad \boldsymbol{a}_2 = \begin{pmatrix} x_2 \\ y_2 \end{pmatrix}$$
に対し,$x_1y_2-x_2y_1$ を対応させる関数を考える.この関数は回転に関し不変である.実際,この関数は行列
$$(\boldsymbol{a}_1, \boldsymbol{a}_2) = \begin{pmatrix} x_1 & x_2 \\ y_1 & y_2 \end{pmatrix}$$
の行列式
$$|\boldsymbol{a}_1, \boldsymbol{a}_2| = \begin{vmatrix} x_1 & x_2 \\ y_1 & y_2 \end{vmatrix}$$
に等しい.一方,角 θ の回転は行列

$$R(\theta) = \begin{pmatrix} \cos\theta & -\sin\theta \\ \sin\theta & \cos\theta \end{pmatrix}$$

を用いて

$$\boldsymbol{a}_1 \longrightarrow R(\theta)\boldsymbol{a}_1, \quad \boldsymbol{a}_2 \longrightarrow R(\theta)\boldsymbol{a}_2$$

で表された((22)参照).したがって,行列 $(\boldsymbol{a}_1, \boldsymbol{a}_2)$ は角 θ の回転により

$$(R(\theta)\boldsymbol{a}_1, R(\theta)\boldsymbol{a}_2) = R(\theta)(\boldsymbol{a}_1, \boldsymbol{a}_2)$$

と変換される.この行列の行列式をとると,

$$|R(\theta)(\boldsymbol{a}_1, \boldsymbol{a}_2)| = |R(\theta)||\boldsymbol{a}_1, \boldsymbol{a}_2|$$
$$= |\boldsymbol{a}_1, \boldsymbol{a}_2|$$

となる.すなわち,関数 $x_1 y_2 - x_2 y_1 = |\boldsymbol{a}_1, \boldsymbol{a}_2|$ は回転に関し不変である.よって,(23)の右辺は回転によって不変である.

また,$0, \boldsymbol{a}_1, \boldsymbol{a}_2, \boldsymbol{a}_1+\boldsymbol{a}_2$ を頂点とする平行四辺形の面積も回転により不変である.

以上の考察から,(23)を証明するためには,必要があれば適当な回転を施して,第一のベクトル $\boldsymbol{a}_1$ の y 座標が 0 である(複素数でいえば z_1 が実数である)としてよい.そこで,二つのベクトル

$$\begin{pmatrix} a \\ 0 \end{pmatrix}, \quad \begin{pmatrix} b \\ c \end{pmatrix}$$

に対して,面積は明らかに $|ac|$ であり,これは(23)の右辺に等しいから,この場合(23)は成り立つ.上の注意により,これで(23)が一般に成り立つことが証明された.

上のような論法も数学ではしばしば用いられるものである.演習問題として,(3次元)空間における二つのベクトル

$$\boldsymbol{a}_1 = \begin{pmatrix} x_1 \\ y_1 \\ z_1 \end{pmatrix}, \quad \boldsymbol{a}_2 = \begin{pmatrix} x_2 \\ y_2 \\ z_2 \end{pmatrix}$$

に対し，$0, a_1, a_2, a_1+a_2$ を頂点とする平行四辺形の面積が

$$\sqrt{\begin{vmatrix} x_1 & x_2 \\ y_1 & y_2 \end{vmatrix}^2 + \begin{vmatrix} x_1 & x_2 \\ z_1 & z_2 \end{vmatrix}^2 + \begin{vmatrix} y_1 & y_2 \\ z_1 & z_2 \end{vmatrix}^2}$$

に等しいことを読者自ら証明することを薦めたい．

そこまでくると，一般に n 次ユークリッド空間における二つのベクトル a_1, a_2 に対し同じ問題を考えたとき，その解答を予想し，証明をつけることは容易であろう．読者自ら実行されたい．

おわりに

これまで，関係式(1)を出発点として，それにまつわる題材を軸に，数学における典型的な考え方の一端を紹介した．また，はじめに述べたことと関連して，明晰に考えることの見本も述べたつもりである．

話は数学からそれるが，何かものを習い始めるとき，先達から要領やこつを教わることは非常に有効であり，そうでないのと較べると能率のよさには格段の差がある．筆者は年をとってからスキーを始めようと思いたったが，若い人達とスキー学校で肩を並べるのはてれくさく，ほぼ独力で滑り始めたところ，2日目に曲るべきところで曲がりきれずに脚の骨を折るという苦い経験をした．まさに生兵法は怪我の元という諺を地で行く結末である．

しかし，いくらこつを教えられても，それを身につけるのにはまた別の努力や感覚が必要なことも明らかである．筆者はかつて渓流のやまめ釣りに挑戦したことがある．そのときは名人ともいうべき友人が同行していて，最初にあれこれと細かく注意を与えてくれた．2時間ほどの試行の後の結果は，ほとんど同じ場所にもかかわらず，友人が5匹を上廻る釣果でこちらは零であった．そのとき

の友人の言葉は印象的であった．「同じ川の同じ場所のあたりを日や時間を変えて何度も当ってみろ．そのうちにきっと魚とのなじみができてくる．そうすれば，よその川へ行ってもいくらでも応用がきくようになる．」この言葉は数学(やその他の学問)の学習にも一脈通ずるものであろう．要は，本人の研鑽の努力こそが最善で最後の極め手である．

数学の帰納的な発展——ガウスの楕円関数論

河 田 敬 義

帰納的方法と演繹的方法

私が東大数学科学生であったのは 1935–38 年で，幸運にも高木貞治先生の停年前最後の"微分積分学"(解析概論)の講義をきくことができた．他に，当時としてはモダーンな末綱恕一先生の"代数学"(抽象代数)の他は，古典的な講義(中川銓吉先生の"幾何学"，竹内端三先生の"関数論"，掛谷宗一先生の"微分方程式論"など)であった．彌永昌吉先生が教室に来られてからは位相空間論や代数的トポロジーなどの講義が始った．

高木先生は阪大数学教室での講演などで，"学生諸君は早くから，三つの A(解析，代数，数論)と幾何というような古典的分類にとらわれず，近代的な考え方，すなわち a(抽象的数学)を身につけるのがよい"という趣旨のことを話された．1920 年代から 30 年代はまさに抽象数学が急速に進んだ時期で，ファン・デル・ヴェルデン(van der Waerden)の"現代代数"，アレクサンドロフ-ホップ(Alexandroff-Hopf)の"トポロジー"，バナッハ(Banach)やストーン(Stone)の"関数解析"，コルモゴロフ(Kolmogorov)の"公理的確率論"などが広く読まれた．つまり，古典的数学から抽象的数学への変化の時代であった．そしてわれわれ学生の多くは，高木先生の示唆に従った．そこでは抽象的数学は，多くは公理系より出発して，演繹的体系をとることになる．

演繹的体系は，古くはユークリッドの"幾何学原論"以来の数学学習の体系であるが，ニュートンの天体運動を初め，数学の重要な

発見や進歩は帰納的方法によるものである．数学の学習は演繹的方法によるが，数学の発見は帰納的方法によるというのは，一種の二律背反である．学校の授業にも講義と演習とがある．この岩波講座「基礎数学」の各項目は，近代的手法をなるべく有効にすみやかに伝える趣旨のものが多く，私が学校で学んだような古典的数学について述べることが少ない．

高木先生は学生に対して上記のような講演をされたが，自らは楕円関数の虚数乗法論より出発して，帰納的な道を辿って1920年に見事"類体論"の構成に成功されたのである．高木先生の著わされた『近世数学史談』(1931年)は19世紀前半の数学史で広く読まれたが，その中で次のように述べておられる．

"ガウスが進んだ道は即ち数学の進む道である．その道は帰納的である．特殊から一般へ！ それが標語である．それは凡ての実質的なる学問に於て必要なる条件であらねばならない．数学が演繹的であるというが，それは既成数学の修業にのみ通用するのである．自然科学に於ても一つの学説が出来てしまえば，その学説に基づいて演繹をする．しかし論理は当り前なのだから，演繹のみから新しい物は何も出て来ないのが当り前であろう．若しも学問が演繹のみにたよるならば，その学問は小さな環の上を永遠に周期的に廻転する外はないであろう．吾々は空虚なる一般論に捉われないで，帰納の一途に精進すべきではあるまいか．"(p. 54)

本講座の読者諸氏は，最もモダーンな手法を学ばれるのであるから，それの一つの補いとして帰納的な数学発展とはどんなものであるかについてここで説明しよう．その一例として，高木先生が『近世数学史談』で示されたガウスによる楕円関数発見の糸口について述べることにする．それはガウスが19歳から21歳にかけて行った研究である．

レムニスケート関数

 複素数についてわれわれは中学校で2次方程式の虚根として学習しはじめるが,最近の高等学校では複素数の幾何学的表示,いわゆるガウス平面についてはほとんど教えていない.歴史的に見ても,複素数の形式的取扱いは古いが,複素変数の複素関数という取り扱い,いわゆる複素関数の理論はオイラー(1707-83),ラグランジュ(1736-1813)たちによって取り扱われるようになり,ガウス(1777-1855),コーシー(1789-1857)辺りから本格的な理論に発展して行く.

 指数関数 $\exp x$,三角関数 $\sin x$,$\cos x$ などを複素変数にまで拡張したのはオイラーであった.実変数 x に対して,これらの関数を $x=0$ を中心とするベキ級数展開すれば,$-\infty < x < \infty$ に対して

$$\exp x = 1 + \frac{x}{1!} + \frac{x^2}{2!} + \cdots + \frac{x^n}{n!} + \cdots,$$
$$\sin x = x - \frac{x^3}{3!} + \frac{x^5}{5!} + \cdots + (-1)^n \frac{x^{2n+1}}{(2n+1)!} + \cdots,$$
$$\cos x = 1 - \frac{x^2}{2!} + \frac{x^4}{4!} + \cdots + (-1)^n \frac{x^{2n}}{(2n)!} + \cdots$$

である.ここに形式的に,x の代りに ix とおき,$i^2=-1$ を用いれば,

$$\exp(ix) = \cos x + i \sin x$$

という関係式を生じる.この式と

$$\exp(-ix) = \cos(-x) + i \sin(-x) = \cos x - i \sin x$$

とから

$$\sin x = \frac{1}{2i}(\exp(ix) - \exp(-ix)), \quad \cos x = \frac{1}{2}(\exp(ix) + \exp(-ix))$$

を得る.したがって

$$\sin(ix) = \frac{1}{2i}(\exp(-x) - \exp x), \quad \cos(ix) = \frac{1}{2}(\exp(-x) + \exp x)$$

を得る．

三角関数はまたその性質から円関数とも呼ばれ，幾何学的に定義されることは，高校以来よく知っていることである．すなわち，半径 r の円 $(x^2 + y^2 = r^2)$ を画くとき

$$\sin\theta = \frac{BC}{OB} = \frac{y}{r},$$
$$\cos\theta = \frac{OC}{OB} = \frac{x}{r},$$
$$s = 弧長\ AB = r\theta$$

である．簡単のために $r=1$ とすれば $x = \sqrt{1-y^2}$, $s=\theta$ となり

$$\frac{dy}{d\theta} = \cos\theta, \quad \frac{dx}{d\theta} = -\sin\theta, \quad \left(\frac{dx}{d\theta}\right)^2 + \left(\frac{dy}{d\theta}\right)^2 = 1$$

であるから

$$d\theta^2 = dx^2 + dy^2 = \left(\left(\frac{dx}{dy}\right)^2 + 1\right)dy^2$$
$$= \left(\left(\frac{-y}{\sqrt{1-y^2}}\right)^2 + 1\right)dy^2 = \frac{1}{1-y^2}dy^2,$$

すなわち

(1) $$\frac{d\theta}{dy} = \frac{1}{\sqrt{1-y^2}}$$

となる．これを積分して $y=0$ のとき $\theta=0$ であることを使うと，

(2) $$\theta = \int_0^y \frac{dy}{\sqrt{1-y^2}}$$

と表わされる．よって $y=\sin\theta$ を，(2)で表わされる関数 $\theta=\theta(y)$

の逆関数として定義することができる.

さてオイラーは1750年ごろに $\sqrt{1-y^2}$ の代りに $\sqrt{1-y^n}$ ($n=3, 4, \ldots$) を用いて

(3) $$f(y) = \int_0^y \frac{1}{\sqrt{1-y^n}} dy$$

という関数の研究を始めた. $n=3, 4$ の場合は楕円の弧長との関係によって**楕円積分**と呼ばれる.

時代かわってオイラーからガウスにうつると, 19歳8ケ月の少年ガウスは1797年1月8日の日記に, "積分

(＊) $$\int \frac{dx}{\sqrt{1-x^4}}$$

に関して, レムニスケートの研究を始める"と記している. すなわち, オイラーの積分(3)のうち, $n=4$ の場合に特に着目したのである.

ここでレムニスケート(lemniscate)とは平面上の2定点 $F(a, 0)$, $F'(-a, 0)$ ($a>0$) よりの距離の積が一定値 a^2 となる点 $P(x, y)$ の軌跡をいう(高木貞治『解析概論』, 改訂3版, p. 136).

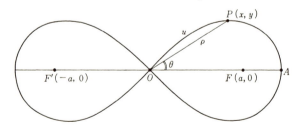

この曲線の方程式は

(4) $$((x-a)^2+y^2)((x+a)^2+y^2) = a^4$$

で表わされる. これを整理すれば, 4次方程式

$$(x^2+y^2)^2 - 2a^2(x^2-y^2) = 0$$

となる．極座標 (ρ, θ) を用いれば
$$\rho^2 = 2a^2 \cos 2\theta$$
と表わされる．弧長 $=u=\widehat{OP}$，弦長 $\rho=\overline{OP}$ とおくと
$$du^2 = d\rho^2 + \rho^2 d\theta^2 = \left(1+\rho^2\left(\frac{d\theta}{d\rho}\right)^2\right)d\rho^2 = \frac{4a^4}{4a^4-\rho^4}d\rho^2,$$
故に
$$u = \int_0^\rho \frac{2a^2}{\sqrt{4a^4-\rho^4}}d\rho$$
と表わされる．特に $2a^2=1$ (i.e. $a=1/\sqrt{2}$) とし，ρ を改めて x と書くと

(5) $$\boxed{u = \int_0^x \frac{dx}{\sqrt{1-x^4}}}$$

となる．すなわち，積分 (∗) となった．

当時，楕円積分の研究はルジャンドル (1752-1833) たちによって盛んに研究されていた．特にルジャンドルの研究は精密なものであったが，(5) の関数 $u=u(x)$ の逆関数の研究に思いいたらなかった．三角関数は (3) で $n=2$ とした場合で $u=u(x)=\int_0^x \frac{dx}{\sqrt{1-x^2}}$ は逆三角関数となったことを考え合わせると，$n=4$ の場合によい結果を得るためには，(5) の関数 $u=u(x)$ の逆関数であるような三角関数の類似を考えることが大切である．ガウスは直ちにこの点に気づいて (5) の $u=u(x)$ の逆関数を考えて，これを

(6) $\boxed{x = x(u) = \sin \text{lemn}(u)}$ （レムニスケート的サイン）

と定義した．ここでは簡単に
(7) $$x = s(u)$$
と略記する．但し $s(0)=0$ である．また

(8) $$\omega = \widehat{OA} = \int_0^1 \frac{dx}{\sqrt{1-x^4}} \quad (= 1.31102878\cdots)$$

とおくと，$x=1$ に対して $u=\omega$ であるから (7) より

(9) $$s(\omega) = 1$$

である．4ω は曲線全体の長さである．(円周の長さ 2π に相当する．)

関数 $s(u)$ は元来

$$-2\omega \leqq u \leqq 2\omega$$

で定義され，

(10) $$s(-u) = -s(u)$$

である．一般の実数 u に対しては，周期性

(11) $$s(u+4n\omega) = s(u), \quad n = 0, \pm 1, \pm 2, \cdots$$

を用いて定義される．

次に三角関数 $\sin x$ と同様に**レムニスケート的コサイン**

(12) $$\boxed{c(u) = \cos \operatorname{lemn}(u)}$$

を

(13) $$c(u) = s(\omega - u)$$

によって定義する．このとき

(14) $c(\omega) = 0, \quad c(0) = 1, \quad c(u+4n\omega) = c(u), \quad n = 0, \pm 1, \pm 2, \cdots$

である．

加法定理

三角関数と同様に，レムニスケート関数についても大切な公式は加法定理である．三角関数に対しては，普通，幾何学的に加法定理を導くが，積分 (2) から出発して次のように導くこともできる．ま

ず微分方程式

(15) $$\frac{dx}{\sqrt{1-x^2}}+\frac{dy}{\sqrt{1-y^2}}=0$$

を考える．

$$u=\int_0^x \frac{dx}{\sqrt{1-x^2}}, \quad v=\int_0^y \frac{dy}{\sqrt{1-y^2}}$$

とおくと，(15)の積分として

(16) $\quad\quad\quad\quad u+v=c \quad$（定数）

が得られる．すなわち(15)の解曲線は(16)で c をいろいろに変えることによって得られる．次に解曲線の上では $u=c-v$ であるから

$$\frac{dx}{du}=1\bigg/\left(\frac{du}{dx}\right)=\sqrt{1-x^2},$$
$$\frac{dy}{du}=-\frac{dy}{dv}=-1\bigg/\left(\frac{dv}{dy}\right)=-\sqrt{1-y^2}$$

である．また

$$\frac{d^2x}{du^2}=\frac{d\sqrt{1-x^2}}{du}=\frac{d\sqrt{1-x^2}}{dx}\cdot\frac{dx}{du}=\frac{-x}{\sqrt{1-x^2}}\cdot\sqrt{1-x^2}=-x,$$
$$\frac{d^2y}{du^2}=\frac{d^2y}{dv^2}=-y,$$

したがって

$$\frac{d}{du}(x\sqrt{1-y^2}+\sqrt{1-x^2}\,y)=\frac{d}{du}\left(-x\frac{dy}{du}+\frac{dx}{du}y\right)$$
$$=\left(-\frac{dx}{du}\cdot\frac{dy}{du}-x\frac{d^2y}{du^2}\right)+\left(\frac{d^2x}{du^2}y+\frac{dx}{du}\frac{dy}{du}\right)=0$$

となる．故に(15)の解曲線の上で

(17) $\quad\quad\quad x\sqrt{1-y^2}+\sqrt{1-x^2}\,y=c' \quad$（定数）

である．(16)と(17)とを比べると，c' は c の関数となり，

(18) $$x\sqrt{1-y^2}+\sqrt{1-x^2}\,y = f(u+v)$$

と表わされなければならない．特に $v=0$ のとき $y=0$ であるから，(18)と u の定義から

$$f(u) = x = \sin(u)$$

となる．よって(18)は，加法定理

(19) $$\sin(u+v) = x\sqrt{1-y^2}+\sqrt{1-x^2}\,y$$
$$= \sin u \cdot \cos v + \cos u \cdot \sin v$$

を与える．

この論法はレムニスケート関数にもそのまま適用できることをオイラーがすでに示している．まず(15)に対応して，微分方程式

(15)* $$\frac{dx}{\sqrt{1-x^4}}+\frac{dy}{\sqrt{1-y^4}} = 0$$

を考える．

$$u = \int_0^x \frac{dx}{\sqrt{1-x^4}}, \quad v = \int_0^y \frac{dy}{\sqrt{1-y^4}}$$

とおくと，(15)* の積分として

(16)* $$u+v = c \quad (\text{定数})$$

が得られる．他方

$$\frac{dx}{du} = 1\bigg/\left(\frac{du}{dx}\right) = \sqrt{1-x^4}, \quad \frac{dy}{dv} = 1\bigg/\left(\frac{dv}{dy}\right) = \sqrt{1-y^4}$$

であり，解曲線上では $u=c-v$ より

$$\frac{dy}{du} = -\frac{dy}{dv} = -\sqrt{1-y^4}$$

である．よって

$$\frac{d^2x}{du^2} = \frac{-2x^3}{\sqrt{1-x^4}} \cdot \frac{dx}{du} = -2x^3,$$

$$\frac{d^2y}{du^2} = \frac{d^2y}{dv^2} = -2y^3,$$

そこで,解曲線(16)* の上では

$$\frac{d}{du}\left(\frac{x\sqrt{1-y^4}+y\sqrt{1-x^4}}{1+x^2y^2}\right) = \frac{d}{du}\left(\frac{-x\dfrac{dy}{du}+y\dfrac{dx}{du}}{1+x^2y^2}\right)$$

$$= \frac{1}{1+x^2y^2}\left(y\frac{d^2x}{du^2}-x\frac{d^2y}{du^2}\right) - \frac{2xy}{(1+x^2y^2)^2}\left(\frac{dx}{du}y+\frac{dy}{du}x\right)\left(-x\frac{dy}{du}+y\frac{dx}{du}\right)$$

$$= \frac{-2}{1+x^2y^2}(yx^3-xy^3) - \frac{2xy}{(1+x^2y^2)^2}(y^2(1-x^4)-x^2(1-y^4)) = 0,$$

すなわち(15)* の解曲線(16)* の上で

(17)* $\qquad \dfrac{x\sqrt{1-y^4}+y\sqrt{1-x^4}}{1+x^2y^2} = c'$ （定数）

である.(16)* と(17)* とを比べ,c' は c の関数となるから

$$\frac{x\sqrt{1-y^4}+y\sqrt{1-x^4}}{1+x^2y^2} = f(u+v)$$

と表わされる.

ここで $v=0$ とおくと $x=s(u)$,$y=0$ であるから

$$f(u) = s(u)$$

となる.よって

$$s(u+v) = \frac{x\sqrt{1-y^4}+y\sqrt{1-x^4}}{1+x^2y^2}$$

となる.またこの右辺において平方根の式の変形を行うと

(20) $$s(u+v) = \frac{x\sqrt{\frac{1-y^2}{1+y^2}}+y\sqrt{\frac{1-x^2}{1+x^2}}}{1-xy\sqrt{\frac{1-x^2}{1+x^2}}\sqrt{\frac{1-y^2}{1+y^2}}}$$

と表わされる．ここで

$$u = \omega, \quad v = -u$$

とおくと，$x=s(\omega)=1$，$y=s(-u)=-s(u)$ であるから

(21) $$c(u) = s(\omega-u) = \sqrt{\frac{1-s^2(u)}{1+s^2(u)}}$$

となる．これを上の式に代入すれば $s(u)$ の加法定理として

(22) $$\boxed{s(u+v) = \frac{s(u)c(v)+s(v)c(u)}{1-s(u)s(v)c(u)c(v)}}$$

が導かれた．

(22)より $s(\omega)=1$，$c(\omega)=0$ を用いれば

(23) $$c(-u) = s(\omega+u) = c(u)$$

となる．（これは(10)と(21)とを用いてもよい．）

次に $c(u)$ に対する加法定理は

$$c(u+v) = s(\omega-u-v) = s((\omega-u)+(-v))$$
$$= \frac{s(\omega-u)c(-v)+s(-v)c(\omega-u)}{1+s(\omega-u)s(-v)c(\omega-u)c(-v)},$$

すなわち

(24) $$\boxed{c(u+v) = \frac{c(u)c(v)-s(u)s(v)}{1+s(u)s(v)c(u)c(v)}}$$

が得られる．((21), (22)の加法定理を幾何学的に導く方法も知られている．)

加法定理において，$v=u, 2u, 3u, \cdots$ とおけば，$s(nu)$ $(n=2, 3, \cdots)$ を $s(u), c(u)$ を用いて表わすことができる．結果を書けば

$$s(2u) = c(u) \cdot s(u) \frac{2}{1+s(u)^4}$$

$$s(3u) = s \cdot \frac{3-6s^4-s^8}{1+6s^4-3s^8} = \frac{sp_3(s)}{q_3(s)}, \quad s = s(u)$$

$$\cdots$$

$$s(5u) = s \cdot \frac{5-62 \cdot s^4-105 \cdot s^8+300 \cdot s^{12}-125 \cdot s^{16}+50 \cdot s^{20}+s^{24}}{1+50 \cdot s^4-125 \cdot s^8+300 \cdot s^{12}-105 \cdot s^{16}-62 \cdot s^{20}+5s^{24}} = \frac{sp_5(s)}{q_5(s)}$$

となる．さて円周の場合にはその 5 等分は $\sin(5u)=16s^5-20s^3+5s=0$ $(s=\sin u)$ の五つの実根

$s = 0,$

$s_1 = \sqrt{2(5+\sqrt{5})}/4 = 0.951056,$

$s_2 = \sqrt{2(5-\sqrt{5})}/4 = 0.587785,$

$-s_1, \quad -s_2$

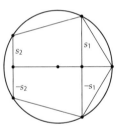

より得られる．レムニスケート関数の場合には $s(5u)=0$, すなわち 25 次方程式 $s \cdot p_5(s)=0$ の根として，次に見るように 5 個の実根と 20 個の虚根を得る．$s(5u)$ の分子は

$$s \cdot p_5(s) = s \cdot f_1(s) \cdot f_2(s) \cdot f_3(s),$$
$$f_1(s) = s^8+(26-12\sqrt{5})s^4+(9-4\sqrt{5}),$$
$$f_2(s) = s^8+(26+12\sqrt{5})s^4+(9+4\sqrt{5}),$$
$$f_3(s) = s^8-2s^4+5$$

と因数分解され，各因数 $f_k(s)=0$ の根は 2 次方程式の根の公式から直ちに計算される．すなわち

$f_1(s)=0$ の根は

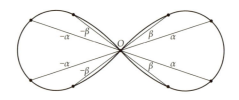

$$\alpha = \sqrt[4]{-(13-6\sqrt{5}) + \sqrt{(13-6\sqrt{5})^2 - (9-4\sqrt{5})}}$$
$$= \sqrt[4]{0.759434} = 0.933518, \ -\alpha, \ i\alpha, \ -i\alpha,$$
$$\beta = \sqrt[4]{-(13-6\sqrt{5}) - \sqrt{(13-6\sqrt{5})^2 - (9-4\sqrt{5})}}$$
$$= \sqrt[4]{0.073381} = 0.520470, \ -\beta, \ i\beta, \ -i\beta,$$

$f_2(s)=0$ の根は

$$\gamma = \sqrt[4]{-(13+6\sqrt{5}) + \sqrt{(13+6\sqrt{5})^2 - (9+4\sqrt{5})}}$$
$$= \sqrt[4]{-0.688220} = 0.910819 \times \sqrt{i}, \ -\gamma, \ i\gamma, \ -i\gamma,$$
$$\delta = \sqrt[4]{-(13+6\sqrt{5}) - \sqrt{(13+6\sqrt{5})^2 - (9+4\sqrt{5})}}$$
$$= \sqrt[4]{-52.144595} = 2.687214 \times \sqrt{i}, \ -\delta, \ i\delta, \ -i\delta,$$

$f_3(s)=0$ の根は

$$\lambda = \sqrt[4]{1+2i}, \quad -\lambda, \ i\lambda, \ -i\lambda \quad (\text{但し } \mathrm{Re}\,\lambda > 0, \ \mathrm{Im}\,\lambda > 0),$$
$$\mu = \sqrt[4]{1-2i}, \quad -\mu, \ i\mu, \ -i\mu \quad (\text{但し } \mathrm{Re}\,\mu > 0, \ \mathrm{Im}\,\mu > 0)$$

である.よって $s(5u)=0$ は五つの実根 $0, \alpha, \beta, -\alpha, -\beta$ を持ち,残り 20 個は虚根となる.これらの 20 個の虚根は何を意味するか.

高木先生は『史談』に"この問題を解決するために,ガウスは $s(u), c(u)$ を複素変数の関数として考察する決心をしたのであろう",と述べている.事実ガウスは同年(1797年)3月19日の日記に"何

数学の帰納的な発展　257

故にレムニスケートの n 等分から n^2 次の方程式が生ずるか"と書いているのである．

レムニスケート関数の複素変数への拡張

初等関数 $\exp x, \sin x, \cos x (x：実数)$ を $\exp z, \sin z, \cos z (z：複素数)$ に拡張するには $z=x+iy$ に対して

$\exp z = \exp x \cdot \exp(iy) = e^x(\cos y + i \sin y),$

$\sin(x+iy) = \sin x \cos iy + \cos x \sin iy,$

$\qquad = \dfrac{1}{2}\{\sin x(\exp(-y)-\exp y)-i\cos x(\exp(-y)+\exp y)\},$

$\cos(x+iy) = \cos x \cos iy - \sin x \sin iy$

$\qquad = \dfrac{1}{2}\{\cos x(\exp(-y)+\exp y)-i\sin x(\exp(-y)-\exp y)\}$

のように形式的に定義すればよい．これらの関数は

$\exp(z+2\pi i) = \exp z, \quad \sin(z+2\pi) = \sin z, \quad \cos(z+2\pi) = \cos z$

のように，それぞれ $2n\pi i, 2n\pi, 2n\pi\ (n=0, \pm1, \pm2, \cdots)$ を周期とする周期関数となっている．

これらと同じように $s(u), c(u)$ も複素変数に対して定義することができる．

まず $u=u(x)$ をベキ級数に展開すれば，$|x|<1$ に対して

(25) $\quad u = \displaystyle\int_0^x \dfrac{dx}{\sqrt{1-x^4}} = \int_0^x \left(1+\dfrac{1}{2}x^4+\dfrac{1\cdot 3}{2\cdot 4}x^8+\dfrac{1\cdot 3\cdot 5}{2\cdot 4\cdot 6}x^{12}+\cdots\right)dx$

$\qquad = x+\dfrac{1\cdot 1}{2\cdot 5}x^5+\dfrac{1\cdot 3\cdot 1}{2\cdot 4\cdot 9}x^9+\dfrac{1\cdot 3\cdot 5\cdot 1}{2\cdot 4\cdot 6\cdot 13}x^{13}+\cdots$

となる．この逆関数をとれば

(26) $\quad x = s(u) = u - \dfrac{1}{10}u^5 + \dfrac{1}{120}u^9 + \dfrac{11}{15600}u^{13} + \dfrac{211}{353600}u^{17} + \cdots$
$\quad\quad\quad\quad\quad = uf(u^4)$

の形となる(この計算は省略しよう). そこで形式的に

(27) $\quad\quad\quad\quad s(iu) = iuf((iu)^4) = is(u)$

とおく. また(21)によって

(28) $\quad c(iu) = \sqrt{\dfrac{1-s(iu)^2}{1+s(iu)^2}} = \sqrt{\dfrac{1+s(u)^2}{1-s(u)^2}} = \dfrac{1}{c(u)}$

とおく. そこで加法定理を用いて, 一般に

(29) $\quad\quad\boxed{s(t+iv) = \dfrac{s(t)+ic(t)s(v)c(v)}{c(v)-ic(t)s(t)s(v)}}$

(30) $\quad\quad\boxed{c(t+iv) = \dfrac{c(t)-is(t)s(v)c(v)}{c(v)+is(v)s(t)c(t)}}$

と定義しよう. このように z 平面全体で定義されたレムニスケート関数 $s(z), c(z)$ に対して, $\exp z, \sin z, \cos z$ のような関数に見られなかった極めて著しい性質があることがわかる. それは, (29), (30)で t および v に対して, t の代りに $t+4m\omega$, v の代りに $v+4n\omega$ $(m,n=0,\pm 1,\pm 2,\cdots)$ で置き換えても $s(t+iv), c(t+iv)$ の値が変わらないことである. すなわち $s(z), c(z)$ は**二重周期** $4m\omega+4n\omega i$ $(m, n=0,\pm 1,\pm 2,\cdots)$ を持つことである:

(31) $\quad\boxed{\begin{array}{l} s(u+4m\omega+4n\omega i) = s(u) \\ c(u+4m\omega+4n\omega i) = c(u) \end{array}}\quad (m, n = 0, \pm 1 \cdots).$

これは, 数学の歴史上初めて知られた二重周期関数の例であった.

周期関数 $\exp z$, $\sin z$, $\cos z$ に対しては，その周期性によって，それぞれ

$$D = \{x+iy \mid -\infty < x < \infty, \quad 0 \leq y < 2\pi\},$$

または

$$D^* = \{x+iy \mid 0 \leq x < 2\pi, \quad -\infty < y < \infty\}$$

に対する値がわかれば，あとは，それらの持つ周期性によって定まる．

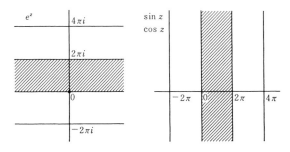

同様に，二重周期関数 $s(u), c(u)$ に対しては

(32) $$\boxed{D = \{x+iy \mid 0 \leq x < 4\omega, \quad 0 \leq y < 4\omega\}}$$

に対する値がわかれば，あとはそれらの持つ二重周期性(31)によって定まる．D をレムニスケート関数の**基本領域**という．

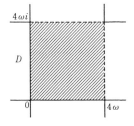

(29), (30)の定義を用いて，$s(u), c(u)$ の零点と極とを定めることができる．まず(29)において

$$s(t+iv) = 0 \iff s(t) = 0 \quad \text{かつ} \quad s(v) = 0,\ c(v) \neq 0$$

がわかる. t, v が実数であるから

$$s(t) = 0,\ s(v) = 0 \iff t = 2m\omega,\ v = 2n\omega \quad (m, n = 0, \pm 1, \cdots)$$

である. すなわち, 零点は

(33) $\boxed{s(u) = 0 \iff u = 2m\omega + 2n\omega i} \quad (m, n = 0, \pm 1, \cdots)$

となる. 同じく(30)より

(33)* $\boxed{c(u) = 0 \iff u = (2m+1)\omega + 2n\omega i} \quad (m, n = 0, \pm 1, \cdots)$

である. また(29)より

$$s(t+iv) = \infty \iff c(v) = 0 \quad \text{かつ} \quad c(t) = 0,\ s(t) \neq 0$$

がわかる. t, v が実数であるから

$$c(t) = 0,\ c(v) = 0 \iff t = (2m+1)\omega,\ v = (2n+1)\omega \quad (m, n = 0, \pm 1, \cdots)$$

である. すなわち, $s(u)$ の極は

(34) $\boxed{s(u) = \infty \iff u = (2m+1)\omega + (2n+1)\omega i} \quad (m, n = 0, \pm 1, \cdots)$

であり, 同じく(30)より

(34)* $\boxed{c(u) = \infty \iff u = 2m\omega + (2n+1)\omega i} \quad (m, n = 0, \pm 1, \cdots)$

である.

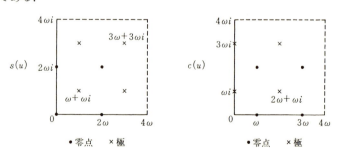

このように，$s(u), c(u)$ はそれぞれ基本領域 D において4個ずつの零点と極とを持つ．

これを基礎にして，複素関数論の留数の定理を用いれば，次の諸性質が成り立つことが，（比較的容易に）証明される．（これらを**リューヴィルの定理**という．）

（i） 二重周期を持ち，かつ整関数であるものは定数に限る．（例えば『解析概論』p. 222 参照．）

（ii） 二重周期関数の基本領域にあるすべての極の留数の和は0である．

（iii） 二重周期関数の基本領域にある零点の位数の和と極の位数の和は等しい．この値を**位数**という．

（iii）* 位数 n の二重周期関数は，任意の複素数値 a（または ∞）を（重複度を数えて）ちょうど n 回ずつとる．

（iv） 二重周期関数の基本領域にある零点の和と極の和との差は一つの周期に等しい．

例えば，レムニスケート関数 $s(u), c(u)$ に対して，それらの位数は，4である．したがって任意の複素数値 a を，4回ずつとる．また $s(u)$ の D における零点は $\{0, 2\omega, 2\omega i, 2\omega+2\omega i\}$，極は $\{\omega+\omega i, \omega+3\omega i, 3\omega+\omega i, 3\omega+3\omega i\}$ であるから，それらの和の差は

$$(0+2\omega+2\omega i+2\omega+2\omega i)-(\omega+\omega i+\omega+3\omega i+3\omega+\omega i+3\omega+3\omega i)$$

$$= (4\omega+4\omega i)-(8\omega+8\omega i) = -4\omega-4\omega i$$

となって，一つの周期である．（以上については，例えば田村二郎著『解析函数』（裳華房）§28 を参照されたい．）

レムニスケートの等分点

ここで，$u \to s(u)$ によってひきおこされる複素平面 $\mathbb{C}$ から $\mathbb{C}^\infty = \mathbb{C} \cup \{\infty\}$ への写像を考えよう．$s(u)$ の二重周期性によって，基本領

域 $D \to \mathbb{C}^\infty$ の写像がわかればよい.

さて,$D \to \mathbb{C}^\infty$ については $s(2\omega)=s(2\omega i)=s(2\omega+2\omega i)=0$,$c(2\omega)=c(2\omega i)=c(2\omega+2\omega i)=1$ を用いれば加法定理によって

(35) $\qquad s(u+2\omega) = -s(u), \quad s(u+2\omega i) = -s(u),$

したがって

(36) $\qquad\qquad s(u+2\omega+2\omega i) = s(u)$

である.また $u+u'=2\omega+2\omega i$ であれば

(37) $\qquad\qquad s(u) = -s(u')$

となる.

一方,等角写像の良く知られた結果によれば(例えば『岩波数学辞典』第3版,公式集 p. 1385,或は上記田村『解析函数』§26 参照),$u \to s(u)$ は次の図のようになる.

(38)
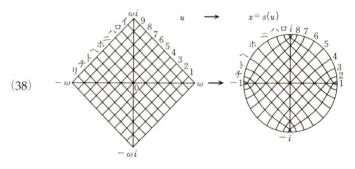

これを等角写像の鏡像の原理[1]と(35),(37)を用いれば写像 $D \to \mathbb{C}^\infty$ は D を $\mathbb{C}^\infty$ 全体の上に四重に写像し,それは次の図のようになる.

---

[1] 鏡像の原理については,小平邦彦著『複素解析 II』(岩波講座「基礎数学」) p. 250 参照.

(39)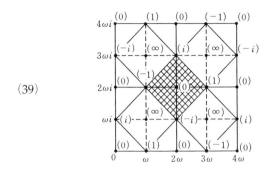

ここでレムニスケート関数の 5 等分の問題に戻ろう．$s(5u)=0$ となる u は $s(u)$ の零点の位置(33)より
$$5u = 2m\omega + 2n\omega i \quad (m, n = 0, \pm 1, \pm 2, \cdots),$$
したがって
$$u = \frac{2}{5}(m\omega + n\omega i) \quad (m, n = 0, \pm 1, \pm 2, \cdots)$$
である．これらの値のうち基本領域 D にあるものは
$$m, n = 0, 1, 2, \cdots, 9$$
の 100 個ある．$s(u)$ はその 100 個の点において，同一の値を 4 回ずつとり，$s(u)$ は全体として 100/4=25 個の異なる値をとる．それらがちょうど

$0, \alpha, -\alpha, i\alpha, -i\alpha; \ \beta, -\beta, i\beta, -i\beta; \ \gamma, -\gamma, i\gamma, -i\gamma; \ \delta, -\delta, i\delta, -i\delta;$

$\lambda, -\lambda, i\lambda, -i\lambda; \ \mu, -\mu, i\mu, -i\mu$

となっている(α, β は実数，$\gamma, \delta, \lambda, \mu$ は実数でない)．上記 100 個の点で，この 25 個の値のどれをとるかは $u \in D \to \mathbb{C}^\infty$ の図と比べれば直ちに決定される．$s(u)=0$ の根の位置・と，そこにおける $s(u)$ の値とを図示すれば，(40)のようになる．

かくして，レムニスケート関数を複素変数にまで拡張することによって等分点に関するガウスの予想は見事に実現されたのである．

(40)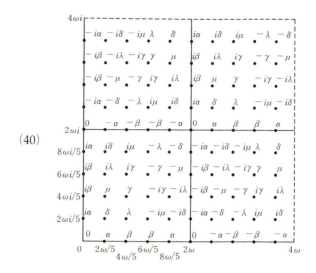

レムニスケート関数の無限積表示 I. $M(u), N(u)$ の導入

複素平面全体 $\mathbb{C}$ で定義される解析関数 $f(z)$ で,全く特異点を持たないものを整関数という.例えば,定数 c,多項式 $p(z)$,指数関数 $\exp z$ などである.それに対して $\mathbb{C}$ 上で極は持つが,真性特異点を持たない $f(z)$ を有理型関数という.例えば有理式とか,レムニスケート関数もその例である.有理式 $f(z)$ が多項式の商として表わされ,また多項式は 1 次式の積として表わされるように,一般の有理型関数も,簡単な式の(無限)積として表わすことができる.例えば

(41) $$\sin z = z \prod_{n=1}^{\infty} \left(1 - \frac{z^2}{n^2 \pi^2}\right) \quad (z \in \mathbb{C})$$

である.これは形式的には

$$\sin z = z \prod_{n=-\infty}^{\infty} \left(1 - \frac{z}{n\pi}\right)$$

と表わされるが，無限積が収束するために，二つずつ項をくくって，上のように表わすのである．（例えば『解析概論』p. 235 参照．）

さてレムニスケート関数 $s(u), c(u)$ は，零点として(33), (33)* を持ち，極として(34), (34)* を持つから，形式的に

(42) $$s(u) = \frac{M(u)}{N(u)}, \quad c(u) = \frac{\mu(u)}{\nu(u)},$$

(43) $$M(u) = c_1 \cdot u \prod_{m=-\infty}^{\infty} \prod_{n=-\infty}^{\infty} \left(1 - \frac{u}{2m\omega + 2n\omega i}\right),$$

（但し $m = 0, n = 0$ を除く）

(43)* $$N(u) = c_2 \cdot \prod_{m=-\infty}^{\infty} \prod_{n=-\infty}^{\infty} \left(1 - \frac{u}{(2m+1)\omega + (2n+1)\omega i}\right)$$

（$\mu(u), \nu(u)$ についても同様）

と表わすことができないか，という問題がおこる．但し，(43), (43)*のような一般の無限積は収束について問題があるので，これらを(41)のようにうまくくくるのである．ガウスはこの大胆な予想が実際にうまくいくことを確かめた．

まず，$M(u), N(u)$ の因子を次のように四つずつ組にまとめる．すなわち

(44) $L_N = \{(m, n) \mid |m| + |n| = N, m, n \in \mathbb{Z}\}, \quad N = 0, 1, 2, \cdots$

とおく．特に $L_0 = \{(0, 0)\}$ である．$w = m + ni$, $(m, n) \in L_N$ $(N \geq 1)$ に対して

$$w_m = m + (N-m)i \quad (m = 0, 1, \cdots, N-1)$$

とおく．それに対して

$$iw_m = -(N-m) + mi, \quad -w_m = -m - (N-m)i,$$

$$-iw_m = (N-m) - mi$$

もすべて L_N に属する．故に $M\left(\dfrac{u}{2\omega}\right)$ の零点の集合は

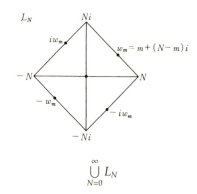

$$\bigcup_{N=0}^{\infty} L_N$$

と表わされ,各集合 L_N は上記の4点の集合の和 $(m=0,1,\cdots,N-1)$ として

$$L_N = \bigcup_{m=0}^{N-1}\{w_m, iw_m, -w_m, -iw_m\} \quad (N \geq 1)$$

と表わされる.したがって

(45) $$v = \frac{u}{2\omega}$$

とおくとき

$$\begin{aligned}M(u) &= c_1 u \prod_{N=1}^{\infty}\prod_{m=0}^{N-1}\left(1-\frac{v}{w_m}\right)\left(1-\frac{v}{iw_m}\right)\left(1+\frac{v}{w_m}\right)\left(1+\frac{v}{iw_m}\right) \\ &= c_2 v \prod_{N=1}^{\infty}\prod_{m=0}^{N-1}\left(1-\frac{v^4}{(m+(N-m)i)^4}\right)\end{aligned}$$

と表わされる.ここで $c_2=2\omega$ にとる.すなわち,この無限級数は $u\in\mathbb{C}$ 全体で収束するので,改めて

(46) $$\boxed{M(u) = 2\omega v \prod_{N=1}^{\infty}\prod_{m=0}^{N-1}\left(1-\left(\frac{v}{m+(N-m)i}\right)^4\right)}$$

とおこう.同じく

$$(46)^* \quad N(u) = \prod_{N=0}^{\infty} \prod_{m=0}^{N-1} \left(1 - \left(\frac{v}{m+\frac{1}{2}+(N-m)+\frac{1}{2}i}\right)^4\right)$$

とおく．目標の公式は

$$(47) \quad s(u) = \frac{M(u)}{N(u)}$$

である．

それの証明は，右辺も左辺も同じ零点と極とを持つから，$s(u)/(M(u)/N(u))$ は零点も極も持たない，もしも，$M(u)/N(u)$ が $s(u)$ と同じ周期の二重周期関数となれば，$s(u)/(M(u)/N(u))$ はリューヴィルの定理（ⅰ）によって定数となる．そこで $u=0$ での展開を比べれば，この定数は 1 となり，(47)が示される．

よって，$M(u)/N(u)$ が $s(u)$ と同じ周期の二重周期関数となることを見ればよい．もしも $M(u)$ と $N(u)$ とが共に同じ周期の二重周期関数であれば，最も都合がよいが，それは不可能である．そこで
$$M(u+4\omega), \quad M(u+4\omega i)$$
がどう表わされるかを比べよう．これらは $M(u)$ と同じ零点と極とを持つから，予想として，

$$(48) \quad \begin{cases} M(u+4\omega) = \exp(g_1(u)) \cdot M(u), \\ M(u+4\omega i) = \exp(g_2(u)) \cdot M(u) \end{cases}$$

と表わせないかということを考える．$M(u)$ と同じ零点と極を持つという点では $M(u+2\omega), M(u+2\omega i)$ をとってもよい．よってまず

$$(49) \quad \begin{cases} M(u+2\omega) = \exp(h_1(u)) \cdot M(u), \\ M(u+2\omega i) = \exp(h_2(u)) \cdot M(u) \end{cases}$$

を確かめよう．そこで両辺の log をとって

(50) $\begin{cases} h_1(u) = \log M(u+2\omega) - \log M(u), \\ h_2(u) = \log M(u+2\omega i) - \log M(u) \end{cases}$

を直接に計算しよう.

次の図の影の部分の周上の格子点の集合を L_N, 周上および内部にある格子点の集合を D_N とおく.

$L_N = \{(m+ni) \mid |m|+|n| = N\} \quad (N \geqq 0)$,

$D_N = \{(m+ni) \mid |m|+|n| \leqq N\} = \bigcup_{M=0}^{N} L_M$,

$L_N{}^+ = \{(m+ni) \mid (m+ni) \in L_N, m \geqq 0\}$,

$L_N{}^- = \{(m+ni) \mid (m+ni) \in L_N, m \leqq 0\} = -L_N{}^+$

とおく.

$$M(u) = 2\omega v \prod_{N=1}^{\infty} \prod_{(m+ni) \in L_N} \left(1 - \frac{v}{m+ni}\right),$$

$$M(u+2\omega) = 2\omega(v+1) \prod_{N=1}^{\infty} \prod_{(m+ni) \in L_N} \left(1 - \frac{v+1}{m+ni}\right)$$

より

(51) $\quad \dfrac{M(u+2\omega)}{M(u)} = \lim_{N \to \infty} \prod_{(m+ni) \in D_N} \dfrac{(m+ni)-v-1}{(m+ni)-v}$

において $m+ni$ が D_N 上を動くとき, $(m+ni)-1$ は D_N を左方に 1 だけずらした集合上を動くから, 重なり合った部分を分母, 分子で約すると結局

$$= \lim_{N \to \infty} \dfrac{\prod_{(m+ni) \in L_N^-} ((m+ni)-1-v)}{\prod_{(m+ni) \in L_N^+} ((m+ni)-v)} \quad (L_N^- = -L_N^+ \text{ より})$$

$$= \lim_{N \to \infty} \prod_{(m+ni) \in L_N^+} \dfrac{(-m-ni)-1}{m+ni} \prod_{(m+ni) \in L_N^+} \dfrac{1-\dfrac{v}{(-m-ni)-1}}{1-\dfrac{v}{m+ni}}$$

(51)* $\quad = -\lim_{N\to\infty} \prod_{(m+ni)\in L_N^+} \left(1+\frac{1}{m+ni}\right)\cdot \prod_{(m+ni)\in L_N^+} \frac{1+\dfrac{v}{m+ni+1}}{1-\dfrac{v}{m+ni}},$

ここで上の式の log を取る．第一項に対しては

(52) $\log \prod_{(m+ni)\in L_N^+} \left(1+\frac{1}{m+ni}\right) = \sum_{(m+ni)\in L_N^+} \frac{1}{m+ni} + O\left(\frac{1}{N}\right).$

しかるに

$$\sum_{(m+ni)\in L_N^+} \frac{1}{m+ni} = \frac{1}{N} \sum_{(m+ni)\in L_N^+} \frac{1}{\dfrac{m}{N}+\dfrac{ni}{N}},$$

ここで $N\geqq n\geqq 0$ に対して $\dfrac{m}{N}=x$, $\dfrac{n}{N}i=(1-x)i$, $-N\leqq n<0$ に対して $\dfrac{m}{N}=x$, $\dfrac{n}{N}i=-(1-x)i$ とおくとき，$N\to\infty$ とすれば，この右辺は積分の形に表わされて

(52) $\qquad \to \int_0^1 \frac{dx}{x+(1-x)i} + \int_0^1 \frac{dx}{x-(1-x)i}$

$\quad = \dfrac{1+i}{2}\int_0^1 \dfrac{dx}{x-\dfrac{1-i}{2}} + \dfrac{1-i}{2}\int_0^1 \dfrac{dx}{x-\dfrac{1+i}{2}}$

$\qquad \left(\int \dfrac{dx}{x} = \log x \text{ を用いて}\right)$

$\quad = \dfrac{1+i}{2}\left(\log\left(1-\dfrac{1-i}{2}\right)-\log\left(-\dfrac{1-i}{2}\right)\right)$

$\qquad + \dfrac{1-i}{2}\left(\log\left(1-\dfrac{1+i}{2}\right)-\log\left(-\dfrac{1+i}{2}\right)\right)$

$\quad = \dfrac{1+i}{2}\log\dfrac{1+i}{-1+i} + \dfrac{1-i}{2}\log\dfrac{-1+i}{1+i} \quad (e^{\frac{\pi i}{2}}=i \text{ を用いて})$

$\quad = \dfrac{1+i}{2}\cdot\dfrac{-\pi i}{2} + \dfrac{1-i}{2}\cdot\dfrac{\pi i}{2} = \dfrac{\pi}{2}$

となる．同様に(51)* の第二項の log に対しては

(53) $$\log \prod_{(m+ni)\in L_N^+} \frac{1+\dfrac{v}{m+ni+1}}{1-\dfrac{v}{m+ni}}$$
$$= \sum_{(m+ni)\in L_N^+} \left(\frac{1}{m+ni+1}+\frac{1}{m+ni}\right)v + O\left(\frac{1}{N}\right),$$

ここで $N\to\infty$ とすれば

(53) $$\to 2\left(\int_0^1 \frac{dx}{x+(1-x)i} + \int_0^1 \frac{dx}{x-(1-x)i}\right)v = \pi v$$

である．故に(51),(52),(53)を合せて(50)の $h_1(u)$ が計算されて

(54) $$\log\left(-\frac{M(u+2\omega)}{M(u)}\right) = \frac{\pi}{2} + \pi v$$

となる．同様に

(55) $$\log\left(-\frac{M(u+2\omega i)}{M(u)}\right) = \frac{\pi}{2} - \pi v i$$

となる．すなわち

(56) $$\begin{cases} M(u+2\omega) = -\exp\left(\pi v + \dfrac{\pi}{2}\right)M(u), \\ M(u+2\omega i) = -\exp\left(-\pi v i + \dfrac{\pi}{2}\right)M(u) \end{cases} \quad \left(v = \frac{u}{2\omega}\right)$$

となる．(56)をくりかえし用いれば

(57) $$\boxed{\begin{array}{l} M(u+4\omega) = \exp(2\pi v + 2\pi)M(u) \\ M(u+4\omega i) = \exp(-2\pi v i + 2\pi)M(u) \end{array}}$$

が計算された．

同様に $N(u)$ に対しては L_N の代りに

$$K_N = \{(x, y) \mid |x|+|y| = N\}.$$

但し

$$x = m+\frac{1}{2}, \quad y = n+\frac{1}{2}, \quad m, n \in \mathbb{Z}$$

$(N = 1, 2, \cdots)$,

かつ

$$K_N{}^+ = \{(x, y) \mid (x, y) \in K_N, x > 0\},$$

$$K_N{}^- = \{(x, y) \mid (x, y) \in K_N, x < 0\}$$

とおく．$N(u)$ の零点の集合（i.e. $s(u)$ の極の集合）は $\bigcup_{N=1}^{\infty} K_N$ である．故に

(58) $\quad N(u) = \prod_{N=1}^{\infty} \prod_{(x,y)\in K_N} \left(1 - \frac{v}{x+yi}\right),$

$$\therefore \quad \frac{N(u+2\omega)}{N(u)} = \lim_{N \to \infty} \prod_{N=1}^{\infty} \prod_{(x,y)\in K_N} \frac{(x+yi)-v-1}{(x+yi)-v}$$

$$= \lim_{N \to \infty} \frac{\prod_{(x,y)\in K_N{}^-} ((x+yi)-1-v)}{\prod_{(x,y)\in K_N{}^+} ((x+yi)-v)}$$

$$= \lim_{N \to \infty} \prod_{(x,y)\in K_N{}^+} \frac{(-x-yi)-1}{x+yi} \prod_{(x,y)\in K_N{}^-} \frac{1-\dfrac{v}{(-x-yi)-1}}{1-\dfrac{v}{x+yi}}$$

$$= \lim_{N \to \infty} \prod_{(x,y)\in K_N{}^+} \left(1 + \frac{1}{x+yi}\right) \prod_{(x,y)\in K_N{}^+} \frac{1+\dfrac{v}{x+yi+1}}{1-\dfrac{v}{x+yi}}$$

について，$M(u)$ と同様に計算すれば

(59)
$$\begin{cases} \log\left(\dfrac{N(u+2\omega)}{N(u)}\right) = \dfrac{\pi}{2}+\pi v, \\ \log\left(\dfrac{N(u+2\omega i)}{N(u)}\right) = \dfrac{\pi}{2}-\pi v i, \end{cases}$$

すなわち

(60)
$$\begin{cases} N(u+2\omega) = \exp\left(\pi v+\dfrac{\pi}{2}\right)N(u), \\ N(u+2\omega i) = \exp\left(-\pi v i+\dfrac{\pi}{2}\right)N(u). \end{cases}$$

くりかえして

(61)
$$\begin{aligned} N(u+4\omega) &= \exp(2\pi v+2\pi)N(u) \\ N(u+4\omega i) &= \exp(-2\pi v i+2\pi)N(u) \end{aligned}$$

と計算される.

(59)と(61)を合せて

$$f(u) = \frac{M(u)}{N(u)}$$

は, 4ω と $4\omega i$ を周期とする二重周期関数であって, かつ $s(u)$ と同じ一位の零点と極を持つ. 従って(リューヴィルの定理(ⅰ)より) $s(u)$ と $f(u)$ との商は定数 c $(\neq 0)$ である.

$$s(u) = c\frac{M(u)}{N(u)}.$$

また $u=0$ の近傍では $s(u)$ も $\dfrac{M(u)}{N(u)}$ は共に

$$u+\cdots\cdots$$

の形であるから $c=1$ である. よって目標の式(42)が証明された.

同様にして $c(u)$ についても

(62)
$$\boxed{c(u) = \frac{\mu(u)}{\nu(u)}}$$

が証明される．但し

$$\mu(u) = \prod_{m=1}^{\infty}\left(1-\left(\frac{u}{(2m+1)\omega}\right)^2\right)$$
$$\times \prod_{m=1}^{\infty}\prod_{n=1}^{\infty}\left(1-2\frac{(2m+1)^2-(2n)^2}{((2m+1)^2+(2n)^2)^2}\left(\frac{u}{\omega}\right)^2\right.$$
$$\left.+\frac{1}{((2m+1)^2+(2n)^2)^2}\left(\frac{u}{\omega}\right)^4\right),$$

$$\nu(u) = \prod_{n=1}^{\infty}\left(1+\left(\frac{u}{(2n+1)\omega}\right)^2\right)$$
$$\times \prod_{m=1}^{\infty}\prod_{n=1}^{\infty}\left(1-2\frac{(2m)^2-(2n+1)^2}{((2m)^2+(2n+1)^2)^2}\left(\frac{u}{\omega}\right)^2\right.$$
$$\left.+\frac{1}{((2m)^2+(2n+1)^2)^2}\left(\frac{u}{\omega}\right)^4\right).$$

以上によってレムニスケート関数 $s(u), c(u)$ はともに

E_1：$\{4m\omega+4n\omega i\,|\,m,n\in\mathbb{Z}\}$ を周期とする二重周期関数であること，

E_2：(33), (33)* と (34), (34)* を一位の零点および極の集合としてもつこと，

E_3：$u=0$ の近傍で $s(u)=u+\cdots$，$c(u)=1+\cdots$ と展開されること，

の三性質によって特徴づけられることがわかった．

一般に $\mathbb{C}$ 上の有理型関数で二重周期を持つものを**楕円関数**という．レムニスケート関数はその一例である．

レムニスケート関数の無限積展開 II．$P(u), Q(u)$ の導入

レムニスケート関数を無限積として表示するために，形式的な無

限積を，収束するように都合よくくくる方法はいろいろ有り得る．ここでは $M(u), N(u)$ でなくもっと計算上都合よい形に表わそう．

$s(u)$ の(一位の)零点の集合 Z，(一位の)極の集合 P は

(63) $\qquad Z = \{2m\omega + 2n\omega i \mid m, n \in \mathbb{Z}\}$,

(64) $\qquad P = \{(2m+1)\omega + (2n+1)\omega i \mid m, n \in \mathbb{Z}\}$

であった．これらを平面上の点集合として

(65) $\qquad \begin{cases} Z = \bigcup_{n=-\infty}^{\infty} Z_n, \\ Z_n = \{2m\omega + 2n\omega i \mid m \in \mathbb{Z}\}, \end{cases}$

(66) $\qquad \begin{cases} P = \bigcup_{n=-\infty}^{\infty} P_n, \\ P_n = \{(2m+1)\omega + (2n+1)\omega i \mid m \in \mathbb{Z}\} \end{cases}$

のように，各行の点集合の和として表わす．ここでも

(67) $$v = \frac{u}{2\omega}$$

とおく．Z_0 を(一位の)零点として持つ解析関数として

(68) $$\sin \pi v = \pi v \prod_{m=1}^{\infty} \left(1 - \frac{v^2}{m^2}\right)$$

がある．同じく $Z_n \cup Z_{-n}$ を(一位の)零点の集合として持つ関数として

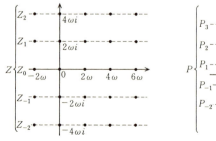
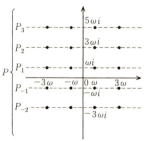

(69) $$\sin\pi(v+ni)\cdot\sin\pi(v-ni)$$
$$= \pi^2(v+ni)(v-ni)\prod_{m=1}^{\infty}\left(1-\frac{(v+ni)^2}{m^2}\right)\left(1-\frac{(v-ni)^2}{m^2}\right)$$

がとれる．従って（収束するための因子をつけ加えて）

(70) $$\boxed{P(u) = \frac{2\omega}{\pi}\sin\pi v \prod_{n=1}^{\infty}\frac{\sin\pi(v+ni)\sin\pi(v-ni)}{-\sin^2 n\pi i}} \quad u \in \mathbb{C}$$

という無限積を考えれば，$P(u)$ は $M(u)$ と同じく $s(u)$ の零点の集合 Z を零点の集合とし，$u=0$ の近傍で $P(u)=u+\cdots$ と展開される．従って

(71) $$M(u) = \exp(g(u))P(u)$$

と表わされると予想しよう．ここで $P(u)$ と $g(u)$ とを直接に計算しよう．

(72) $$h = e^{-\pi}$$

とおくと

(73) $$\sin^2 n\pi i = \frac{1}{4}(h^n - h^{-n})^2,$$

故に

$$\frac{-\sin\pi(v+ni)\sin\pi(v-ni)}{\sin^2 n\pi i} = -\frac{\sin^2\pi v - \sin^2 n\pi i}{\sin^2 n\pi i}$$
$$= 1 + \frac{4\sin^2\pi v}{(h^n - h^{-n})^2}$$

となる．したがって

(74) $$P(u) = \frac{2\omega}{\pi}\sin\pi v \prod_{n=1}^{\infty}\left(1 + \frac{4\sin^2\pi v}{(h^n - h^{-n})^2}\right)$$

と表わされる．(74)を書き直せば

(75) $$z = e^{\pi i v}, \quad h = e^{-\pi}$$

とするとき

$$P(u) = \frac{\omega}{\pi i}(z-z^{-1})\prod_{n=1}^{\infty}\frac{(zh^n-z^{-1}h^{-n})(zh^{-n}-z^{-1}h^n)}{(h^n-h^{-n})^2},$$

すなわち,

(76) $$P(u) = \frac{\omega}{\pi i}(z-z^{-1})\cdot\frac{\prod_{n=1}^{\infty}(1-h^{2n}z^2)(1-h^{2n}z^{-2})}{\prod_{n=1}^{\infty}(1-h^{2n})^2}$$

となる．$M(u)$ に対して考察したと同様に

$$P(u+2\omega) \quad \text{および} \quad P(u+2\omega i)$$

を計算しよう．

まず $\sin \pi(v+1) = -\sin \pi v$ より，(70)によって

(77)$_1$ $$\boxed{P(u+2\omega) = -P(u)}$$

である．また

(77)$_2$ $$\boxed{P(u+2\omega i) = -\exp(-2\pi i v + \pi)P(u)}$$

が成り立つことを確かめよう．

$$P_N(u) = -\frac{2\omega}{\pi}\sin \pi v \prod_{n=1}^{N}\frac{\sin \pi(v+ni)\sin \pi(v-ni)}{\sin^2 n\pi i}$$

とおくとき

$$P_N(u+2\omega i) = -\frac{2\omega}{\pi}\sin(v+i)\prod_{n=1}^{N}\frac{\sin \pi(v+ni+i)\cdot\sin \pi(v-ni+i)}{\sin^2 n\pi i},$$

したがって

$$\frac{P_N(u+2\omega i)}{P_N(u)} = \frac{\sin \pi(v+(N+1)i)}{\sin \pi(v-Ni)}$$
$$= \frac{e^{\pi iv}h^{N+1}-e^{-\pi iv}h^{-(N+1)}}{e^{\pi iv}h^{-N}-e^{-\pi iv}h^{N}}$$
$$= \frac{-1}{h}\cdot\frac{e^{-\pi iv}-e^{\pi iv}h^{2(N+1)}}{e^{\pi iv}-e^{-\pi iv}h^{2N}}.$$

ここで $N\to\infty$ とすれば $0<h<1$ であるから

(78) $$\frac{P(u+2\omega i)}{P(u)} = \lim_{N\to\infty}\frac{P_N(u+2\omega i)}{P_N(u)}$$
$$= \frac{-1}{h}\cdot\frac{e^{-\pi iv}}{e^{\pi iv}} = -\exp(-2\pi iv+\pi)$$

となる．すなわち $(77)_2$ が証明された．

さて (71) より

(71)* $$\exp(g(v)) = \frac{M(u)}{P(u)}$$

とおくとき，(56) と $(77)_1$ とから

$$\exp(g(v+1)) = \frac{M(u+2\omega)}{P(u+2\omega)} = \frac{-\exp\left(\pi v+\frac{\pi}{2}\right)M(u)}{-P(u)},$$

故に

(79) $$g(v+1) = g(v)+\pi v+\frac{\pi}{2}$$

である．同じく，(56) と $(77)_2$ とから

$$\exp(g(v+i)) = \frac{-\exp\left(-\pi iv+\frac{\pi}{2}\right)M(u)}{-\exp(-2\pi iv+\pi)P(u)},$$

故に

(80) $$g(v+i) = g(v) + \pi i v - \frac{\pi}{2}$$

となる. 一方

(81) $$\exp(g(0)) = \lim_{u \to 0} \frac{M(u)}{P(u)} = 1$$

である. 故に

(82) $$\exp(g(v)) = \exp\left(\frac{\pi v^2}{2}\right) \cdot f(u)$$

とおけば,

$$f(u)^{-1} = \exp\left(\frac{\pi v^2}{2}\right) P(u)/M(u)$$

は, (71)*, (79), (80) より零点も極もない二重周期関数である. よってリューヴィルの定理より $f(u)$ は定数で, (81) によってその値は 1 である. よって

(83) $$\boxed{M(u) = \exp\left(\frac{\pi v^2}{2}\right) P(u)} \quad \left(v = \frac{u}{2\omega}\right)$$

が証明された.

同様に $s(u)$ の極の集合 $P = \bigcup_{n=-\infty}^{\infty} P_n$ より

(84) $$Q(u) = \prod_{n=1}^{\infty} \frac{\cos\pi\left(v + \left(n - \frac{1}{2}\right)i\right) \cdot \cos\pi\left(v - \left(n - \frac{1}{2}\right)i\right)}{\cos^2\pi\left(n - \frac{1}{2}\right)i}$$
$$= \prod_{n=1}^{\infty} \left(1 - \frac{4\sin^2\pi v}{(h^{n-\frac{1}{2}} + h^{-n+\frac{1}{2}})^2}\right),$$

すなわち

$$Q(u) = \left(\prod_{n=1}^{\infty}(1+h^{2n-1}z^2)(1+h^{2n-1}z^{-2})\right)\Big/\prod_{n=1}^{\infty}(1+h^{2n-1})^2$$

は P を一位の零点の集合とし，$u=0$ の近傍で $Q(u)=1+\cdots$ と展開される．

$P(u)$ の場合と全く同様に

(85) $\begin{cases} Q(u+2\omega) = Q(u), \\ Q(u+2\omega i) = \exp(-2\pi iv+\pi)Q(u) \end{cases}$

が証明される．これと，(60)式

$\begin{cases} N(u+2\omega) = \exp\left(\pi v+\dfrac{\pi}{2}\right)N(u), \\ N(u+2\omega i) = \exp\left(-\pi vi+\dfrac{\pi}{2}\right)N(u) \end{cases}$

と比べれば，$P(u)$ の場合と同様に

(86) $\quad N(u) = \exp\left(\dfrac{\pi v^2}{2}\right)Q(u) \quad v = \dfrac{u}{2\omega}$

が導かれる．故に(47)，(83)，(86)とより，目標の式

(87) $\quad s(u) = \dfrac{P(u)}{Q(u)}$

が証明された．

注意 (87)は $s(u)=M(u)/N(u)$ の証明と同様に $M(u), N(u)$ と比べることなく，直接に(77)と(85)とから導くことができる．

$c(u)$ についても(87)と同様な表示ができるが，紙数の関係上省略する．

この $P(u), Q(u)$ は後にヤコビによって**テータ関数**と名付けられ

て，大いに役立った．テータ関数について一つの利点は，これを $\mathbb{C}$ 上で収束する無限級数として表わされることである．結果を言えば

$$z = \exp(2\pi i v), \quad v = \frac{u}{2\omega}, \quad h = \exp(-\pi)$$

とおくとき

$$P(u) = \frac{\omega}{\pi h^{\frac{1}{4}} H_0{}^3} \left(i \sum_{n=-\infty}^{\infty} (-1)^n h^{\left(\frac{2n-1}{2}\right)^2} z^{2n-1} \right),$$

$$H_0 = \prod_{n=1}^{\infty}(1-h^{2n}) = \sqrt{\frac{2\omega}{\pi}} 2^{-\frac{1}{2}} h^{-\frac{1}{12}}$$

となる．

以上はガウスが1798年7月(21歳)ごろまでに得た結果である．(47)，(48)のガウス自身による証明は書き残されていない．上記の証明は筆者が組み立てたものである．ガウスはこの後算術幾何平均，一般楕円関数，モジュラ関数の研究へと発展していった．

この後1820年ごろのコーシーの複素関数論の基礎，1830年ごろのアーベル，ヤコビの楕円関数論，1850年以降のリーマン，ワイエルシュトラスたちによる複素関数論の発展があって，今日では，楕円関数論は本稿の説明とは全く異なり複素関数論の一つの手ごろな応用例となった感がある．しかし初めに述べたように，ガウスによる楕円関数の誕生は数学の帰納的発展を示す一つの美事な見本であろう．[2]

---

[2] 以上は筆者の『ガウスの楕円関数論』(上智大学数学講究録，No.24，1986)の初めの部分を敷衍したものである．

数学および諸科学での応用に向けて

藤田　宏

ねらい；応用解析のすすめ

『数学の学び方』という本書のテーマの意図するところは，数学をこれから学ぼうとする読者へ忠告を与えることであろう．そうとすると，まず，読者がどの学校段階におられるかが問題となる．実際，"数学の学び方"といっても，中学生を対象とした場合と数学科の学生を対象とした場合とでは同じというわけにはいかない．「数学は美しい学問である」とか「数学の示す確からしさ(certainty)は合理的な思想の支えである」といった情感的あるいは理念的な事柄は共通に言うことができても，何を，どのように学ぶべきかを具体性をもって忠告するとなれば，中学生と大学生とでは用語からして変える必要がある．この点につき，本稿では，新入生を含めた**大学初年級の人達——多くの大学では教養部**[1]**の学生諸君——を主な対象**として意識させて頂く．**数学科**へ進学しようと決めている人達，あるいは，その可能性を考慮中の人達は当然の対象であるが，それにも増して，物理学，情報科学，さらには工学の**科学・応用科学の諸分野**を専攻しようとする人達が，将来に亘って"数学の高級なユーザー"となるための参考に資することを期待している．

なお，数学者の個人的な体験談によれば，中等教育(中学・高校)の段階で数学に対する志を立て，数学に熱中した経験を持ち得た

---

1) 当時の制度では，大学 1〜2 年生は教養部に所属した．(新版にて追記)

人達が少なくない.これは,生来の素質にもとづく面もあろうが,中学・高校で"良い先生"に啓発された幸運が決定的であった例が多い.やはり,中等教育レベルでは生徒個人の"学び方"の前に,"教え方"あるいは"学ばせ方"が決定的なのであろう.したがって,中学生・高校生の数学における進歩を一般的に計るとすれば,**学校数学のカリキュラム**(日本の場合は指導要領)を改善すること,および**良い数学教師**を養成し,その人達の意欲的な活動を支援することが必要である.実は,筆者は現在(1987年)進行中の学校数学のカリキュラムの改訂に関与する立場にあり,指導要領の改善についてのいささかの私見もあるが,本稿ではそれには触れない.ただし,良い数学の学び方をした人達の中から良い数学の教師が生れていくことを期待する気持は本稿に込めている.

さて,大学初年級の諸君に対する忠告としての"数学の学び方"であるが,その焦点を**数学と諸科学の交流を重んずる意味での応用解析**に置くことにする.数学史の発展を見ても,古来の数学の偉人の業績に照らしても,数学とその応用は有機的な関連を保って発展して来た.数学は役立つべきものであり,同時に役立つことによって発展の活力を得るものであると筆者は信じている.といって,数学とその応用の共存共栄的な発展を,予定調和を信じて自然のなりゆきに任せればよいと言っておれないのが最近の情況である.その原因は,逆説的に言えば,数学の発展と普及がもたらしたものである.現代数学の急速な発展は数学の諸分野の**専門化と細分化**をもたらした.現在では,相当な能力と努力によらなければ,個人の数学者が数学の広い範囲を視野に収めることが困難になって来ている.大きな進歩の活力源である諸科学の数学的現象との関わりを,意識して密接にする努力が,数学の健全な発展のためにも必要である.

一方,コンピュータの普及が主要因となって,諸科学における**数

学の利用が本格化している．確かに，コンピュータの利用は，諸科学における研究者の数学的な計算力や計算技術の知識の負担を軽減した．工学部の学生の中には「コンピュータが解いてくれるのだから，微分方程式の勉強などしなくて良いのではないか」と言い出す者がいる始末である．本質は逆であろう．計算のための負担をコンピュータが肩代りしてくれるにつれ，ますます，数学的理解や数学的方法の重要性が増加する．諸分野における数学の利用のされ方が本格化するのである．たとえば，コンピュータによるシミュレーションに依存して物理現象のメカニズムを解明し，あるいは，予測を行なう主旨の，計算物理(computational physics)は，理論物理，実験物理と並ぶ物理学の柱の一つとして認知されている．この傾向は，天文，地球物理等に及び，計算理学成立の声も聞かれる．また，伝統的には数学の利用に関して物理との差が大きかった化学においても，1985年のノーベル賞はフーリエ解析と確率論にもとづく結晶構造の決定法に対して授与された(ハーバート・ハウプトマン，ジェローム・カール両教授)．同じくノーベル化学賞に輝いた，わが福井謙一教授の業績も数学を大いに駆使したものである(なお，現時の教育課程改訂のための審議会の会長を福井教授がつとめておられるが，同教授のそこでの最も強い主張はユークリッド幾何の教育を強化せよということである)．

こうした諸科学における数学の応用の本格化は，数学の学習についての次の二つの要請につながる．まず，(全員でないにしても)これからの科学・応用科学(工学も含める)の研究者となることを志す人達は，必要な数学を活用できる意味での**数学的リテラシー**を身につけておくことが望まれる．教養部の諸君について言えば，将来の土台となる数学の基礎知識と数学を賢明に利用できる判断能力とを素養として体得しておくべきである．ここで，リテラシーという語

を用いたのは，コンピュータ・リテラシー(コンピュータの活用能力)という流行語における場合と同様に，数学科向きの知識の体系的習得にこだわることなく，また，計算遂行能力に限定されず，その分野での数学的記述，モデル化，コンピュータを利用する解析法などの，ユーザーとしての数学の活用能力を強調するためのものである．第二に，将来，これらの分野の研究に協力したり，その専門の学科や(公的または民間の)研究機関に職を得ようとする数学科の学生は，ありきたりの数学では足りないことを知り，その専門の価値観や手法にマッチした数学を開拓する覚悟で臨むべきである．この点，数学科のカリキュラムも幅を拡げられねばならないが，まずは，学生諸君が大学初年級のうちから，応用を重んずる心掛けを持ち，できるだけ諸科学の講義を聴くことにより広い視野を持つようにして欲しい．

以上のように，"数学を専門としながら応用を重視する人達"および"諸科学の専門において数学を本格的に利用する人達"を頭において，"応用解析のすすめ"を説きたい．そこには，筆者自身の経歴が投影されることになろう．私事ながら筆者は，昭和23年に東大に入学して以来，昭和35年に工学部に転ずるまで理学部の物理教室に所属した．工学部では，物理工学科に籍を置いて，数学・力学の共通課目を学生に講義する任務を与えられていた．理学部に戻り，数学科にやとって頂いたのは昭和41年の春である．すなわち，私自身が，"他専門"における数学の利用から数学の勉強を始めたのであり，他学部における数学の利用を身近に経験して来た．この意味で，数学以外の専門に向いながら数学の勉強にも力を入れたいという人達に対する忠告は，後輩に対する親近感を込めたものである(時代の違いがあるから，先輩の忠言に耳を傾けるにしても盲従するのは賢明でない．念の為)．一方，数学を専門としようと

する人達に対する勧めは，20年間に亘る数学科での教師経験にもとづいている．

もし，本稿で述べる内容に偏りがあったり，価値観に遠近法が効きすぎているとすれば，数学の教師として標準的でない筆者の上記の経歴に由来するものとして許して頂きたい．

さて，これから先は具体的な話になる．上のような趣旨から，何を，どのように勉強されるとよいかの忠告——というよりもヒントを記させて頂こう．

関数論のすすめ

具体的な数学の学び方となれば，まず，

「**楽(らく)をしながら**数学をマスターする」

ことはできないと言わざるを得ない．「数学の学習に王道なし」である．相当に天才的な数学者の経験を聴き，また，その人達の活動ぶりを観察してみると，数学の学習・研究に熱中する精進の度合いは瞠目的である．ただ，このような人達は，それを苦にしないだけである．苦労を経験していても，それに勝る「やり甲斐」に喜びを感じ取っているのである．このような意味で「数学の勉強を**楽しむ**」ことはできる．

ただし，数学を楽しむといっても，趣味的にだけ数学の知識を拾い歩きしたり，ファッション化(?)した数学の話題の耳学問に耽る「**数学少年**」になることをすすめるのではない．数学少年であることは悪いことではない．数学への興味が，そのレベルから発していても結構であるが，やはり，数学の勉強には**本気**がなくてはならない(どの学問でもそうである)．

一方，数学科へ進んで数学のプロになろうと考える諸君はもとより，大学の理工系に入っている諸君(読者をそのように想定して

いる)は，中学・高校で数学が得意であった人達であろう．共通一次[2]を別として，大学の入学試験における数学の決定力は著しいから，無事に志望分野に進んでいる読者は，受験の数学も達者であったのであろう．受験の数学も数学にはちがいはないし，それに得意であることは一つの能力の証しである．しかし，受験のための数学の勉強，それに振りまわされている高校数学の最近の学ばれ方は，大成を期するための数学の勉強法との乖離が著しい．局所的な問題解決の技法は訓練されているが，知識の積み上げを支える基礎の明確な理解や，数学の研究および数学の応用の研究での決め手となるべき大局的な洞察力の育成はゆるがせにされている．これは生徒だけの問題ではない．高校の教師が採用を決める教科書についても，「できるだけ薄い本で，問題解決に必要なノウ・ハウが理屈抜きでまとめられている」ようなタイプが人気がある．将来を考えると，全国における高校の数学の教育が，多数の生徒に科学技術社会に生きる知的市民としての数学の素養を育成すると共に，科学や応用科学の未来を担う有能な生徒の数学的な思考力を強化できるように，カリキュラムや入試制度を衆智を集めて改善しなければならない．さしあたっては，学生諸君の個人的な努力によって欠を補って貰うことになる．当然のことながら，学生の素質の優秀さは昔と変らない．たとえば，我々の学科の学生達を見ても，数学の勉強の仕方をつかみ得た人達は，その時点から急速に進歩するのである．大学生になってからの心がけ次第で前途は開ける．

　では，大学の初年級でどのような数学を勉強すればよいかに入ろう．正規の授業における微積分(一変数・多変数)や線型代数はもちろん大切である．しかし，私自身の主観を許して貰えれば，ぜひ関

---

[2] 全国立大学共通の一次試験．現在のセンター試験の前身．(新版にて追記)

数論,すなわち,**複素数を変数とする解析**をできるだけ早くから勉強して貰いたい.理由はいくつかある.まず第一に,数学自体のためにも応用のためにも,驚くほど役立つのである.実際,物理学科や工学部で一般的に教える数学の主テーマの一つが関数論である.第二に,関数論は,数学の大傑作――人類の傑作と言いたい――のうち,大学初年級の学生が(大層な準備がなくてすむという意味で)手近に接し得る第一のものであるからである.

実は,筆者が大学に入って(上記のように物理学科である),最初に受けた講義は関数論――当時は函数論と書いた――である.その講義を担当して下さったのは,当時,物理学科の助教授をしておられた小平邦彦先生である.東大の物理学科は寺沢寛一教授以来の伝統で,物理数学に力を入れていたのであり,当時も山内恭彦教授,小谷正雄教授,今井功教授,久保亮五助教授といった応用数学にも見識をもった大先生方がおられた.その中でも,後年,数学の世界的な碩学として名を成された小平先生に関数論の手ほどきをして頂いたことは,感激であり幸せであった.その講義の際に小平先生が関数論の参考書として挙げられたのは,入門部分に関しては高木貞治先生の『解析概論』の第4章であった.『解析概論』は当世の規準から言えば,学生の参考書として厚すぎるかも知れないが,味わい誠に深いものがあり,やや古典的であるが"大学らしい解析の参考書"として第一におすすめしたい.

標準的な関数論のテキストとしては,現在は和洋さまざまな良書があるが,小平先生の『複素解析』(岩波講座「基礎数学」[3])および田村二郎氏の『解析関数』(裳華房)がすすめられる.H. カルタン(Cartan)やE. ティッチマーシ(Titchmarsh)のテキストも手頃であ

---

[3] 1991年に「岩波基礎数学選書」の1冊として単行本化されている.(新版にて追記)

る．前者についてはフランス語の原著の訳（高橋礼司訳『複素函数論』岩波書店）が出ている．後者は英語で専門書を読む練習としても最適であり，巻末にルベーグ積分やフーリエ解析の手短かな解説が付いているので応用家に便利である．一般的な関数論を学んだあとで余力があれば，楕円関数論，特殊関数論などの内容豊かな各論へすすみたい．とくに数学科に進まれる諸君は，この段階で特殊関数論と付合っておくのがよい．応用分野では常識的に必要とされる特殊関数は，本格的な数学においても深遠な役割りを果すからである．

　関数論の筋道を追った勉強は上記のテキストに沿って努めて貰うとして，ここで，二,三の話題を挙げて読者の興味を惹きおこす宣伝を行ってみよう．実は，筆者はここ 10 年ほどの期間，毎年，東大の経済学部の 3,4 年生を対象として数学の講義を行っている．これは，我々の数学科における統計の講義を経済学部の先生方に担当して頂いている見返りの意味もあるのであるが，表から言えば，筆者の講義の任務は「解析に関する学生の読解力を育てること」および「学生に本格的な数学の講義に触れる経験を与えること」となっている．出席する学生諸君の数学の理解力は健全であるが，高校の数学では昔でいう数学 IIB の微積分，現在の基礎解析までの解析しか履習していない人達が多数派である．したがって，指数関数などの微分法なども補う必要がある．しかし高校の数学 III あるいは"微分・積分"に従うのは専門学部の学生に失礼でもあるので，上述のように"優れた数学の一端に触れる"ことが可能な関数論を材料として，なるべく幅広い数学の読解力（mathematical literacy）が付くように配慮しながら講義をしている．数学の論理や発想法も理解して欲しいから，たとえば複素数の構成や複素平面の位相などについては，かつて工学部で実学的に関数論を講じた時よりも正統

的に扱っている．この経済学部での関数論の講義の受講者，すなわち，知的水準は高いが数学的知識は広くない学生諸君に割合い受けのよかった話題を紹介して，上に述べた関数論への誘いとしよう．

i 複素数の構成 実数 a, b を用いて，複素数が $a+bi$（i は虚数単位）で表わされることは高校で学ぶ．登場の場面は，虚根（今風の高校数学の用語法に従えば，虚数解，あるいは虚解とよばねばならない．オカシイ？）を持つ 2 次方程式の扱いである．虚数の導入部では，「2 乗して -1 となる数を考え，これを i で表わす」といった記述が大ていの教科書でなされている．つまり，$i^2=-1$ となる数を導入したくなる必要性，導入すれば判別式が負となる場合にも解の公式の解釈がつく便利さを納得させているが，i 自体の素性にはふれていない（この導入法に筆者は賛成であるのだが）．

複素数の加減乗除も一通り学ぶことになっている．「i を普通の文字のごとく扱って計算し，i^2 が出て来たら -1 でおきかえる」というのが計算の指針である．もっとも，割算に関しては

$$\frac{a+bi}{c+di} = \frac{(a+bi)(c-di)}{(c+di)(c-di)} = \frac{ac-bdi^2+bci-adi}{c^2-d^2i^2}$$

のように，分母の共役複素数を分母分子に掛けてから指針を適用し

$$\frac{a+bi}{c+di} = \frac{(ac+bd)+i(bc-ad)}{c^2+d^2}$$

と計算することになる．現在の高校数学での複素数の扱いは，ここまでである．昔は，もう少し踏み込んで複素平面まで教えていたような気がするが，とにかく，数学教育の現代化運動のあおりを喰って複素数の扱いが軽減されてしまったのである．このような複素数の四則を教え込むだけでは，複素数に対する実感を持たせることはできない．筆者は今回の高校の数学カリキュラムの改訂に当っては，ぜひ，複素数の幾何学的扱い，すなわち，複素平面を復活させ

たいと思っている．複素数は日常的に存在する数ではない．ところが，複素数の数学の世界で果す役割りは実在そのものである．非日常的あるいは（常識的な意味での）非経験的存在が，自然の深い洞察の手段となることは何時学ばせても感激的なはずである．その第一歩は，複素数への実感の育成であり，そのための複素平面との出合いである．

複素数 $z=x+iy$（x, y 実数，i は虚数単位）は，xy-平面の点 $P(x,y)$ と 1 対 1 に対応する．したがって，xy-平面の点 $P(x,y)$，あるいは，原点 O を規準点とした P の位置ベクトル $\overrightarrow{OP}$ により複素数 $z=x+iy$ が表わされる．このときの座標平面が複素平面であり，複素数を一般に表わす変数として z を用いているのならば，z-平面である．

複素数 $z=x+iy$ を複素平面で表わす点 $P(x,y)$ のことを，点 z と呼ぶ．複素数 z を点 z で代表させて考えるときには，OP の長さ，すなわち，$\overrightarrow{OP}$ の大きさに着目するのが自然である．この OP の長さが z の絶対値である；言いかえれば

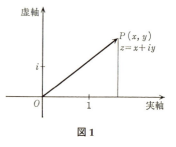

図1

(1) $$|z| = \sqrt{x^2+y^2} = \left|\overrightarrow{OP}\right|$$

と定義するのである．

$y=0$ の場合，すなわち，z が実数と一致する場合には，(1) の定義は，実数 x の絶対値に関して成り立つ関係

(2) $$|x| = \sqrt{x^2}$$

に帰着している．最近は下火になっているけれども，受験レベルの高校数学では (2) が異常に強調されている．やや不自然に見える公式 (2) も複素数の視点からは甚だもっともである．

なお，すでに高校で呼び方は学んでいるが，$z=x+iy$ における x, y をそれぞれ z の実数部分，虚数部分といい，$\mathrm{Re}\,z, \mathrm{Im}\,z$ で表わす．記号 Re, Im は，それぞれ，real(実の)，imaginary(虚の)から来ている．

複素平面の横軸上の点は実数を表わす．したがって，この横軸を実軸という．同様に縦軸は iy の形の複素数，すなわち純虚数(もっとも $y=0$ ならば実数 0)を表わす点からなるので虚軸とよばれる．

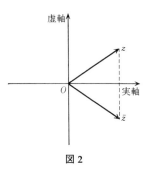

図 2

実軸に関し，点 $z=x+iy$ と対称の位置にある点は $x-iy$ を表わす点である．この複素数を z の共役複素数といい $\bar{z}$ で表わす．すなわち

(3) $$\bar{z} = x - iy.$$

ここで z と $\bar{z}$ との積を考えてみると

$$z\bar{z} = (x+iy)(x-iy) = x^2 - i^2 y^2 = x^2 + y^2$$

であるから

(4) $$z\bar{z} = |z|^2.$$

これから，$z \neq 0$ のとき，すなわち，$|z| \neq 0$ のときは，z の逆数 $1/z$ が

(5) $$\frac{1}{z} = \frac{\bar{z}}{|z|^2}$$

で与えられることがわかる．さらに，この事実から複素数の基本的な性質(因数分解による方程式の解法の基礎)である

(6) $$z_1 z_2 = 0 \iff \text{"}z_1 = 0 \text{ または } z_2 = 0\text{"}$$

が得られる．

2 つの複素数 $z_1 = x_1 + iy_1$，$z_2 = x_2 + iy_2$ のそれぞれの共役複素数の和 $\overline{z_1 + z_2}$ が $\bar{z_1} + \bar{z_2}$ に等しいことはすぐわかる．積の共役複素数につ

いても簡単な計算で

(7)
$$\overline{z_1 z_2} = \overline{z_1}\,\overline{z_2}$$

が得られる．(7)を用いると

$$|z_1 z_2|^2 = (z_1 z_2)(\overline{z_1 z_2}) = z_1 z_2 \overline{z_1}\,\overline{z_2}$$
$$= z_1 \overline{z_1} z_2 \overline{z_2} = |z_1|^2 |z_2|^2,$$

したがって

(8)
$$|z_1 z_2| = |z_1|\cdot|z_2|$$

である．すなわち，実数の場合と同様に，積の絶対値は絶対値の積である．(8)で $z_1=k$(実数)，$z_2=z=x+iy$ の場合を考えると

(9)
$$|kz| = |k||z|$$

が成り立つ．$kz=kx+iky$ であるから，点 kz を表わす位置ベクトルは点 z を表わす位置ベクトルを k 倍したものである(図3)．したがって，(9)はベクトルの実数倍とベクトルの長さとの関係と符合しているわけである．ベクトルの演算と複素数の演算をつき合せることは高校レベルで特に有意義な学習法であると思われる．実際，両者の符合は加法も含めて完全である．すなわち，2つの複素数 z_1, z_2 の和 z_1+z_2 を表わす点は，ベクトル z_1, z_2 の和を位置ベクトルに持つ点である(図4)．このことから複素数の絶対値に関する三角不等式

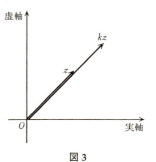

図 3

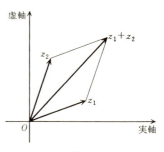

図 4

(10)
$$|z_1+z_2| \leqq |z_1|+|z_2|$$

が，すぐに納得される．

ベクトルには向きと大きさがある．位置ベクトルとみなしたときの複素数 $z=x+iy$ の大きさは $|z|$ であった．向きに対応するのは複素数の偏角である．

図5のように，実軸の正の向きと位置ベクトル z の向きとのなす角 θ を z の偏角といい，$\arg z$ で表わす．すなわち

(11) $\qquad \theta = \arg z.$

偏角は弧度法を用いて測る一般角である．したがって与えられた z の

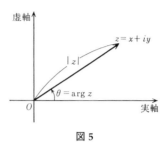

図5

偏角は $2\pi \times$ 整数 だけの不定さがある．とくに，$-\pi < \theta \leq \pi$ の範囲に限った偏角を z の偏角の主値というが，これは一通りにきまる．（なお，$z=0$ に対しては偏角は定義されない．）

$z=x+iy$ に対して，$|z|=r$，$\arg z = \theta$ とおくと $x = r\cos\theta$，$y = r\sin\theta$ であるから

(12) $\quad z = r(\cos\theta + i\sin\theta)$

である．これを極形式あるいは極表示という．逆に，正数 r と実数 θ を用いて(12)の右辺で表わされる複素

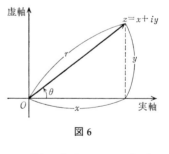

図6

数の絶対値は r となり θ は偏角（の1つの値）である．このことは，点 $(r\cos\theta, r\sin\theta)$ を作図してみればすぐにわかる．

複素平面で考えれば複素数は三角関数と密接に関係している．これも，高校で複素平面を学ぶように改革したい理由の1つである．

2つの複素数 z_1, z_2 のそれぞれの絶対値を r_1, r_2，偏角を θ_1, θ_2 で表わし，積 $z_1 z_2$ を計算してみよう．

$$z_1z_2 = r_1(\cos\theta_1+i\sin\theta_1)\cdot r_2(\cos\theta_2+i\sin\theta_2)$$
$$= r_1r_2\{(\cos\theta_1\cos\theta_2-\sin\theta_1\sin\theta_2)$$
$$+i(\sin\theta_1\cos\theta_2+\cos\theta_1\sin\theta_2)\}.$$

ここで三角関数の加法定理を思い出せば

(13) $\qquad z_1z_2 = r_1r_2\{\cos(\theta_1+\theta_2)+i\sin(\theta_1+\theta_2)\}$

が得られる．これから，(8)で示した

$$|z_1z_2| = r_1r_2 = |z_1|\cdot|z_2|$$

が再現されるが，さらに

(14) $\qquad \arg(z_1z_2) = \theta_1+\theta_2 = \arg z_1+\arg z_2$

という関係，すなわち

"積の偏角は偏角の和"

が得られる．

とくに，一方の複素数の絶対値が1の場合に着目しよう．すなわち，一般の複素数 $z=r(\cos\theta+i\sin\theta)$ と絶対値1の定数 $a=\cos\alpha+i\sin\alpha$ を考える．もちろん，r は z の絶対値であり，θ, α はそれぞれ z, a の偏角である．このとき

$$az = r\{\cos(\theta+\alpha)+i\sin(\theta+\alpha)\}$$

であるから，az の絶対値は z のそれと同じであり，一方，az の偏角は z の偏角に α を加えたものである．すなわち，点 az は点 z を原点のまわりに α だけ回転したものになっている．言いかえれば z に az を対応させる写像 $z\to az$ は，複素平面の角 α だけの回転である．高校レベルでの平面の回転の代数的な（解析的な）扱いも，複素平面での掛算とつき合せることによって，実感をもって理解させることができると思う．

ⅱ **複素数の構成** 複素平面に関する実感が上記の程度に得られれば，関数論の正統的な勉強に直行することができる．とくに，工学系などの忙しい諸君は，それがふつうである．しかし，複素数の

素性について懸念を持ちつづける人達に対しては，複素数の構成——実数の知識にもとづく複素数の定義——を紹介したい．実際，私は上に述べた経済学部での講義でそうしている．たしかに，複素数の構成は，数学的な概念構成法の明確さと律義さ(見方によっては不器用さ)を示す好例であり，準備が少なくてすむ面からも文科系の，そうして知的好奇心の強い学生向きの話題である．

以下，実数全体の集合を $\mathbb{R}$ で表わす．

最初にハミルトン(Hamilton)の構成法を紹介する．

実数 x, y の順序対 $[x, y]$ の全体の集合を $\tilde{\mathbb{C}}$ で表わす．もちろん，順序対 $[x, y]$ は，xy-平面の点を表わしていると考えてもよいが，気分を新たにその全体を考える；

(15) $$\tilde{\mathbb{C}} = \{z=[x,y] \mid x, y \in \mathbb{R}\}$$

$\tilde{\mathbb{C}}$ の中の演算 $\tilde{+}$ と $\tilde{\times}$ を次のように定義する．すなわち，$z_1=[x_1, y_1]$, $z_2=[x_2, y_2]$ とするとき

(16) $\quad z_1 \tilde{+} z_2 = [x_1, y_1] \tilde{+} [x_2, y_2] = [x_1+x_2, y_1+y_2]$,

(17) $\quad z_1 \tilde{\times} z_2 = [x_1, y_1] \tilde{\times} [x_2, y_2] = [x_1 x_2 - y_1 y_2, x_1 y_2 + x_2 y_1]$

と定めるのである．この定義は高校以来の"複素数"の演算を連想させるものであるが，論理的にはここから出発するのである．$\tilde{+}$, $\tilde{\times}$ を $\tilde{\mathbb{C}}$ 内での加法，乗法と呼ぶことにする．

$\tilde{+}$, $\tilde{\times}$ は加法，乗法の名にふさわしく，計算の基本法則

 i) $z_1 \tilde{+} z_2 = z_2 \tilde{+} z_1$, $\quad z_1 \tilde{\times} z_2 = z_2 \tilde{\times} z_1$ （交換法則）

 ii) $(z_1 \tilde{+} z_2) \tilde{+} z_3 = z_1 \tilde{+} (z_2 \tilde{+} z_3)$
$\quad\;\,(z_1 \tilde{\times} z_2) \tilde{\times} z_3 = z_1 \tilde{\times} (z_2 \tilde{\times} z_3)$ $\Bigg\}$ （結合法則）

 iii) $z_1 \tilde{\times} (z_2 \tilde{+} z_3) = (z_1 \tilde{\times} z_2) \tilde{+} (z_1 \tilde{\times} z_3)$ （分配法則）

を満足することは，すぐに確かめられる．

$\tilde{+}$ に関して零の役目を果すのは $\tilde{0}=[0,0]$ である．

$$z \tilde{\mp} \tilde{0} = z$$

が，すべての $z \in \tilde{\mathbb{C}}$ に対して成り立つからである．任意の $z=[x,y] \in \tilde{\mathbb{C}}$ に対して，$-z=[-x,-y]$ とおけば

$$z \tilde{\mp} (-z) = \tilde{0}$$

であり，

(18) $$z_1 \tilde{-} z_2 = z_1 \tilde{\mp} (-z_2)$$

と定義することによって，$\tilde{\mathbb{C}}$ の中での減法が定められる．

なお，$\tilde{0} \tilde{\times} z = \tilde{0}$ $(z \in \tilde{\mathbb{C}})$ も明らかであろう．

乗法 $\tilde{\times}$ に関して単位元の役割りを果すのは

$$\tilde{1} = [1,0]$$

である．実際，任意の $z \in \tilde{\mathbb{C}}$ に対して

$$\tilde{1} \tilde{\times} z = z$$

はすぐに確かめられる．次に，$z=[x,y] \in \tilde{\mathbb{C}}$ が $\tilde{0}$ と異なれば，その逆数 $1/z$ を次式によって定義できる；

(19) $$\frac{1}{z} = \left[\frac{x}{x^2+y^2}, \frac{-y}{x^2+y^2} \right].$$

実際，(17)に従って忠実に計算すれば，

$$z \tilde{\times} \frac{1}{z} = [1,0] = \tilde{1}$$

が確かめられる．逆数を用いると乗法の逆演算の除法 $\tilde{\div}$ が導入される．すなわち，$z_1, z_2 \in \tilde{\mathbb{C}}$ で，$z_2 \neq 0$ ならば

$$\frac{z_1}{z_2} = z_1 \tilde{\div} z_2 = z_1 \tilde{\times} \frac{1}{z_2}$$

とおくのである．

こうして，$\tilde{\mathbb{C}}$ の中に四則演算が定義される．このようなとき，$\tilde{\mathbb{C}}$ は体をなすという．実数の全体 $\mathbb{R}$ もふつうの四則に関して体をなしている．有理数の全体 $\mathbb{Q}$ もそうである．

ここまでは，$\tilde{\mathbb{C}}$ と実数 $\mathbb{R}$ とは無関係である．いま，$\tilde{\mathbb{C}}$ の中の要素で第2成分が0であるものの全体を $\tilde{\mathbb{R}}$ で表わそう；
$$\tilde{\mathbb{R}} = \{[x,0] \in \tilde{\mathbb{C}}\} \subset \tilde{\mathbb{C}}.$$
任意の実数 $x \in \mathbb{R}$ に対して $\tilde{\mathbb{R}}$ の要素 $[x,0]$ を対応させる写像を J としよう．すなわち
$$Jx = [x,0] \quad (x \in \mathbb{R}).$$
明らかに $\mathbb{R}$ と $\tilde{\mathbb{R}}$ は J によって1対1に対応している．

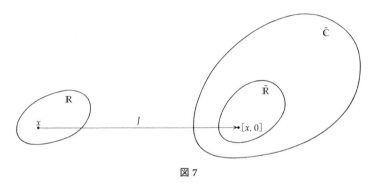

図7

しかも加減乗除のどの演算についても J による対応は同型である（ツジツマが合っている）．たとえば
$$J(x+y) = Jx \tilde{+} Jy,$$
$$J(xy) = Jx \tilde{\times} Jy.$$
すなわち，四則算法に関する限り，$[x,0] \in \tilde{\mathbb{C}}$ を実数 $x \in \mathbb{R}$ で代表させることができる．数学的には $[x,0]$ と x を同一視する．よって，今後 $[x,0]$ の代りに x と書く．

高校数学と大学の数学のギャップの一つは，このような同一視を素直に受け入れられるかどうかにある．今の例は適度に非日常的であり，適度に身近であり，かつ，記法による連想が高いので，応用家を目指す諸君もここで経験しておかれるのがよい．

ところで，$[x, 0]$ を x と書くことにすると
$$[x, y] = [x, 0] + [0, y],$$
$$y \tilde{\times} [0, 1] = [y, 0] \tilde{\times} [0, 1] = [0, y]$$
であるから，さらに

(20) $$\tilde{i} = [0, 1]$$

と書くことにすれば，一般要素 $[x, y] \in \tilde{\mathbb{C}}$ が

(21) $$[x, y] = x \tilde{+} y \tilde{i}$$

と表わされる．ここで

(22) $$\tilde{i}^2 = [0, 1] \tilde{\times} [0, 1] = -[1, 0] = -1$$

に着目すると，(21)の右辺の形を利用して $\tilde{\mathbb{C}}$ 内の演算を実行するとき，"$\tilde{i}^2$ が出てくれば -1 でおきかえよ" というルールが適用されることがわかる．

$\tilde{\mathbb{C}}$ 内の演算であることを諒解した上で，$\tilde{+}$ を単に $+$ と表わすように ˜ をはずして書くことにすれば，
$$[x, y] = x + yi$$
が $\tilde{\mathbb{C}}$ の一般要素であることがわかる．すなわち，$\tilde{\mathbb{C}}$ の要素が複素数であり，(20)が i の定義である．こうわかってしまった後で，$\tilde{\mathbb{C}}$ の代りに $\mathbb{C}$ と書くことにすれば，複素数の全体 $\mathbb{C}$ の素性が納得できたことになる．

ついつい，経済学部での講義の調子が出てしまって，本稿の主旨からすると具体的な話が長くなってしまった．これから先は筋道のみを示すガイダンス風に述べることにする．

ていねいにやれば，上のハミルトンの構成は高校生の数学が得意な人達には理解できる筈である．また，このような計算力，問題解決力とは別の数学的理解力を誘発する題材を高校数学の選択部分に加え得るようにしたいものである．さらに進んで次の考察をさせれば，多項式や行列に関する新鮮な興味を惹き起すことができるので

はないだろうか.

複素数の構成法(その2) x の実数係数の多項式全体を P とし, P の要素を x^2+1 で割算したときの剰余類を [ ] で表わす. すなわち, $f, g \in P$ が

(23) $$f \equiv g \pmod{x^2+1}$$

を満すとき, 言いかえれば, $f-g$ が x^2+1 で割りきれるとき, $f \sim g$ と書くことにする. そうして, $f \in P$ に対して, $f \sim g$ となる g 全体を $[f]$ で表わす. これは, 2次式 x^2+1 での割算の剰余で多項式を分類していることになる. したがって, 一つの剰余類 $[f]$ を代表する多項式としては, 1次式 $ax+b$ を採用することができる. 言いかえれば, いま考えている剰余類の全体を $\tilde{P}$ とすれば,

(24) $$\tilde{P} = \{[ax+b] \mid a \in \mathbb{R},\ b \in \mathbb{R}\}$$

と表わすことも可能である.

$\tilde{P}$ での演算は多項式の演算から導かれる. たとえば

$$[f]+[g] = [f+g],$$
$$[f] \times [g] = [fg]$$

によって $\tilde{P}$ 内の加法, 乗法が導かれる. 実数 k と定数項 k のみからなる多項式を代表元とする剰余類 $[k]$ とを同一視すると

(25) $$[ax+b] = a[x]+b$$

により, $\tilde{P}$ の一般要素が表わされる. ここで

$$i = [x]$$

とおけば,

$$i^2 = [x] \times [x] = [x^2] = [(x^2+1)-1]$$
$$= [x^2+1]-1 = [0]-1 = -1$$

である. したがって, $\tilde{P}$ における一般要素の演算は, たとえば,

$$(ai+b)(ci+d) = aci^2+bci+adi+bd$$
$$= -ac+bci+adi+bd$$

のように，"ふつうに計算し，i^2 が出て来たら -1 でおきかえる"というルールが通用することがわかる．このようにして，$\tilde{P}$ と複素数の全体 $\mathbb{C}$ とが同型であることがわかる．すなわち，$\mathbb{C}$ は実係数の多項式の x^2+1 による剰余類の全体であると諒解できるのである．

1960年代の末から10年間ぐらいは，中学校で整数の剰余類を教えることが流行した(強制された)．剰余類の演算自体はむつかしいものではないが，中学生は剰余類を考える必然性を理解しない(当然である)．高校の高学年になり，数学的に成熟度が増した所で，ミステリアスな i を理解するために上記のような剰余類に接させれば，数学的能力の高い生徒は興味を示すであろう．

複素数の構成法(その3)　現在の高校生は 2×2 行列の和や積について学んでいる．2×2 行列の部分集合 $\tilde{M}$ を

$$(26) \qquad \tilde{M} = \left\{ \begin{pmatrix} x & y \\ -y & x \end{pmatrix} \middle| x \in \mathbb{R},\ y \in \mathbb{R} \right\}$$

とおく．$\tilde{M}$ が行列の和，差，積に関して閉じていること，また，$x^2+y^2 \neq 0$ ならば

$$\begin{pmatrix} x & y \\ -y & x \end{pmatrix}^{-1} \in \tilde{M}$$

であることの検証は，高校生にとって，よい練習である．

$$E = \begin{pmatrix} 1 & 0 \\ 0 & 1 \end{pmatrix}, \quad J = \begin{pmatrix} 0 & 1 \\ -1 & 0 \end{pmatrix}$$

とおくと，

$$J^2 = \begin{pmatrix} 0 & 1 \\ -1 & 0 \end{pmatrix}\begin{pmatrix} 0 & 1 \\ -1 & 0 \end{pmatrix} = \begin{pmatrix} -1 & 0 \\ 0 & -1 \end{pmatrix} = -E$$

などを用いることにより，$\tilde{M}$ の要素 $xE+yJ$ に複素数 $x+iy$ を対応させる対応が $\tilde{M}$ と $\mathbb{C}$ の同型対応であることが確かめられる．これも，"余力のある高校生"に理解させたい材料である．

ⅲ　オイラーの公式　筆者もその一人であるが，指数関数と三角関数が複素数を通じて同族関係であることを示すオイラーの公式

(27) $\qquad e^{i\theta} = \cos\theta + i\sin\theta, \quad \theta \in \mathbb{R}$

に感激した経験を持つ人たちが少なくない．普通，(27)を導くには，$e^{i\theta}$ のテイラー展開と $\cos\theta$, $\sin\theta$ のテイラー展開を突き合せるのであるが，せめて $\cos\theta$, $\sin\theta$ に関しては幾何学的イメージが保持される次の導き方を推奨したい．すなわち，任意の $z\in\mathbb{C}$ に対して

(28) $\qquad f(z) = 1+z+\dfrac{z^2}{2!}+\cdots+\dfrac{z^n}{n!}+\cdots = \displaystyle\sum_{n=0}^{\infty} \dfrac{z^n}{n!}$

とおく．（当然，この $f(z)$ が e^z と表わされるべきものであるが．）(28)の級数が常に収束すること，とくに

$$f(1) = 1+1+\dfrac{1}{2!}+\dfrac{1}{3!}+\cdots = 2.718\cdots$$

が存在することは容易にわかる．

(29) $\qquad\qquad\qquad e = f(1)$

により e を定義する．理系へ進んだ諸君ならば二項定理は周知であろう．それを用いると加法定理

(30) $\qquad\qquad f(z_1)f(z_2) = f(z_1+z_2)$

が任意の $z_1, z_2\in\mathbb{C}$ に対して得られる．(29), (30)から，まず自然数 n に対して

$$f(n) = e^n$$

が得られる．さらに，m も自然数とすれば

$$f\left(\frac{n}{m}\right) > 0 \quad \text{と} \quad f\left(\frac{n}{m}\right)^m = f\left(\frac{n}{m} + \frac{n}{m} + \cdots + \frac{n}{m}\right) = f(n) = e^n$$

とから，

$$f\left(\frac{n}{m}\right) = \sqrt[m]{e^n} = e^{\frac{n}{m}}$$

となる．(30)と $f(0)=1$ によれば $f(z)f(-z)=1$ であることを用いると，

$$f\left(-\frac{n}{m}\right) = e^{-\frac{n}{m}}$$

が得られる．こうして($f(z)$ の連続性が(28)の収束が局所一様であるから出ることも考慮し)，実数 x に対して

$$f(x) = e^x$$

が確認される．すなわち，実変数の指数関数 e^x の複素平面全体への拡張が $f(z)$ である．今後は，$f(z)$ を e^z と書く．

(28)の $f(z)$ の微分の公式は，ベキ級数の微分の一般論を持ち出すまでもなく，加法定理を用いて原点での微分を考察することによって導かれる．すなわち

$$\frac{f(z+h) - f(z)}{h} = f(z) \frac{f(h) - 1}{h},$$

$$\frac{f(h) - 1}{h} - 1 = \frac{h}{2!} + \frac{h^2}{3!} + \cdots = h\left(\frac{1}{2!} + \frac{h}{3!} + \frac{h^2}{4!} + \cdots\right)$$

が成り立つが，$|h| \leqq 1$ ならば

$$\left|\frac{f(h)-1}{h}-1\right| \leq |h|\left(\frac{1}{2!}+\frac{1}{3!}+\frac{1}{4!}+\cdots\right) = |h|\times 0.718\cdots,$$

$$\therefore \quad \frac{f(h)-1}{h} \longrightarrow f'(0) = 1,$$

$$\therefore \quad f'(z) = f(z),$$

すなわち,

(31) $$\frac{d}{dz}e^z = e^z$$

が得られる．また，これより，たとえば

(32) $$\frac{d}{dz}e^{\lambda z} = \lambda e^z \quad (\lambda \text{ は定数})$$

が従う．

さて，(27)を証明しよう．とりあえず

$$v(\theta) = \cos\theta + i\sin\theta \quad (\theta \text{ 実数})$$

とおこう．$\cos\theta, \sin\theta$ の微分の公式を知っているならば,

(33) $$\frac{d}{d\theta}v(\theta) = -\sin\theta + i\cos\theta = i(\cos\theta + i\sin\theta)$$
$$= iv(\theta)$$

が得られる．そこで補助関数

(34) $$w(\theta) = e^{-i\theta}v(\theta)$$

を導入すると,

$$\frac{d}{d\theta}w(\theta) = \left(\frac{d}{d\theta}e^{-i\theta}\right)v(\theta) + e^{-i\theta}\frac{d}{d\theta}v(\theta)$$
$$= -ie^{-i\theta}v(\theta) + e^{-i\theta}(iv(\theta)) \equiv 0,$$

よって，$w(\theta) \equiv$ 定数．ところが

$$w(0) = e^{-i\cdot 0}v(0) = \cos 0 = 1,$$
$$\therefore \quad w(\theta) = e^{-i\theta}v(\theta) \equiv 1$$

この両辺に $e^{i\theta}$ を掛けるとオイラーの公式(27)に到達する．$v'(\theta)$ の計算に $\cos\theta$，$\sin\theta$ の微分の公式を用いないとすれば，(13)のときと同様にして

$$v(\theta_1)v(\theta_2) = v(\theta_1+\theta_2)$$

をまず示す．これから次のように計算するのも教訓的である．

(35) $$\frac{v(\theta+h)-v(\theta)}{h} = v(\theta)\frac{v(h)-1}{h}.$$

仮に $h>0$ とすれば複素平面において $v(h)-1$ は図8のベクトル $\overrightarrow{AP}$ で表わされる．

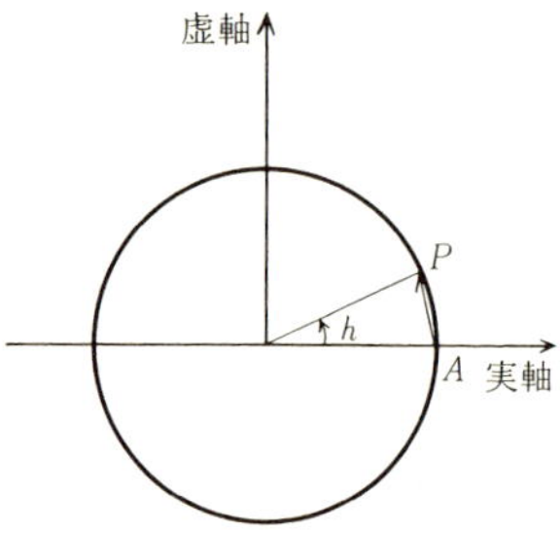

$h\to 0$ につれて，線分 AP の長さと弧 $\overparen{AP}$ の長さの比は 1 に近づく．したがって

(36) $$\left|\frac{v(h)-1}{h}\right| \longrightarrow 1$$

図8

である．一方，$(v(h)-1)/h$ の偏角と $v(h)-1$ の偏角とは等しい（$h>0$ だから）．ところが，$h\to 0$ につれて，$\overrightarrow{AP}$ の向きが虚軸の向きに近づくことが図からわかる．これから

(37) $$\arg \frac{v(h)-1}{h} \longrightarrow \arg i = \frac{\pi}{2}$$

である．絶対値と偏角が決れば複素数は決る．すなわち，(36)，(37)から

(38) $$\frac{v(h)-1}{h} \longrightarrow i$$

が得られるのである．（$h<0$ の場合も吟味しなければならないが．）

(38)と(35)を見較べて(33)が得られる.

 上で示したような,加法定理(指数法則にほかならない)をよりどころとして指数関数 $e^{\lambda z}$ の導関数を導く解析法は,行列の指数関数,さらには,作用素の指数関数(それが作用素の半群の理論である)の扱いへとつながるのである.確かに,指数関数は初等的な解析と高級な解析を貫く柱である.

 iv コーシーの積分定理以後 コーシーの積分定理は関数論の土台であり,人類の発見した最高の定理の一つである.しかし,その学び方については最初に掲げた定本によって貰わざるを得ない.積分定理の正統的な証明は,『解析概論』にも収められているアルフォスの証明をはじめ種々あるが,小平先生の『複素解析』における証明が導入部を含めて最も味わいが深い.

 コーシーの積分定理以後は一瀉千里に関数論の沃野が展開する.前にも言ったように,数学を専攻する人達はリーマン面や楕円関数などを必修の題材として学ぶであろう.伝統的なカリキュラム(筆者が工学部で教えていた頃の)では,応用家向きの関数論の後続部分として特殊関数が詳しく扱われた.いささかシャレの感じがないでもないが,工学部の関数論は,一般関数論(ふつうの関数論のことである)と特殊関数論とから成ると言われていたぐらいである.最近では,コンピュータの利用が便利になったので,従来ほどには,特殊関数全面依存でなくなったと聞いている.しかし,特殊関数は自然の数理と深く関わっている所があり,単なる計算手段ではない.特殊関数の基本的なリテラシーは,数学科の学生にとっても工学部の学生にとっても,コンピュータ・リテラシーと比肩する重要さを持ちつづける筈である.

関数解析のすすめ

 関数論のすすめに紙面を費しすぎた．関数論のあとに学んで欲しいものはといえば，それは"関数解析"である．筆者が物理科の学生であった頃は，まだ，関数解析の学習は学生の手にとどく所にはなかった．それでも，数学に熱心な学生は，ホイッテイカー–ワトソンの"Modern Analysis"という題の古典的なテキストで特殊関数の計算力を養いながら，クーラン–ヒルベルトの『数理物理学の方法』によって変分法を中核とした関数解析的偏微分方程式論のプロトタイプを学んだものである．超関数はもとより，ソボレフ空間もなかった時代としては，最高の傑作ともいうべきこの本も現在の忙しい学生諸君には悠長すぎるであろう．しかし，現在の関数解析は，普及度においても整備のされ方においても微積分法の兄貴株の位置にある．応用を目指す人達も関数解析リテラシーを早目に身につけることをすすめたい．そのためのテキストとしては，謙遜抜きであえて言わせて貰えば，本格派への発展へのつながりと応用家への思いやりの点で，やはり岩波講座「基礎数学」の藤田宏・黒田成俊著『関数解析 I, II』[4]がおすすめできると思う．

---

4) 伊藤清三著『関数解析 III』とあわせ，1991年に「岩波基礎数学選書」の1冊として単行本化されている．（新版にて追記）

執筆者

小平邦彦(こだいら くにひこ)
1915 年生まれ．東京大学教授，学習院大学教授などを歴任．1997 年没．

深谷賢治(ふかや けんじ)
1959 年生まれ．ニューヨーク州立大学ストーニーブルック校教授．

斎藤　毅(さいとう たけし)
1961 年生まれ．東京大学教授．

河東泰之(かわひがし やすゆき)
1962 年生まれ．東京大学教授．

宮岡洋一(みやおか よういち)
1949 年生まれ．東京大学名誉教授．

小林俊行(こばやし としゆき)
1962 年生まれ．東京大学教授．

小松彦三郎(こまつ ひこさぶろう)
1935 年生まれ．東京大学教授，東京理科大学教授を歴任．2022 年没．

飯高　茂(いいたか しげる)
1942 年生まれ．学習院大学名誉教授．

岩堀長慶(いわほり ながよし)
1926 年生まれ．東京大学教授，上智大学教授などを歴任．2011 年没．

田村一郎(たむら いちろう)
1926 年生まれ．東京大学教授，東京電機大学教授などを歴任．1991 年没．

服部晶夫(はっとり あきお)
1929 年生まれ．東京大学教授，明治大学教授などを歴任．2013 年没．

河田敬義(かわだ ゆきよし)
1916 年生まれ．東京大学教授，統計数理研究所所長，上智大学教授などを歴任．1993 年没．

藤田　宏(ふじた ひろし)
1928 年生まれ．東京大学名誉教授．明治大学教授，東海大学教授を歴任．

新・数学の学び方

| | 2015年1月28日　第1刷発行 |
| | 2023年4月14日　第6刷発行 |

編　者　小平邦彦

発行者　坂本政謙

発行所　株式会社　岩波書店
　　　　〒101-8002　東京都千代田区一ツ橋2-5-5
　　　　電話案内　03-5210-4000
　　　　https://www.iwanami.co.jp/

印刷・法令印刷　カバー・半七印刷　製本・牧製本

© 岡　睦雄 2015
ISBN 978-4-00-005470-6　　Printed in Japan

〈岩波科学ライブラリー〉
抽象数学の手ざわり ピタゴラスの定理から圏論まで	斎藤　　毅	B6判 142頁 定価 1430円
運命を変えた大数学者のドアノック —プリンストンの奇跡—	加藤 五郎	四六判 190頁 定価 1980円
***顔をなくした数学者** —数学つれづれ—	小林 昭七	四六判 162頁 定価 2750円
怠け数学者の記	小平 邦彦	岩波現代文庫 定価 1100円
幾何への誘い	小平 邦彦	岩波現代文庫 定価 1166円
確率論と私	伊藤　　清	岩波現代文庫 定価 1100円
岩波数学入門辞典	青本・上野・加藤 神保・砂田・高橋　編著 深谷・俣野・室田	菊判 738頁 定価 7040円

＊印は岩波オンデマンドブックスです

――――岩波書店刊――――
定価は消費税10％込です
2023年4月現在